Das finden Sie auf Ihrer CD-ROM

Auf der CD finden Sie alle Musterlösungen für die Fragestellungen in diesem Buch:

- Sie können diese Excel-Tabellen sofort in der Praxis einsetzen.
- Rechenschemata und Vorlagen, z. B. für wichtige Kennzahlen, erleichtern Ihnen die Arbeit.
- Mithilfe der hinterlegten Formeln, die Sie sich in der Formelansicht ansehen können, arbeiten Sie schnell und effizient.
- Alle Musterlösungen bzw. die dort hinterlegten Formeln können Sie problemlos an Ihre Gegebenheiten anpassen.

Deckungsbeitragsrechnung bei mehreren Engpässen

Produkt	A	B	C	
Deckungsbeitrag/Einheit	90,50 €	50,70 €	63,10 €	
Deckungsbeitrag/gesamt	18.281,00 €	10.748,40 €	31.676,20 €	
Menge	202	212	502	
Kapazitätsbedarf				Gesamt
Maschine 1	11	5	5	5800
Maschine 2	13	4	9	8000
Maschine 3	4	14	8	7800
Maschine 4	16	15	0	6500
Benötigte Kapazität				
Maschine 1	2222	1060	2510	5792
Maschine 2	2626	848	4518	7992
Maschine 3	808	2968	4016	7792
Maschine 4	3232	3180	0	6412

ISBN 978-3-8006-3498-9

© 2009 Verlag Franz Vahlen GmbH
Wilhelmstraße 9, 80801 München
Druck und Bindung: Druckhaus Nomos
In den Lissen 12, 76547 Sinzheim

Lektorat: Redaktionsbüro Ute Samenfink, 79249 Merzhausen,
http://www.wortpower.de
Satz: Text+Design Jutta Cram,
Spicherer Straße 26, 86157 Augsburg
Umschlaggestaltung: Ralph Zimmermann, Bureau Parapluie

Gedruckt auf säurefreiem, alterungsbeständigen Papier
(hergestellt aus chlorfrei gebleichtem Zellstoff)

Controlling mit Excel

Michael Klein

Verlag Franz Vahlen München

Inhalt

Vorwort

Eine Tabellenkalkulation ist ein wichtiges Arbeitsmittel im Controlling. Es soll den Controller in die Lage versetzen, Aussagen herzuleiten, zu präzisieren und zu präsentieren. Dieses Buch zeigt Ihnen anhand praxisorientierter Beispiele die Leistungsfähigkeit von Microsoft Excel, gezielt abgestimmt an die Anforderungen im Controlling.

Theoretische Abhandlungen zum Thema Controlling gibt es viele am Markt. Das gilt auch für Bücher, die die Tabellenkalkulation Microsoft Excel behandeln. Dieses Werk bietet Ihnen eine Kombination beider Themenbereiche und soll Ihnen die täglichen Aufgaben im Controlling erleichtern. Dazu noch folgende Anmerkungen:

Die Praxisbeispiele zum Buch finden Sie auf Ihrer CD-ROM. Sie können diese als Tools in Ihrem Unternehmen einsetzen. Da die Musterlösungen für eine Vielzahl von Unternehmen gedacht sind, konnte ich nicht auf individuelle Anforderungen einzelner Unternehmen eingehen. Mit dem Hintergrundwissen, das Ihnen dieses Buch vermittelt, werden Sie aber in der Lage sein, die Excel-Vorlagen ggf. an Ihre Bedürfnisse anzupassen.

Dieses Buch behandelt nicht nur Excel 2003 und deren Vorgängerversionen, sondern kann auch von Anwendern der Version Excel 2007 eingesetzt werden. Hinweise auf Excel 2007 werden Sie bei gravierenden Abweichungen an der einen oder anderen Stelle im Buch lesen, schwerpunktmäßig in Kapitel 6, in dem es um die konkrete Umsetzung von Excel-Techniken geht.

Nun möchte ich Sie nicht länger auf die Folter spannen. Viel Spaß beim Lesen und Durcharbeiten der Praxisbeispiele wünscht Ihnen

Michael Klein

1 Einführung: Controlling mit Excel

Die klassischen Aufgaben des Controllings sind Planung, Kontrolle und Steuerung. In diesem Zusammenhang geht nichts ohne Zahlen, deren Berechnung und Analyse. Damit Sie die damit verbundenen Arbeiten möglichst effektiv durchführen können, benötigen Sie die richtigen Instrumente und Werkzeuge. Richtig eingesetzt, lässt eine Tabellenkalkulation wie Microsoft Excel in diesem Zusammenhang kaum Wünsche offen und ist deshalb für den Einsatz im Controlling prädestiniert. Wie Ihnen Excel in Ihrer täglichen Arbeit ein wertvolles Hilfsmittel sein wird, erfahren Sie anhand praxisorientierter Beispiele im Verlaufe dieses Praxis-Buches.

Aufgaben des Controllings

Controlling ist ein Teilgebiet des betrieblichen Rechnungswesens, in dem viele Daten und Informationen zusammenlaufen. Das Datenmaterial lässt sich wie folgt unterteilen:

- Daten, die von Dritten zwecks Weiterverarbeitung zur Verfügung gestellt werden.
- Daten, die im Controlling durch das Verdichten, Verrechnen und Analysieren von Daten gebildet werden.

In ständig hektischer werdenden Zeiten, muss das Datenmaterial in der Regel in einem engen Zeitrahmen professionell als Entscheidungsgrundlage für die Unternehmensführung aufbereitet werden. Nur noch mit dem Einsatz von Technik und geeigneter Software ist es möglich, die folgenden Aufgabengebiete effizient zu bewältigen:

- Planung
- Kontrolle
- Steuerung

Hinter diesen, auf den ersten Blick überschaubaren Aufgabenbereichen, verbirgt sich ein sehr komplexes Tätigkeitsfeld mit vielfältigen Verantwortlichkeiten:

- Ergebnis-, Finanz-, Prozess- und Strategietransparenz
- Koordination von Teilzielen und Teilplänen
- Verdichten von Teilzielen und Teilplänen
- Moderieren von Prozessen

- Aufzeigen von Engpässen
- Aufweisen von Lösungswegen
- Sicherung der Daten- und Informationsversorgung
- Gestaltung, Pflege und Weiterentwicklung von Controllingsystemen
- Frühzeitige Identifikation von Risikofaktoren
- Aufdecken von Schwachstellen
- Bereitstellung einer sichern Basis für tragfähige Entscheidungen
- Verbesserung des Ratings durch transparentes Datenmaterial

Die Tabellenkalkulation Microsoft Excel

Eine Tabellenkalkulation ist vergleichbar mit einem elektronischen Rechenblatt. Somit arbeiten Sie auch mit einem Tabellenkalkulationsprogramm immer, wenn es um die Arbeit mit Zahlen wie das Berechnen von Zahlenmaterial geht. Mit Hilfe der Tabellenkalkulation Microsoft Excel sind Sie in der Lage, kaufmännische Berechnungen jeglicher Art durchzuführen, Statistiken auszuwerten, Termin- und Zeitberechnungen vorzunehmen, technische Daten zu berechnen und logische Abfragen zu erstellen. Insbesondere das Controlling, die Abteilung eines Unternehmens, in der viele Zahlen und Informationen zusammenfließen, ist geradezu geschaffen für einen effizienten Einsatz von Microsoft Excel.

Formeln und
Funktionen

Häufig wird nur eine einfache Formel benötigt, um zum gewünschten Ergebnis zu gelangen – beispielsweise wenn Sie Ist- und Solldaten miteinander vergleichen bzw. Abweichungen ermitteln wollen. Die Rechenergebnisse erhalten Sie, in dem Sie Zahlenwerte, Zellbezüge und Operatoren miteinander in einer Formel verknüpfen. Werden die Berechnungen komplexer, können Sie in vielen Fällen auf so genannte Funktionen zurückgreifen. Dabei handelt es sich um vordefinierte Rechenvorschriften.

In den weiteren Kapitel erfahren Sie, wann der Einsatz manueller Formeln und wann der Einsatz von Funktionen vorteilhaft ist und wie Sie mit den verschiedenen Varianten arbeiten. Der große Vorteil bei der Arbeit mit Formeln und Funktionen besteht darin, dass Sie bei Änderungen der Zahlenwerte automatisch die neuen Ergebnisse erhalten.

Weitere Einsatzgebiete von Microsoft Excel im Controlling:

- Erstellen von Diagrammen
- Gruppieren und Gliedern von Daten

- Ermitteln von Teilergebnissen
- Verdichten von Daten und Informationen
- Verarbeiten von importierten Daten

Excel im Controlling

Controller unterstützen die Unternehmensleitung bei deren Entscheidungen. Das setzt voraus, dass Ziele definiert werden, eine detaillierte Planung zur Erreichung der angestrebten Ziele erfolgt und im Rahmen von Soll-Ist-Vergleichen ermittelt wird, in welchen Bereichen der Plan erfüllt wird und in welchen nicht. Aus diesem Zusammenhang resultieren die Aufgaben des Controlling: Planung, Kontrolle und Steuerung. Zur Durchführung der damit verbundenen Tätigkeiten ist der Einsatz der Tabellenkalkulation Microsoft Excel sinnvoll.

Allerdings fehlt in der täglichen Praxis häufig die Zeit, eine komfortable Vorlage zu erstellen, auf die immer wieder zugegriffen werden kann. Aus diesem Grunde wurden begleitend zu diesem Buch verschiedene Lösungsansätze vorbereitet, die Sie bei Ihrer alltäglichen praktischen Arbeit in folgenden Bereichen unterstützen.

- Kostenrechnung
- Investitionsrechnung
- Kennzahlen und Kennzahlensysteme
- Strategie und Planung

So arbeiten Sie mit diesem Praxis-Buch und den Musterlösungen

Begleitend zu diesem Buch finden Sie zahlreiche nützliche Musterlösungen, die Sie wahlweise für Ihre Arbeit übernehmen bzw. anpassen können. Da sich viele Arbeitstechniken für die unterschiedlichsten Aufgabenstellungen immer wieder wiederholen, werden die Dateien und die zugehörigen Tabellen stets nur kurz vorgestellt. In den Kapiteln „Die wichtigsten Excel-Techniken für Controller" (Kapitel 6) und „Die wichtigsten Excel-Funktionen für Controller" (Kapitel 7) werden wesentliche Aspekte der Arbeit mit Microsoft Excel ausführlich erläutert.

Damit Sie im Zusammenhang mit den zahlreichen Excel-Dateien den Überblick behalten, finden Sie in Kapitel 8 verschiedene Übersichten, die die Musterlösungen nach unterschiedlichen Kriterien sortiert auflisten:

- Alphabetische Übersicht nach den Dateinamen der Musterlösungen
- Alphabetische Übersicht der Musterlösungen innerhalb eines Kapitels
- Alphabetisch gegliederte Übersicht nach den Tabellenbezeichnungen der Musterlösungen

Grundsätzlich ist zum Umgang mit den Excel-Musterlösungen Folgendes zu beachten:

- Eingaben tragen Sie bitte in die hellgrau hinterlegten Zellen ein. Ergebniszellen werden in der Regel mit dunkelgrauem Zellhintergrund gekennzeichnet (s. Abb. 1).
- Um die Formeln der Tabelle zu schützen, sind die Tabellen mit einem Blattschutz versehen.

Kurzfristige Erfolgsrechnung					
Produktbezeichnung					
Position	**Januar**		**Februar**		**März**
Bruttoumsatz					
Erlösschmälerung					
Nettoumsatz	- €		- €		- €
Fertigungsmaterial					
Fertigungslöhne					
Energien					
Frachten					
Verpackung					
Provisionen					
Fremdleistungen					
Sonstige Kosten					
Bestandsveränderungen Fertigprodukte					
Bestandsveränderungen Halbfabrikate					
Summe der variablen Kosten	- €		- €		- €
Deckungsbeitrag I	- €		- €		- €

Abb. 1: Eingabefelder erkennen Sie am hellgrauen Zellhintergrund

Excel-Hinweis — Wollen Sie Änderungen an einer Tabelle durchführen, müssen Sie zunächst den Blattschutz über **Extras > Schutz > Blattschutz aufheben** deaktivieren.

Excel 2007 — Arbeiten Sie mit Excel 2007, so aktivieren Sie den Blattschutz, indem Sie im Menü **Überprüfen** in der Rubrik **Änderungen** die Schaltfläche **Blatt schützen** wählen.

2 Kostenrechnung

Während die Buchhaltung in erster Linie die externe Seite des Rechnungswesens abdeckt, dient die Kostenrechnung internen Belangen und liefert damit Daten für den Entscheidungsprozess im Unternehmen. Egal, ob es um das Aufzeigen der Erfolgsstruktur einzelner Produkte, der Optimierung von Fertigungsverfahren oder die Überwachung von Verkaufsgebieten geht, Ihre Tabellenkalkulation Microsoft Excel wird Ihnen in nahezu allen Belangen eine wertvolle Hilfe sein.

Praxis-Hinweis

Im Rahmen dieses Kapitels geht es nicht darum, ein vollständiges Kostenrechnungssystem mit Excel aufzubauen, sondern um den Einsatz des Tabellenkalkulationsprogramms bei diversen praktischen Aufgabenstellungen in der Kostenrechnung.

In der Musterlösung **KalkulatorischeKosten.xls** stehen Ihnen vorbereitete und sofort einsetzbare Excel-Tabellen zur Verfügung.

Aufgaben und Einordnung der Kostenrechnung

Die Kostenrechnung ist ein Zweig des Rechnungswesens, der sich in erster Linie mit unternehmensinternen Belangen beschäftigt und sich in folgende Teilgebiete gliedert:

- Kostenartenrechnung
- Kostenstellenrechnung
- Kostenträgerrechnung

Die Kostenrechnung nimmt im Rahmen des Unternehmens folgende Aufgaben wahr:

- Planung und Steuerung
- Kontrolle
- Kosteninformation
- Dokumentation

Kostenartenrechnung

Die Kostenartenrechnung ist die Basis der Kostenrechnung. Sie dient der Erfassung aller in einer Periode anfallenden Kosten. Die Zuordnung erfolgt u. a. nach Produktionsfaktoren. Bedeutende Kostenarten sind (s. Abb. 2):

• Materialkosten inkl. Energiekosten

• Personalkosten

• Kosten für Fremdleistungen

• Kalkulatorische Kosten

• Öffentliche Abgaben

Die einzelnen Kostenkategorien sind in der Praxis häufig identisch mit den Konten der Buchhaltung.

Kostenarten	
Materialkosten	
	Rohstoffe
	Hilfsstoffe
	Betriebsstoffe
	Energiekosten
	Zukaufteile
Personalkosten	
	Löhne
	Gehälter
	Sozialleistungen
	Urlaubsgeld
	Weihnachtsgeld
	Provisionen
	Honorare
Fremdleistungen	
	Dienstleistungen Dritter
Kalkulatorische Kosten	
	Kalkulatorische Abschreibungen
	Kalkulatorische Zinsen
	Kalkulatorische Wagnisse
	Kalkulatorischer Unternehmerlohn
	Kalkulatorische Miete
Öffentliche Abgaben	
	Steuern
	Gebühren

Abb. 2: Mögliche Untergliederung von Kostenarten

Materialkosten

Im Zusammenhang mit den Materialkosten geht es im Rahmen der Kostenartenrechnung um die Materialverbrauchsermittlung und Bewertung der Verbrauchsmengen.

14

Energiekosten umfassen u. a. den Stromverbrauch, z. B. für den Einsatz von Maschinen.

Personalkosten und Fremdleistungen

Zu den Personalkosten zählen Löhne, Gehälter, Sozialversicherungsbeiträge und ggf. Leistungen von Fremdmitarbeitern auf Honorarbasis an.

Kalkulatorische Kosten

Was der Kostenrechner unter Kosten versteht, und was handels- bzw. steuerrechtliche Vorschriften als Kosten akzeptieren, geht zum Teil auseinander. Deshalb wird in der Praxis mit kalkulatorischen Kosten gearbeitet. Dabei handelt es sich um Zusatzkosten, die in der Kostenrechnung und Kalkulation eingefügt werden, um den betriebsbedingten Güter- und Dienstleistungsverzehr zu erfassen, der in der Aufwandsrechnung gar nicht oder in anderer Form und Höhe berücksichtigt wird. Der Unterschied basiert entsprechend auf der Abgrenzung von buchhalterischer Ebene und kostenrechnerischer Betrachtungsweise im Rechnungswesen.

Praxis-Beispiel

Für eine Investition ist nach dem Steuerrecht eine Nutzungsdauer von sechs Jahren anzusetzen. Nach Ihren Erkenntnissen und der voraussichtlichen Inanspruchnahme wird die Investition jedoch höchstens vier Jahre im Unternehmen nutzbar sein. Im Rahmen von Kalkulation und Planung rechnen Sie mit der tatsächlich erwarteten Nutzungsdauer von vier Jahren. Dadurch ergeben sich intern Unterschiede im Rahmen der Abschreibung des Wirtschaftsgutes. Auswirkungen auf den steuer- bzw. handelsrechtlichen Jahresabschluss ergeben sich dadurch aber nicht.

Es werden folgende Arten von kalkulatorischen Kosten unterschieden:

- Kalkulatorische Abschreibungen
- Kalkulatorische Zinsen
- Kalkulatorische Wagnisse
- Kalkulatorischer Unternehmerlohn
- Kalkulatorische Miete

Kalkulatorische Abschreibungen

Die bilanzmäßige Abschreibung, bei der steuerrechtliche Gesichtspunkte im Vordergrund stehen, entspricht in der Praxis oft nicht dem tatsächlichen Werteverzehr eines Investitionsgutes. Damit die Kosten verursachungsgerecht berücksichtigt werden, wird in der Kostenrechnung mit kalkulatorischen Abschreibungen gerechnet. In diesem Zusammenhang wird die Abschreibung so lange berücksichtigt, wie das Anlagegut tatsächlich im Unternehmen eingesetzt wird. Dabei werden u. a. folgende Kriterien herangezogen:

- Gebrauchsbedingter oder natürlicher Verschleiß
- Substanzminderung
- Wertminderung durch Nachfrageverschiebung
- Wertminderung durch Fristablauf
- Wertminderung durch technischen Fortschritt

Zur Berechnung der kalkulatorischen Abschreibung müssen folgende Rechengrößen bekannt sein:

- Nutzungsdauer
- Abschreibungsbetrag/Anschaffungs- bzw. Herstellungskosten
- Abschreibungsverfahren

1. Schritt: Abschreibungsbetrag berechnen

Zunächst gilt es zu ermitteln, welcher Betrag abzuschreiben ist.

Ein praxisorientiertes Rechenschema für Ihr Arbeit mit Microsoft Excel steht Ihnen in der Musterlösung **KalkulatorischeKosten.xls** auf dem Excel-Tabellenblatt **Abschreibungsbetrag** zur Verfügung (s. Abb. 3).

Sie müssen lediglich die notwendigen Angaben in die hellgrau hinterlegten Felder eingeben und erhalten automatisch einen Ausweis der benötigten Werte.

Für zugekaufte Güter ermitteln Sie zunächst die Anschaffungskosten als den Wert, der abgeschrieben wird. Wenn Sie langfristig nutzbare Güter selber herstellen, ermitteln Sie alternativ die Herstellkosten (s. Abb. 4).

Ermitteln des Abschreibungsbetrags	
Abschreibungsbetrag	**8.512,00 €**
Anschaffungspreis	10.000,00 €
Anschaffungsnebenkosten	512,00 €
Anschaffungskostenminderungen	2.000,00 €
Anschaffungskosten	8.512,00 €
Materialeinzel- und -gemeinkosten	
Fertigungseinzel- und -gemeinkosten	
Sondereinzelkosten der Fertigung	
Verwaltungsgemeinkosten	
Herstellungskosten	- €

Abb. 3: Ermitteln von Anschaffungskosten

Ermitteln des Abschreibungsbetrags	
Abschreibungsbetrag	**4.662,00 €**
Anschaffungspreis	
Anschaffungsnebenkosten	
Anschaffungskostenminderungen	
Anschaffungskosten	- €
Materialeinzel- und -gemeinkosten	1.200,00 €
Fertigungseinzel- und -gemeinkosten	2.400,00 €
Sondereinzelkosten der Fertigung	350,00 €
Verwaltungsgemeinkosten	712,00 €
Herstellungskosten	4.662,00 €

Abb. 4: Ermitteln von Herstellungskosten

Die Berechnungen beruhen auf einer Addition:

Der Abschreibungsbetrag ergibt sich aus der Summe von Anschaffungs- und Herstellkosten. Die Excel-Formel lautet:

=B9+B16

Die Anschaffungskosten bilden den Saldo aus Anschaffungspreis, Anschaffungsnebenkosten sowie Anschaffungskostenminderungen. Die Excel-Formel bilden Sie wie folgendermaßen:

=B5+B6-B7

Die Herstellungskosten setzen sich aus Materialkosten, Materialgemeinkosten, Fertigungskosten, Fertigungsgemeinkosten, Sondereinzelkosten der Fertigung sowie Verwaltungsgemeinkosten zusammen:

=Summe(B11:B14)

Microsoft Excel wechselt in die Formelansicht, wenn Sie unter **Extras** > **Optionen** auf der Registerkarte **Ansicht** in das Kontrollkästchen vor **Formeln** einen Haken setzen (s. Abb. 5). Schneller geht es, wenn Sie die Tastenkombination **Strg**+# drücken. Die Tastenkombination können Sie auch in der neusten Excel-Version Excel 2007 anwenden.

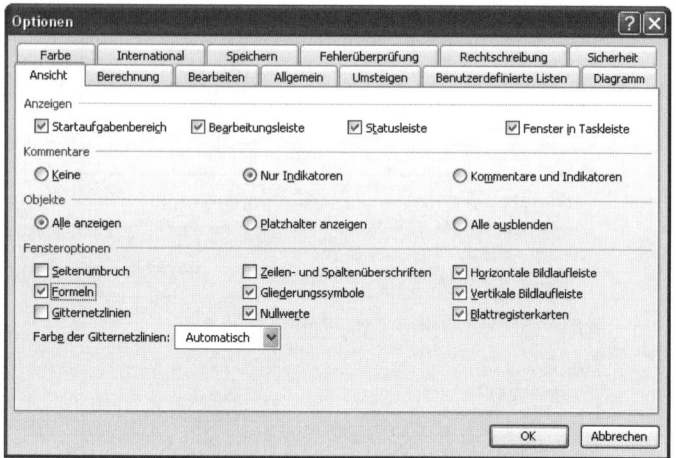

Abb. 5: Auf dieser Registerkarte stellen Sie ein,
dass anstelle der Ergebnisse Formeln angezeigt werden

2. Schritt: Abschreibungsverfahren festlegen

Das Abschreibungsverfahren ist die Methode, nach der abgeschrieben wird. Hier empfiehlt sich aus der Sicht der Kostenrechnung häufig die leistungsabhängige Abschreibung. Kriterien, die hier berücksichtigt werden können, sind vom Investitionsobjekt abhängig. Bei Maschinen eignen sich beispielsweise Maschinenstunden, bei Fahrzeugen die gefahrenen Kilometer.

Leistungs-
abhängige
Abschreibung

Die leistungsabhängige Abschreibung berechnet den Werteverbrauch nach Inanspruchnahme der Wirtschaftsgüter. Voraussetzung für das Messen des Werteverzehrs ist eine geeignete Messgröße:

- Beim Kauf einer Maschine, können das zum Beispiel die erwarteten Maschinenstunden sein.

- Für den Fall, dass Sie ein Fahrzeug abschreiben, eignen sich die gefahren Kilometer als Messgröße.

Praxis-Beispiel

Für ein Fahrzeug mit einer erwarteten Fahrleistung von 200.000 Kilometern fallen Anschaffungskosten in Höhe von 35.000 Euro an. Es wird davon ausgegangen, dass das Fahrzeug nach einer Nutzungsdauer von 5 Jahren nur noch verschrottet werden kann. Ein Restwert ist demnach nicht zu berücksichtigen.

Der Abschreibungsbetrag errechnet sich, in dem Sie die Anschaffungskosten durch die gesamte Fahrleistung dividieren und mit der verbrauchten Menge multiplizieren. Die allgemeine Formel lautet:

Anschaffungskosten / Potential × verbrauchte Menge

Dazu finden Sie in der Musterlösung **KalkulatorischeKosten.xls** die Tabelle **LeistungsabhängigeAbschreibung.**

Es werden folgende Angaben verlangt:

* Anschaffungskosten

* Restwert

* Nutzungspotential

* verbrauchte Einheiten in den einzelnen Jahren

	A	B	C
1	**Leistungsabhängige Abschreibung**		
2			
3	**Anschaffungskosten**	35.000,00 €	
4	**Restwert**	- €	
5	**Nutzungspotential**	200.000	
6			
7	**Jahr**	**verbrauchte Einheiten**	**Abschreibungsbetrag**
8	1	45.600,00	7.980,00 €
9	2	44.200,00	7.735,00 €
10	3	38.922,00	6.811,35 €
11	4		- €
12	5		- €
13	6		- €
14	7		- €
15	8		- €
16	9		- €
17	10		- €

Abb. 6: Beispiel zur Ermittlung der leistungsabhängigen Abschreibung eines Autos

Die Formelansicht zeigt die Abb. 7.

	A	B	C
1	Leistungsabhängige Abschreibung		
2			
3	Anschaffungskosten	35000	
4	Restwert	0	
5	Nutzungspotential	200000	
6			
7	Jahr	verbrauchte Einheiten	Abschreibungsbetrag
8	1	45600	=WENN($B$5=0;0;($B$3-$B$4)/$B$5*B8)
9	2	44200	=WENN($B$5=0;0;($B$3-$B$4)/$B$5*B9)
10	3	38922	=WENN($B$5=0;0;($B$3-$B$4)/$B$5*B10)
11	4		=WENN($B$5=0;0;($B$3-$B$4)/$B$5*B11)
12	5		=WENN($B$5=0;0;($B$3-$B$4)/$B$5*B12)
13	6		=WENN($B$5=0;0;($B$3-$B$4)/$B$5*B13)
14	7		=WENN($B$5=0;0;($B$3-$B$4)/$B$5*B14)
15	8		=WENN($B$5=0;0;($B$3-$B$4)/$B$5*B15)
16	9		=WENN($B$5=0;0;($B$3-$B$4)/$B$5*B16)
17	10		=WENN($B$5=0;0;($B$3-$B$4)/$B$5*B17)

*Abb. 7: Mit Hilfe dieser Formeln ergibt sich
die leistungsabhängige Abschreibung eines Autos*

Excel-Hinweis Mit Hilfe der WENN-Funktion wird eine Fehlermeldung bei fehlender Angabe des Divisors abgefangen. Die Funktion überprüft, ob unter Nutzungspotential kein Wert eingegeben wurde (ob der Wert in B5 Null entspricht). Ist dies der Fall, soll die Division nicht durchgeführt werden, da die Division durch Null mathematisch nicht erlaubt ist und zu Fehlern führt (s. Abb. 8).

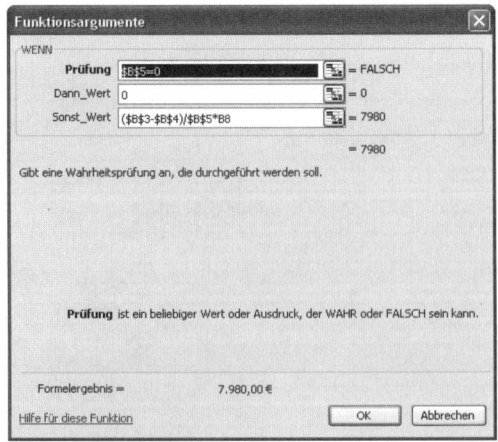

Abb. 8: Der Funktionsassistent der Funktion WENN()

Kalkulatorische Zinsen

Um eine angemessene Verzinsung des Eigenkapitals zu erreichen, werden in der Kostenrechnung Zinsen für das gesamte erforderliche Kapital angesetzt. Diese sind das Produkt aus dem kalkulatorischen Zinssatz und dem betriebsnotwendigen Kapital. Bei der Ermittlung der kalkulatorischen Zinsen kann Ihnen Excel eine gute Hilfestellung bieten.

	A	B	C	D	E	F	G	H
1	Betriebsnotwendiges Vermögen							
2								
3	Bilanzstichtag							
4								
5		Bilanzbuchwert (TEUR)	Betriebsfremd (TEUR)	Betriebsnotwendig (TEUR)	Umbewertung (TEUR)			Betriebsnotwendiges vermögen (TEUR)
6	**Anlagevermögen**							
7	Gurndstücke			-				-
8	Maschinen und Anlagen			-				-
9	Fuhrpark			-				-
10	Beteiligungen			-				-
11	**Umlaufvermögen**							
12	Vorräte Rohstoffe							
13	Vorräte Hilfsstoffe							
14	Vorräte Betriebsstoffe							
15	Sonstige Vorräte			-				-
16	Halbfabrikate			-				-
17	Fertige Erzeugnisse			-				-
18	Forderungen			-				-
19	Wertpapiere			-				-
20	Kasse			-				-
21	Bank			-				-
22	Sonstiges			-				-
23	**Betriebsnotwendiges Vermögen**	-	-	-	-			-
24	./. Abzugskapital							
25	Anzahlungen Kunden							
26	Verbindlichkeiten aus Lieferung und Leistung							
27	**Betriebsnotwendiges Kapital**							-
28	Zinssatz							
29	**Kalkulatorische Zinsen**							-

Abb. 9: Das Tabellengrundgerüst zur Berechnung der kalkulatorischen Zinsen

Das betriebsnotwendige Kapital ergibt sich nach folgender Formel:

Betriebsnotwendiges Kapital =
Betriebsnotwendiges Vermögen – Abzugskapital

	C	D	E	F	G	H
5	Betriebsfremd (TEUR)	Betriebsnotwendig (TEUR)	Umbewertung (TEUR)			Betriebsnotwendiges vermögen (TEUR)
6						
7		=+B7-C7				=+D7+E7
8		=+B8-C8				=+D8+E8
9		=+B9-C9				=+D9+E9
10		=+B10-C10				=+D10+E10
11						
12						
13						
14						
15		=+B15-C15				=+D15+E15
16		=+B16-C16				=+D16+E16
17		=+B17-C17				=+D17+E17
18		=+B18-C18				=+D18+E18
19		=+B19-C19				=+D19+E19
20		=+B20-C20				=+D20+E20
21		=+B21-C21				=+D21+E21
22		=+B22-C22				=+D22+E22
23	=SUMME(C7:C22)	=+B23-C23	=SUMME(E7:E22)			=+D23+E23
24						
25						
26						
27						=+H23-H25-H26
28						
29						=H27*H28

Abb. 10: Die Formeln zur Ermittlung der kalkulatorischen Zinsen in der Formelansicht

Betriebsnotwendiges Vermögen Das betriebsnotwendige Vermögen setzt sich aus dem betriebsnotwendigem Umlauf- und Anlagevermögen zusammen. Diese Positionen gehören zum betriebsnotwendigen Umlaufvermögen:

- Roh-, Hilfs- und Betriebsstoffe
- Halb- und Fertigfabrikate
- Forderungen
- Liquide Mittel

Zum betriebsnotwendigen Anlagevermögen gehören folgende Vermögenswerte:

- Grundstücke
- abnutzbares Sachanlagevermögen
- Beteiligungen
- Patente
- Lizenzen

Die nicht abnutzbaren Gegenstände des Anlagevermögens werden mit ihren Anschaffungskosten bewertet.

Zum Abzugskapital gehören z. B. Liefertantenkredite ohne Skontierung sowie Anzahlungen der Kunden oder Rückstellungen. Als Zinssatz setzen Sie bei der Ermittlung der kalkulatorischen Zinsen den banküblichen Zinssatz für langfristiges Fremdkapital ein.   *Abzugskapital*

Das Produkt aus dem kalkulatorischen Zinssatz und dem betriebsnotwendigen Kapital ergibt die kalkulatorischen Zinsen: *Kalkulatorische Zinsen*

**Kalkulatorische Zinsen =
Betriebsnotwendiges Kapital × kalkulatorischer Zinssatz**

Das betriebsnotwendige Kapital und die kalkulatorischen Zinsen werden in der Musterlösung **KalkulatorischeKosten.xls** auf dem Excel-Sheet **KalkulatorischeZinsen** ermittelt. Das Tabellengrundgerüst sehen Sie in Abb. 9.

Die zugehörigen Formeln entnehmen Sie Abb. 10.

Kalkulatorische Wagnisse

Unternehmerische Tätigkeiten sind in der Regel mit Wagnissen oder Risiken verbunden und können zu Verlusten führen. Diese Wagnisverluste lassen sich in ihrer Höhe nicht vorhersehen. Anstatt der tatsächlich eingetretenen Verluste werden in der Kosten- und Leistungsrechnung kalkulatorische Wagnisse angesetzt.

Bei den Wagnissen unterscheidet man Wagnisse, die durch das Umfeld des Unternehmens entstehen, wie Konjunktur, Konkurrenz etc., die nicht in die Kalkulation eingehen und spezielle Einzelwagnisse, die mit der betrieblichen Leistungserstellung verbunden sind und daher als kalkulatorische Wagnisse in die Kostenrechnung einfließen:

- Bestandsrisiken: z. B. Lagerverluste durch Schwund, Veralterung, Diebstahl

- Fertigungsrisiken: z. B. Fehler, die Gewährleistungen oder beschädigte Anlagen zur Folge haben

- Entwicklungsrisiken: z. B. durch fehlgeschlagene Forschung und Entwicklung

- Vertriebsrisiken: z. B. Forderungsausfälle, Währungsverluste

- Sonstige Wagnisse: z. B. bedingt durch die Branche, in der das Unternehmen tätig ist

Starten Sie aus der Musterlösung **KalkulatorischeKosten.xls** die Tabelle **KalkulatorischeWagnisse** – sie unterstützt Sie bei der Bildung des Wagnissatzes und Ermittlung der kalkulatorischen Wagniskosten.

Zur Arbeit mit der Musterlösung werden folgende Daten benötigt:

- Wagnissatz
- Bezugsgröße
- tatsächlich angefallene Wagnisaufwendungen

Wagnissatz — Der Wagnissatz ergibt sich, in dem Sie die tatsächlich eingetretenen Wagnisse der vergangenen Jahre zu einer Bezugsgröße in Verbindung setzen. Wichtig ist dabei, dass für die eingetretenen Wagnisse und die Bezugsgröße ein identischer Zeitraum gewählt wird.

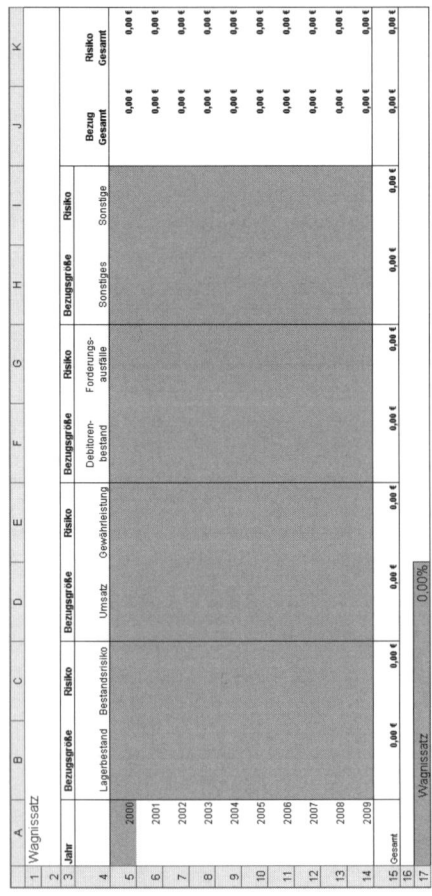

Abb. 11: Das Tabellengrundgerüst zur Ermittlung des Wagnissatzes

Die allgemeine Formel zur Ermittlung des Wagnissatzes lautet:

$$\text{Wagnissatz} = \frac{\text{Summe der eingetretenen Wagnisverluste}}{\text{Summe Bezugsgröße}}$$

Der Wagnissatz wird in der Excel-Tabelle **KalkulatorischeWagnisse** gebildet (s. Abb. 11).

Um den Wagnissatz für Bestandsrisiken zu ermitteln, werden die Lagerverluste in das Verhältnis zu den Lagerbeständen gesetzt. Die Lagerverluste werden in der Musterlösung als **Bestandsrisiko** bezeichnet.

	A	B	C	D	E
1	Wagnissatz				
2					
3	Jahr	Bezugsgröße	Risiko	Bezugsgröße	Risiko
4		Lagerbestand	Bestandsrisiko	Umsatz	Gewährleistung
5	2000				
6	2001	501.255,00 €	12.520,00 €		
7	2002	458.123,00 €	11.742,00 €		
8	2003	414.991,00 €	10.964,00 €		
9	2004	537.000,00 €	14.547,00 €		
10	2005	493.868,00 €	13.769,00 €		
11	2006	500.278,30 €	14.299,30 €		
12	2007	506.688,60 €	14.829,60 €		
13	2008	513.098,90 €	15.359,90 €		
14	2009				
15	Gesamt	3.925.302,80 €	108.030,80 €	0,00 €	0,00 €
16					
17		Wagnissatz		2,75%	

Abb. 12: Der Lagerbestand wird in das Verhältnis zum Bestandsrisiko gesetzt

Die Tabelle ermöglicht es, Datenmaterial von einem Zeitraum bis zu 10 Jahren zu berücksichtigen. Für den Fall, dass Sie einen geringeren Zeitraum zu Grunde legen wollen, erfassen Sie lediglich die Jahre, die Sie in Ihre Betrachtungen einbeziehen wollen und lassen die übrigen Eingabefelder frei.

Die kalkulatorischen Wagniskosten ergeben sich, in dem alle Bezugsgrößen des zu berechnenden Zeitraumes mit dem Wagnissatz verrechnet werden. Einen Auszug aus der Formelansicht der Tabelle zeigt Abb. 13.

Mit der Tastenkombination **Strg**+# wechseln Sie sehr schnell zwischen der eigentlichen Tabellenansicht und der Formelansicht hin und her.

Excel-Tipp

25

	A	B	D	J	K
1	Wagnissatz				
2					
3	Jahr	Bezugsgröße	Bezugsgröße		
4		Lagerbestand	Umsatz	Bezug Gesamt	Risiko Gesamt
5	2000			=SUMME(B5+D5+F5+H5)	=SUMME(C5+E5+G5+I5)
6	=+A5+1			=SUMME(B6+D6+F6+H6)	=SUMME(C6+E6+G6+I6)
7	=+A6+1			=SUMME(B7+D7+F7+H7)	=SUMME(C7+E7+G7+I7)
8	=+A7+1			=SUMME(B8+D8+F8+H8)	=SUMME(C8+E8+G8+I8)
9	=+A8+1			=SUMME(B9+D9+F9+H9)	=SUMME(C9+E9+G9+I9)
10	=+A9+1			=SUMME(B10+D10+F10+H10)	=SUMME(C10+E10+G10+I10)
11	=+A10+1			=SUMME(B11+D11+F11+H11)	=SUMME(C11+E11+G11+I11)
12	=+A11+1			=SUMME(B12+D12+F12+H12)	=SUMME(C12+E12+G12+I12)
13	=+A12+1			=SUMME(B13+D13+F13+H13)	=SUMME(C13+E13+G13+I13)
14	=+A13+1			=SUMME(B14+D14+F14+H14)	=SUMME(C14+E14+G14+I14)
15	Gesamt	=SUMME(B5:B14)	=SUMME(D5:D14)	=SUMME(B15+D15+F15+H15)	=SUMME(C15+E15+G15+I15)
16					
17		Wagnissatz	=WENN(J15=0;0;K15/J15)		
18					
19	Zeitraum				
20					
21	Bezugsgröße	Betrag			
22	Lagerbestand				
23	Umsatz				
24	Debitorenbestand				
25	Sonstiges				
26		=SUMME(B23:B25)			
27					
28	Wagniskosten	=B26*D17			

Abb. 13: Auszug aus der Formelansicht zur Ermittlung des Wagnissatzes

Die kalkulatorischen Wagniskosten ergeben sich, in dem Sie alle Bezugs-größen des zu berechnenden Zeitraumes mit dem Wagnissatz verrech-nen (s. Abb. 14).

B28	▼	fx	=B26*D17	
	A	B	C	D
17		Wagnissatz		2,75%
18				
19	Zeitraum	1. Halbjahr 2009		
20				
21	Bezugsgröße	Betrag		
22	Lagerbestand	500.000,00 €		
23	Umsatz	1.205.000,00 €		
24	Debitorenbestand	300.000,00 €		
25	Sonstiges	50.000,00 €		
26		1.555.000,00 €		
27				
28	Wagniskosten	42.796,16 €		

Abb. 14: Im unteren Tabellenteil werden die Wagniskosten ermittelt

	A	B
1	Kalulatorische Kosten	
2	**Kalkulatorische Abschreibung**	
3	Anlagegut 1	3.000,00 €
4	Anlagegut 2	2.000,00 €
5	Anlagegut 3	1.500,00 €
6	Anlagegut 4	700,00 €
7	Anlagegut 5	1.000,00 €
8	Anlagegut 6	1.000,00 €
9	Anlagegut 7	1.000,00 €
10	Anlagegut 8	1.000,00 €
11	Anlagegut 9	1.000,00 €
12	Anlagegut 10	1.000,00 €
13		
14		
15		
16		
17		
18		
19		
20		
21		
22		
23	**Gesamt**	**13.200,00 €**
24	**Kalkulatorischer Unternehmerlohn**	
25	Gesellschafter A	100.000,00 €
26	Gesellschafter B	100.000,00 €
27		
28		
29		
30	**Gesamt**	**200.000,00 €**
31	**Kalkulatorische Miete**	
32	Objekt A	8.000,00 €
33	Objekt B	12.000,00 €
34		
35		
36		
37		
38	**Gesamt**	**20.000,00 €**
39	**Kalkulatorische Zinsen**	54.000,00 €
40	**Kalkulatorische Wagnisse**	30.000,00 €
41	Kalkulatorische Kosten, gesamt	317.200,00 €

Abb. 15: In dieser Übersicht werden die kalkulatorischen Kosten ermittelt

Kalkulatorischer Unternehmerlohn

Selbstständige Unternehmer bekommen im Gegensatz zu Geschäftsführern von Kapitalgesellschaften kein Gehalt. Stattdessen können Sie dem Geschäft Geld in Form so genannter Privatentnahmen entziehen. Damit die Personalkosten mit denen branchengleicher Betriebe verglichen werden können, wird der Kalkulatorische Unternehmerlohn in der Kostenrechnung berücksichtigt.

27

Kalkulatorische Miete

Stellt ein Unternehmer dem Betrieb unentgeltlich Räume zur Verfügung, werden diese über die kalkulatorische Miete verrechnet. Zur Ermittlung der kalkulatorischen Miete werden die Mietkosten pro qm mit der zur Verfügung gestellten qm-Zahl multipliziert. Die allgemeine Formel lautet

Kalkulatorische Miete = Miete pro qm × qm-Zahl

Erfassungsbogen für Kalkulatorische Kosten

 Abb. 15 auf der vorhergehenden Seite zeigt einen Erfassungsbogen für kalkulatorische Kosten. Sie finden die entsprechende Tabelle in der Musterlösung **KalkualtorischeKosten.xls** im Register **KalkulatorischeKosten**. In dieser Tabelle wird ausschließlich mit Summenformeln gearbeitet.

Fixe und variable Kosten

Eine weitere Unterteilung der Kosten erfolgt nach ihrer Abhängigkeit von der Beschäftigung. Hiernach werden Kosten in fixe und variable Bestandteile gegliedert.

Fixe Kosten   Fixe Kosten fallen beschäftigungsabhängig immer in gleicher Höhe an, unabhängig davon, ob das Unternehmen eine bestimmte Menge produziert beziehungsweise verkauft. Typische Beispiele für fixe Kosten sind Gehälter in der Verwaltung, Mieten für Gebäude, Darlehenszinsen etc.

Variable Kosten   Variable Kosten dagegen stehen in unmittelbarem Zusammenhang zur Produktions- oder Absatzmenge: Wird mehr produzieren, muss das Unternehmen zum Beispiel den Materialeinsatz erhöhen. Die Materialkosten stellen dann variable Kosten dar.

Im Zusammenhang mit fixen Kosten kann Ihnen Excel bei der Verteilung von Kosten gute Hilfestellung bieten. Berücksichtigen Sie in diesem Zusammenhang den Abschnitt zum Thema „Verteilungsschlüssel" (s. folgendes Unterkapitel).

Kostenstellenrechnung

Die Kostenstellenrechnung ist neben der Kostenartenrechnung Bestandteil der Kostenrechnung und teilt ein Unternehmen in abgegrenzte Verantwortungsbereiche. Die Kostenstellen sind die Orte der Kostenentstehung, mit deren Hilfe die Kosten dann später auf die Kostenträger weiterverrechnet werden können. Die Kostenstellenrechnung zeigt, in welchen Bereichen für welche Positionen Kosten verursacht wurden.

Die Kostenstelle selbst ist ein Ort der Kostenentstehung, mit zugehöriger Führungsverantwortung. In der Praxis handelt es in der Regel um funktionale, organisatorische oder räumliche Aspekte abgegrenzter Leistungs- bzw. Verantwortungsbereiche, denen die von ihnen verursachten Kosten zugerechnet werden.

Kostenstellen

Die Einteilung eines Unternehmens in Kostenstellen ist erforderlich, um die Kosten nach dem Ort ihrer Entstehung erfassen zu können. Das schafft folgende Vorteile:

* Wirksame und detaillierte Kontrolle der Wirtschaftlichkeit.

* Differenzierte Verrechnung der Gemeinkosten auf die Erzeugnisse. Dies wiederum ist die Voraussetzung für eine exakte Kalkulation.

Durch eine sinnvolle Kostenstellenstruktur besteht außerdem die Möglichkeit, verschiedene praxisrelevante Verdichtungen und Auswertungen zu erstellen.

Ein Unternehmen kann nach den unterschiedlichsten Kriterien in Kostenstellen unterteilt werden. In der Praxis hat sich in vielen Fällen eine Gliederung nach Funktionsbereichen beziehungsweise organisatorischen Verantwortungsbereichen durchgesetzt:

* **Allgemeine Kostenstellen:** Kostenstellen, wie z. B. der Werksdienst oder der Fuhrpark, die zwar für die Produktion und den Absatz der Erzeugnisse erforderlich sind, die aber ihre Leistungen nicht direkt an die Produkte abgeben.

* **Fertigungsstellen:** Kostenstellen, die für die Herstellung von Produkten zuständig sind. Sie gliedern sich in der Regel in Fertigungshaupt- und Nebenkostenstellen.

* **Materialstellen:** Kostenstellen, wie Einkauf und Lager, die mit der Beschaffung, Lagerung und Austeilung der Materialien zu tun haben.

* **Verwaltungsstellen:** Kostenstellen im Zusammenhang mit der Verwaltung und Organisation des Unternehmens, wie z. B. Buchhaltung oder Datenverarbeitung.

* **Vertriebsstellen:** Kostenstellen, wie Verkauf oder Werbung, die sich mit der Veräußerung von Waren beschäftigen.

- **Forschung und Entwicklung:** Kostenstellen, die sich mit der Weiterentwicklung von Produkten und Leistungen auseinandersetzen.

In den einzelnen Bereichen wird weiter nach Kostenstellen differenziert. Jede Kostenstelle sollte einem eigenständigen Verantwortungsbereich entsprechen. Dazu wird für jede Kostenstelle ein Kostenstellenleiter eingesetzt.

Kostenstellenplan

Die einzelnen Kostenstellen werden im Kostenstellenplan geführt. Im Kostenstellenplan sollten folgende Informationen zu jeder Kostenstelle festgehalten werden:

- Kostenstellennummer
- Kostenstellenbezeichnung
- Kostenstellenverantwortlicher

Kostenstellen-plan Die Anzahl der Kostenstellen, die ein Unternehmen benötigt, hängt von der Größe und den individuellen Bedürfnissen des einzelnen Unternehmens ab. Ein optimaler Kostenstellenplan differenziert das Kostenstellensystem nur soweit, wie dies wirtschaftlich gerechtfertigt werden kann – wichtig ist, dass die Übersichtlichkeit nicht gefährdet ist.

Eine Vorlage für einen Kostenstellenplan finden Sie in der Datei **Kostenstellenplan.xls**. In dieser Musterlösung können Sie alle vorhandenen Eintragungen wie Nummern und Bezeichnungen überschreiben (s. Abb. 16).

Excel-Tipp Weitere Kostenstellen fügen Sie hinzu, in dem Sie weitere Zeilen einrichten. Mit einer Tastenkombination fügen Sie eine zusätzliche Zeile ein:

- Klicken Sie in den Spaltenkopf der Zeile, vor der Sie eine neue Zeile einfügen wollen.
- Drücken Sie die Tastenkombination **Strg+Plus-Taste.** Excel fügt eine neue Zeile ein.

Nicht benötigte Zeilen löschen Sie wie folgt:

- Klicken Sie in den Spaltenkopf der Zeile, die Sie nicht benötigen.
- Drücken Sie die Tastenkombination **Strg+Minus-Taste.** Die Zeile wird sofort gelöscht.

	A	B	C
1	**Kostenstellenplan**		
2			
3	**Verwaltungsbereich**	**Nr. der KST**	**Kostenstellenleiter**
4	Geschäftsführung		
5	Personalabteilung		
6	Rechnungswesen		
7	EDV		
8			
9			
10	**Allgemeine Kostenstellen**		
11	Verwaltungsgebäude		
12	Fabrikgebäude		
13	Stromversorgung		
14	Gasversorgung		
15	Wasserversorgung		
16	Kantine		
17	Fuhrpark		
18			
19			
20	**Vertriebsbereich**		
21	Vertriebsleitung		
22	Verkaufsabteilung I		
23	Verkaufsabteilung II		
24	Werbung		
25	Versand		
26			
27			
28	**Materialbereich**		
29	Einkauf		
30	Disposition		
31	Lager		
32			
33			
34	**Fertigungsbereich**		
35	Fertigungsbereich I		
36	Fertigungsbereich II		
37	Technische Abteilung		
38			
39			

Abb. 16: Grundlage für einen Kostenstellenplan

Kostenstellenplanblatt

Die Musterlösung **Kostenstellenplan.xls** enthält neben dem eigentlichen Kostenstellenplan ein **Kostenstellenplanblatt**, mit dessen Hilfe Sie folgende Werte erfassen können:

- Vorjahr
- Soll
- Ist

Die Tabelle weist automatisch relative und absolute Abweichungen zwischen den Soll- und Istwerten aus (s. Abb. 17).

31

	A	B	C	D	E	F
1	Kostenstellenplanbatt					
2						
3	Kostenstelle					
4						
5	Planjahr					
6						
7		Vorjahr	Soll	Ist	Abw.	%-Abw.
8	Löhne					
9	Gehälter					
10	Personalkosten, gesamt					
11	Material 1					
12	Material 2					
13	Material 3					
14	Material 4					
15	Material 5					
16	Materialkosten, gesamt					
17	Energie 1					
18	Energie 2					
19	Energie 3					
20	Energie 4					
21	Energie 5					
22	Energiekosten, gesamt					
23	PKW					
24	LKW					
25	Fuhrparkkosten, gesamt					
26	Verwaltungskosten					
27	Versicherungen					
28	Mieten					
29	Fort-/Weiterbildung					
30	Reisekosten					
31	Sonstiges					
32	Gesamt					

Abb. 17: Beispiel für ein Kostenstellenplanblatt

Die zugehörige Formelansicht zeigt Abb. 18 auf der folgenden Seite.

Excel-Hinweis   Die Formeln in den ausgeblendeten Spalten werden analog zu Spalte B gebildet.

Verteilungsschlüssel

Ein Verteilungsschlüssel verteilt Kosten, die sich den Kostenstellen nicht direkt zuordnen lassen. Das Gehalt eines Abteilungsleiters, der für eine bestimmte Kostenstelle zuständig ist, kann direkt auf die entsprechende Kostenstelle gebucht werden. Anders ist das z. B. bei den Mitarbeitern der Telefonzentrale. Diese Kosten müssen nach möglichst verursachungs-gerechten Verteilungsschlüssen den Kostenstellen zugeordnet werden. Denkbar sind hier die z. B. Zeiten, die die Telefonzentrale für die einzelnen Kostenstellen tätig ist. Eine solche Vorgehensweise erweist sich in der Praxis jedoch als zu umständlich und arbeitsaufwendig. Deshalb wendet-man in der Regel einfachere Verteilungsschlüssel an. Für die Verteilung

	A	B	E	F
1	**Kostenstellenplanbatt**			
2				
3	Kostenstelle			
5	Planjahr			
6				
7		**Vorjahr**	**Abw.**	**%-Abw.**
8	Löhne		=+C8-D8	=WENN(C8=0;"";E8/C8)
9	Gehälter		=+C9-D9	=WENN(C9=0;"";E9/C9)
10	**Personalkosten, gesamt**	**=SUMME(B8:B9)**	**=+C10-D10**	**=WENN(C10=0;"";E10/C10)**
11	Material 1		=+C11-D11	=WENN(C11=0;"";E11/C11)
12	Material 2		=+C12-D12	=WENN(C12=0;"";E12/C12)
13	Material 3		=+C13-D13	=WENN(C13=0;"";E13/C13)
14	Material 4		=+C14-D14	=WENN(C14=0;"";E14/C14)
15	Material 5		=+C15-D15	=WENN(C15=0;"";E15/C15)
16	**Materialkosten, gesamt**	**=SUMME(B11:B15)**	**=+C16-D16**	**=WENN(C16=0;"";E16/C16)**
17	Energie 1		=+C17-D17	=WENN(C17=0;"";E17/C17)
18	Energie 2		=+C18-D18	=WENN(C18=0;"";E18/C18)
19	Energie 3		=+C19-D19	=WENN(C19=0;"";E19/C19)
20	Energie 4		=+C20-D20	=WENN(C20=0;"";E20/C20)
21	Energie 5		=+C21-D21	=WENN(C21=0;"";E21/C21)
22	**Energiekosten, gesamt**	**=SUMME(B17:B21)**	**=+C22-D22**	**=WENN(C22=0;"";E22/C22)**
23	PKW		=+C23-D23	=WENN(C23=0;"";E23/C23)
24	LKW		=+C24-D24	=WENN(C24=0;"";E24/C24)
25	**Fuhrparkkosten, gesamt**	**=SUMME(B23:B24)**	**=+C25-D25**	**=WENN(C25=0;"";E25/C25)**
26	Verwaltungskosten		=+C26-D26	=WENN(C26=0;"";E26/C26)
27	Versicherungen		=+C27-D27	=WENN(C27=0;"";E27/C27)
28	Mieten		=+C28-D28	=WENN(C28=0;"";E28/C28)
29	Fort-/Weiterbildung		=+C29-D29	=WENN(C29=0;"";E29/C29)
30	Reisekosten		=+C30-D30	=WENN(C30=0;"";E30/C30)
31	Sonstiges		=+C31-D31	=WENN(C31=0;"";E31/C31)
32	**Gesamt**	**=+B10+B16+B22+B25+SUMME(B26:B31)**	**=+C32-D32**	**=WENN(C32=0;"";E32/C32)**

Abb. 18: Auszug aus der Formelansicht des Kostenstellenstammblattes

der Gehälter der Telefonzentrale eignen sich zum Beispiel die Kopfzahlen der Mitarbeiter (Anzahl der Mitarbeiter).

Im Prinzip benötigt jede Kostenart ihren eigenen Verteilungsschlüssel. Die einzelnen Schlüssel existieren i. d. R. völlig unabhängig voneinander. Das heißt, während Sie beispielsweise Gehälter nach Kopfzahlen verteilen, lassen sich Zinsen nach Anlagevermögen zuordnen.

Praxis-Hinweis

Innerhalb einer Kostenart darf der Schlüssel nicht variieren.

In der Theorie unterscheidet man Mengen- und Wertschlüssel. Zu den Mengenschlüsseln zählen unter anderem:

- Mitarbeiterzahl
- Raumgröße (qm)
- Maschinenstunden
- Lagerzeiten

Folgende Schlüssel sind Wertschlüssel

- Lohn- und Gehaltssumme
- Umsatz

Potentielle Schlüssel finden Sie in Tab. 1.

Kostenart	Schlüssel
Materialkosten	Materialkosten
Löhne	Kopfzahl (Anzahl der Mitarbeiter)
Gehälter	Kopfzahl (Anzahl der Mitarbeiter)
Fremdleistungen	Kopfzahl (Anzahl der Mitarbeiter)
Abschreibungen	Anlagespiegel
Zinsen	Anlagespiegel
Steuern und Abgaben	Kopfzahl (Anzahl der Mitarbeiter)
Raumkosten	Größe der Räume (qm)
Energiekosten	Größe der Räume / Leistung
Reparaturkosten	Anlagespiegel
Sonstige Kosten	Kopfzahl (Anzahl der Mitarbeiter)

Tab. 1: Verteilungsschlüssel

Beispiele für Zuordnungshilfen zeigt die Aufstellung in Tab. 2

Kostenart	Zurechnungshilfe
Gehälter	Gehaltsliste
Löhne	Lohnlisten
Abschreibung	Anlagekarteien
Betriebsstoffverbrauch	Materialentnahmeschein
Fremdreparaturen	Materialentnahmeschein
Stromverbrauch	Zählerstände

Tab. 2: Zuordnungshilfe

 Eine Verteilungshilfe finden Sie in der Datei **Verteilungsschluessel.xls** in der Tabelle **Verteilungsschlüssel**. Die Tabelle verteilt beliebige Werte auf Kostenstellen. Die Kostenstellennummern können individuell von Ihnen erfasst werden. Darüber hinaus werden folgende Angaben verlangt:

- zu verteilender Wert
- Schlüssel

Praxis-Beispiel

Angenommen Sie wollen Zinsen in Höhe von 21.500 Euro auf verschiedene Kostenstellen erfassen. Dann tragen Sie zunächst den zu verteilenden Wert in Zelle B3 ein. Anschließend geben Sie den Schlüssel ein. Um Zinsen zu verteilen, eignet sich z. B. das Anlagevermögen des Unternehmens. Die entsprechenden Anlagewerte erfassen Sie in der Spalte **Schlüssel**.

Die Tabelle arbeitet wie folgt:

- Die einzelnen Anlagewerte werden addiert.
- Die zu verteilenden Zinsen werden durch die Summe der Anlagewerte dividiert.
- Das Ergebnis wird mit den einzelnen Anlagewerten multipliziert.

	A	B	C
1	Verteilungsschlüssel		
2			
3	Zu verteilender Wert	21.500,00 €	
4			
5	**Nr. der KST**	**Schlüssel**	**Betrag**
6	1010	123.450,00 €	3.272,89 €
7	1020		- €
8	1030	202.020,00 €	5.355,93 €
9	1040	50.710,00 €	1.344,42 €
10	1050	15.300,00 €	405,63 €
11	1060	8.400,00 €	222,70 €
12	1070		- €
13	1080	9.501,00 €	251,89 €
14	1090	40.500,00 €	1.073,73 €
15	1100	13.132,00 €	348,15 €
16	1110	8.000,00 €	212,10 €
17	1120		- €
18	1130	12.457,00 €	330,26 €
19	1140		- €
20	1150	123.456,00 €	3.273,05 €
21	1160	50.710,00 €	1.344,42 €
22	1170	15.300,00 €	405,63 €
23	1180	8.400,00 €	222,70 €
24	1190	9.500,00 €	251,86 €
25	1200	120.121,00 €	3.184,63 €
26			
27	**Gesamt**	**810.957,00 €**	**21.500,00 €**

Abb. 19: Verteilung von Kosten anhand eines Verteilungsschlüssels

Einen Ausschnitt aus der Formelansicht sehen Sie in Abb. 20.

	B	C
3	21500	
4		
5	**Schlüssel**	**Betrag**
6	123450	=$B$3/$B$27*B6
7		=$B$3/$B$27*B7
8	202020	=$B$3/$B$27*B8
9	50710	=$B$3/$B$27*B9
10	15300	=$B$3/$B$27*B10
11	8400	=$B$3/$B$27*B11
12		=$B$3/$B$27*B12
13	9501	=$B$3/$B$27*B13
14	40500	=$B$3/$B$27*B14
15	13132	=$B$3/$B$27*B15
16	8000	=$B$3/$B$27*B16
17		=$B$3/$B$27*B17
18	12457	=$B$3/$B$27*B18
19		=$B$3/$B$27*B19
20	123456	=$B$3/$B$27*B20
21	50710	=$B$3/$B$27*B21
22	15300	=$B$3/$B$27*B22
23	8400	=$B$3/$B$27*B23
24	9500	=$B$3/$B$27*B24
25	120121	=$B$3/$B$27*B25
26		
27	=SUMME(B6:B25)	=SUMME(C6:C26)

Abb. 20: Mit Hilfe dieser Formeln erhalten Sie einen Verteilungsschlüssel

Der Verteilungsschlüssel ergibt sich dadurch, dass Sie den zu verteilenden Wert aus Zelle B3 durch die Gesamtschlüsselwerte aus Zelle B27 dividieren und mit der jeweils zugehörigen Schlüsselzeile multiplizieren.

Kostenträgerrechnung

Die Kostenträgerrechnung ist nach der Kostenartenrechnung und der Kostenstellenrechnung die dritte Stufe der laufenden Kostenrechnung. Unterschieden werden Kostenträgerzeit- und Kostenträgerstückrechnung. Im Rahmen der Kostenträgerstückrechnung geht es darum, die Kosten für das einzelne Produkt bzw. für die einzelne Leistung festzustellen. Die entsprechenden Berechnungen können durchgeführt werden, wenn die Kosten den einzelnen Leistungen mit Hilfe geeigneter Kalkulationsverfahren zugewiesen werden.

Kalkulationsverfahren

Kalkulieren heißt Preise berechnen. Dabei wird das Zahlenmaterial in einem geeigneten Kalkulationsschema umgesetzt. Abhängig davon, ob Sie Waren zukaufen, um diese weiter zu veräußern, oder ob Sie selber Produkte erzeugen und diese verkaufen, muss ein ganz bestimmtes Kalkulationsschema angewandt werden. Unterschieden werden im Wesentlichen:

Kalkulationsschema

* Kalkulation von Eigenprodukten
* Handelswarenkalkulation

Die beiden Rechenverfahren beruhen auf der Tatsache, dass ein Warenhandelsunternehmen einen anderen rechnerischen Ansatz hat als ein Industriebetrieb.

Darüber hinaus gibt es weitere Verfahren, die wie folgt unterschieden werden:

* Bezugskalkulation, zur Ermittlung von Einstandpreisen
* Exportkalkulation, zur Ermittlung von Preisen im Zusammenhang mit der Ausfuhr von Waren unter Berücksichtigung internationaler Handelsbedingungen
* Kuppelkalkulation, zur Ermittlung von Preisen für den Fall, dass mehrere Erzeugnisse gleichzeitig hergestellt werden.

Zuschlagskalkulation

Der Aufbau eines Kalkulationsschemas ist von der Struktur eines Unternehmens und dessen Produktionsverfahren abhängig. Dennoch gibt es für die Kalkulation von Eigenerzeugnissen und Handelswaren ein einheitliches Grundgerüst.

Kalkulationsschema für eigene Erzeugnisse

Das nachfolgend vorgestellte Kalkulationsschema wird in der Praxis zur Ermittlung von eigenen Produkten angewandt. Bis zur Ermittlung der Selbstkosten unterscheidet sich dieses Schema grundlegend von der Handelswarenkalkulation. Im weiteren Verlauf sind beide Varianten identisch:

  Materialkosten
+ Fertigungskosten
= Herstellkosten I
+ Materialgemeinkosten
+ Fertigungsgemeinkosten
= Herstellkosten II
+ Sondereinzelkosten
= Produktionskosten
+ Verwaltungsgemeinkosten
+ Vertriebsgemeinkosten
= Selbstkosten
+ Gewinn
= Barverkaufspreis
+ Kundenskonto
+ Vertreterprovision
= Zielverkaufspreis
+ Kundenrabatt
= Listenverkaufspreis
+ Mehrwertsteuer
= Bruttoverkaufspreis

In der Praxis gilt es nun, für die einzelnen Stufen der Schemata die entsprechenden Beträge zu ermitteln. Probleme ergeben sich häufig im Zusammenhang mit der Ermittlung der Gemeinkosten:

- Materialgemeinkosten
- Fertigungsgemeinkosten
- Verwaltungs- und Gemeinkosten

Diese ergeben sich aus dem Betriebsabrechnungsbogen, kurz BAB.

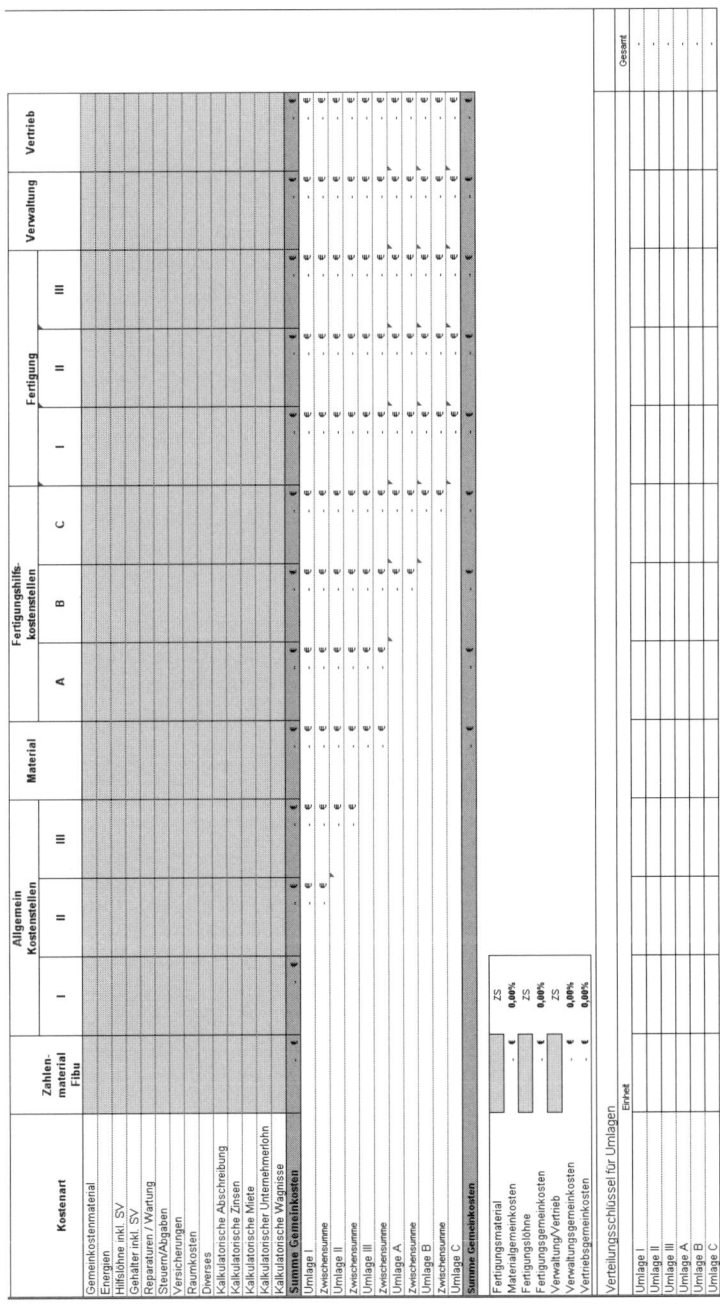

Abb. 21: Grundgerüst eines Betriebsabrechnungsbogens

Die **Materialkosten** umfassen folgende Positionen

- Rohstoffe
- Hilfsstoffe
- Fremdbauteile und Vorprodukte
- Fremdleistungen für eigene Erzeugnisse
- Verpackungsmaterial

Materialgemeinkosten sind indirekte Kosten, die einem Produkt nicht direkt zugeordnet werden können. Sie fließen in Form von Zuschlägen in die Berechnungen Hier einige Beispiele:

- Raumkosten der Produktionsräume
- Personalkosten für Lagermitarbeiter
- Versicherungsprämien für Lagerwaren

Bei den **Fertigungskosten** werden unterschieden:

- Fertigungseinzelkosten
- Fertigungsgemeinkosten
- Sondereinzelkosten der Fertigung

Die **Fertigungseinzelkosten** umfassen Löhne für die Arbeitsstunden, die für die Herstellung von Produkten anfallen. Sie lassen sich einem Produkt direkt zuordnen.

Fertigungsgemeinkosten werden wie Materialgemeinkosten über Zuschläge berücksichtigt:

- Gehälter von Meistern
- Energieverbrauch
- Hilfslöhne
- Fertigungssteuerung

Sondereinzelkosten, z. B. in Form von Lizenzen, Schablonen, Sonderwerkzeugen, können einem Produkt direkt zugeordnet werden.

 Umgesetzt wurde das Kalkulationsschema in der Musterlösung **Kalkulationsverfahren.xls** in der Tabelle **Eigenerzeugnisse**.

Wenn Sie mit dem Kalkulationsschema arbeiten wollen, sind verschiedene Eingaben in die hellgrau unterlegten Eingabefelder erforderlich. Dazu gehören z. B. die Fertigungsmaterialkosten als absoluter Betrag und der prozentualer Materialgemeinkostenzuschlag:

	A	B	C	D
1	Kalkulation von Eigenerzeugnissen			
2		Zuschlags-satz	Betrag	Anteil
3	Fertigungsmaterial		100,00 EUR	20,36%
4	Materialgemeinkosten	27,50%	27,50 EUR	5,60%
5	Materialkosten		127,50 EUR	25,95%
6	Fertigungslöhne		40,00 EUR	8,14%
7	Fertigungsgemeinkosten	28,50%	11,40 EUR	2,32%
8	Sondereinzelkosten der Fertigung		12,00 EUR	2,44%
9	Fertigungskosten		63,40 EUR	12,91%
10	Herstellkosten		190,90 EUR	38,86%
11	Verwaltungsgemeinkosten	30,00%	57,27 EUR	11,66%
12	Vertriebsgemeinkosten	21,00%	40,09 EUR	8,16%
13	Sondereinzelkosten des Vertriebs		10,00 EUR	2,04%
14	Selbstkosten		298,26 EUR	60,71%
15	Gewinn	10,00%	29,83 EUR	6,07%
16	Barverkaufspreis		328,08 EUR	66,79%
17	Kundenskonto	2,00%	7,02 EUR	1,43%
18	Vertreterprovision	4,50%	15,79 EUR	3,21%
19	Zielverkaufspreis		350,89 EUR	71,43%
20	Kundenrabatt	15,00%	61,92 EUR	12,61%
21	Listenverkaufspreis		412,82 EUR	84,03%
22	MwSt	19%	78,43 EUR	15,97%
23	Bruttoverkaufspreis		491,25 EUR	100,00%

Abb. 22: Kalkulationsschema zur Kalkulation von Eigenerzeugnissen

- Die Materialgemeinkosten ergeben sich als Produkt aus dem Gemeinkostenzuschlag und den Fertigungsmaterialkosten.

- Fertigungsmaterial und Materialgemeinkosten ergeben zusammen die Materialkosten.

- Fertigungslöhne, Fertigungsgemeinkosten und die Sondereinzelkosten der Fertigung ergeben zusammen die Fertigungskosten. Das Grundprinzip zur Ermittlung der Gemeinkosten ist immer das gleiche.

- Die Summe der Material- und Fertigungserkosten sind die Herstellkosten.

- Ziel einer unternehmerischen Tätigkeit ist es, Waren mit Gewinn zu verkaufen. Aus diesem Grund muss ein Gewinnzuschlag in der Kal-

	A	B	C	D
1	Kalkulation von Eigenerzeugnissen			
2		Zuschlags- satz	Betrag	Anteil
3	Fertigungsmaterial		100	=WENN($C$23=0;"";C3/$C$23)
4	Materialgemeinkosten	0,275	=C3*B4	=WENN($C$23=0;"";C4/$C$23)
5	Materialkosten		=C4+C3	=WENN($C$23=0;"";C5/$C$23)
6	Fertigungslöhne		40	=WENN($C$23=0;"";C6/$C$23)
7	Fertigungsgemeinkosten	0,285	=C6*B7	=WENN($C$23=0;"";C7/$C$23)
8	Sondereinzelkosten der Fertigung		12	=WENN($C$23=0;"";C8/$C$23)
9	Fertigungskosten		=SUMME(C6:C8)	=WENN($C$23=0;"";C9/$C$23)
10	Herstellkosten		=+C9+C5	=WENN($C$23=0;"";C10/$C$23)
11	Verwaltungsgemeinkosten	0,3	=B11*$C$10	=WENN($C$23=0;"";C11/$C$23)
12	Vertriebsgemeinkosten	0,21	=B12*$C$10	=WENN($C$23=0;"";C12/$C$23)
13	Sondereinzelkosten des Vertriebs		10	=WENN($C$23=0;"";C13/$C$23)
14	Selbstkosten		=SUMME(C10:C13)	=WENN($C$23=0;"";C14/$C$23)
15	Gewinn	0,1	=B15*C14	=WENN($C$23=0;"";C15/$C$23)
16	Barverkaufspreis		=C15+C14	=WENN($C$23=0;"";C16/$C$23)
17	Kundenskonto	0,02	=B17*$C$16/(100%-B17-B18)	=WENN($C$23=0;"";C17/$C$23)
18	Vertreterprovision	0,045	=B18*$C$16/(100%-B18-B17)	=WENN($C$23=0;"";C18/$C$23)
19	Zielverkaufspreis		=SUMME(C16:C18)	=WENN($C$23=0;"";C19/$C$23)
20	Kundenrabatt	0,15	=B20*C19/(100%-B20)	=WENN($C$23=0;"";C20/$C$23)
21	Listenverkaufspreis		=+C20+C19	=WENN($C$23=0;"";C21/$C$23)
22	MwSt	0,19	=B22*C21	=WENN($C$23=0;"";C22/$C$23)
23	Bruttoverkaufspreis		=+C21+C22	=WENN($C$23=0;"";C23/$C$23)

Abb. 23: Die Formelansicht im Kalkulationsschema

kulation berücksichtigt werden. Dabei handelt es sich ebenfalls um eine prozentuale Wertangabe.

- Addieren Sie zu den Herstellkosten die Positionen Verwaltungs-, Vertriebsgemeinkosten, Sondereinzelkosten des Vertriebs, Selbstkosten und einen Gewinn erhalten Sie den Barverkaufspreis.

- Nachdem Sie vom Barverkaufspreis Kundenskonto und Vertreterprovision abgezogen haben, ergibt sich der Zielverkaufspreis.

- Die Differenz aus Kundenrabatt und Zielverkaufspreis entspricht dem Listenverkaufspreis.

- Die Summe aus Mehrwertsteuer und Listenverkaufspreis ergibt den Bruttoverkaufspreis.

Die zugehörigen Formeln zeigt Abb. 23. Folgende komplexe Formeln werden nachfolgend detailliert erläutert:

- Kundenskonto
- Vertreterprovision
- Kundenrabatt

Die allgemeine Formel zur Berechnung des Kundenskontos lautet:

$$\frac{\text{Kundenskonto in Prozent} \times \text{Barverkaufspreis}}{100\ \% - \text{Kundenskonto in Prozent} - \text{Vertreterprovision in Prozent}}$$

In diesem Zusammenhang liegt ein verminderter Grundwert vor: Kundenskonto wird dem Kunden vom Zielverkaufspreis aus gewährt. Aus diesem Grunde muss Skonto im Hundert vom Barverkaufspreis errechnet werden. Da sich der Barverkaufspreis außerdem um die Vertreterprovision reduziert, muss der Grundwert um zwei Positionen vermindert werden.

Die allgemeine Formel zur Ermittlung der Vertreterprovision lautet:

$$\frac{\text{Vertreterprovision in Prozent} \times \text{Barverkaufspreis}}{100\ \% - \text{Kundenskonto in Prozent} - \text{Vertreterprovision in Prozent}}$$

Schließlich muss unter Umständen noch ein Kundenrabatt berücksichtigt werden. Diesen Wert gibt man ebenfalls als Prozentwert ein. Allgemeine Formel zur Berechnung des Kundenrabattes

$$\frac{\text{Kundenrabatt in Prozent} \times \text{Zielverkaufspreis}}{100\ \% - \text{Kundenrabatt in Prozent}}$$

In diesem Zusammenhang arbeiten Sie wiederum mit einem verminderten Grundwert.

Zu Informationszwecken können Sie auch die Anteile der einzelnen Positionen, die sich im Kalkulationsschema ergeben, ermitteln. Der Barverkaufspreis entspricht 100 %. Die Anteile der einzelnen Positionen am Barverkaufspreis werden in der Spalte **Anteile** ausgewiesen.

Anteile

Kalkulationsschema für Handelswaren

Das Kalkulationsschema für den Warenhandel wird für Produkte eingesetzt, die zunächst zugekauft und dann weiter veräußert werden. Die

43

Kalkulation setzt hier bei den Bezugskosten an und führt von dort zur Verkaufsrechnung.

Ziel der Handelswarenkalkulation ist es, wie bei der Kalkulation für Eigenerzeugnisse den Barverkaufspreis für Waren zu ermitteln. Das Kalkulationsschema ergibt sich wie folgt:

> Bruttolistenpreis
>
> ./. Mehrwertsteuer
>
> = Listpreis ohne Mehrwertsteuer
>
> ./. Liefererrabatt
>
> = Zieleinkaufspreis
>
> ./. Lieferantenskonto
>
> = Bareinkaufspreis
>
> + Bezugskosten
>
> = Bezugspreis
>
> + Geschäftskosten
>
> = Selbstkosten
>
> + Gewinn
>
> = Barverkaufspreis
>
> + Kundenskonto
>
> + Vertreterprovision
>
> = Zielverkaufspreis
>
> + Kundenrabatt
>
> = Listenverkaufspreis
>
> + Mehrwertsteuer
>
> = Bruttoverkaufspreis

Wie bereits erwähnt, unterscheidet sich das Schema für Handelsprodukte ab der Ermittlung der Selbstkosten nicht mehr vom Kalkulationsschema für Eigenerzeugnisse (s. Abb. 24).

 Eine Warenhandelskalkulation steht Ihnen in der Excel-Datei **Kalkulationsverfahren.xls** auf dem Tabellenblatt **Handelswaren** für den sofortigen Einsatz zur Verfügung.

	A	B	C	D
1	Handelswarenkalkulation			
2	**Kalkulationsschema**	Faktor	Betrag	Anteil
3	Listenpreis, brutto		100,00 €	73,87%
4	MwSt	19,00%	15,97 €	11,79%
5	**Listenpreis, netto**		84,03 €	62,07%
6	Lieferrabatt	25,00%	21,01 €	15,52%
7	Zieleinkaufspreis		63,03 €	46,55%
8	Lieferantenskonto	3,00%	1,89 €	1,40%
9	**Bareinkaufspreis**		61,13 €	45,16%
10	Bezugskosten		12,00 €	8,86%
11	**Bezugspreis**		73,13 €	54,02%
12	Geschäftskosten	12,00%	8,78 €	6,48%
13	**Selbstkostenpreis**		81,91 €	60,50%
14	Gewinn	10,00%	8,19 €	6,05%
15	**Barverkaufspreis**		90,10 €	66,55%
16	Kundenskonto	2,00%	2,05 €	1,51%
17	Vertreterprovision	10,00%	10,24 €	7,56%
18	Zielverkaufspreis		102,39 €	75,63%
19	Kundenrabatt	10,00%	11,38 €	8,40%
20	**Listenverkaufspreis**		113,76 €	84,03%
21	**MwSt**	19,00%	21,62 €	15,97%
22	**Bruttoverkaufspreis**		135,38 €	100,00%

Abb. 24: Kalkulationsschema für Handelswaren

Ausgangspunkt der Warenhandelskalkulation ist der Bruttolistenpreis einer Ware. Durch Subtraktion von Mehrwertsteuer, Lieferrabatt und Skonto sowie der Addition von Bezugs- und Geschäftskosten erhalten Sie die Selbstkosten.

Der Nettolistenpreis, also der Listenpreis ohne Mehrwertsteuer, ergibt sich als Differenz aus Brutto und Mehrwertsteuerbetrag. Erhalten Sie vom Lieferanten der Waren einen Rabatt, ist dieser vom Nettolistenpreis abzuziehen. Auf diese Weise wird der so genannte Zieleinkaufspreis ermittelt. Der Zieleinkaufspreis wiederum reduziert sich unter Umständen um Lieferantenskonto, dass bei Zahlung der Rechnung vor Fälligkeit gewährt wird. Nach Abzug des Skontos vom Zieleinkaufspreis ergibt sich der so genannte Bareinkaufspreis.

Möglicherweise erhöht sich der Bareinkaufspreis um Bezugskosten. Im Zusammenhang mit den Bezugskosten müssen Sie folgende Positionen berücksichtigen:

- Fracht
- Rollgeld
- Kosten für Verladen
- Kosten für Wiegen
- Sonstige Kosten
- Wertzoll
- Gewichtszoll
- Transportversicherung

Das Ordern von Waren ist mit so genannten Geschäftskosten, die durch den Einkauf der Ware entstehen, verbunden. Hier einige Beispiele: Personalkosten für die Einkäufer

- Steuern
- Abgaben
- Transportkosten
- Versicherungen

Geschäftskosten fallen für die Gesamtheit der bezogenen Waren an und lassen Sie sich nicht auf die Preise der einzelnen Waren direkt verrechnen. Es handelt sich dabei um Gemeinkosten, die in einer Nebenrechnung ermittelt werden.

Die Formelansicht der Warenhandelskalkulation zeigt Abb. 25.

	A	B Faktor	C Betrag	D Anteil
1	Handelswarenkalkulation			
2	Kalkulationsschema	Faktor	Betrag	Anteil
3	Listenpreis, brutto		100	=WENN($C$22=0;"";C3/$C$22)
4	MwSt	0,19	=C3/(1+B4)*B4	=WENN($C$22=0;"";C4/$C$22)
5	Listenpreis, netto		=+C3-C4	=WENN($C$22=0;"";C5/$C$22)
6	Lieferrabatt	0,25	=B6*C5	=WENN($C$22=0;"";C6/$C$22)
7	Zieleinkaufspreis		=C5-C6	=WENN($C$22=0;"";C7/$C$22)
8	Lieferantenskonto	0,03	=B8*C7	=WENN($C$22=0;"";C8/$C$22)
9	Bareinkaufspreis		=C7-C8	=WENN($C$22=0;"";C9/$C$22)
10	Bezugskosten		12	=WENN($C$22=0;"";C10/$C$22)
11	Bezugspreis		=+C10+C9	=WENN($C$22=0;"";C11/$C$22)
12	Geschäftskosten	0,12	=B12*C11	=WENN($C$22=0;"";C12/$C$22)
13	Selbstkostenpreis		=C12+C11	=WENN($C$22=0;"";C13/$C$22)
14	Gewinn	0,1	=B14*C13	=WENN($C$22=0;"";C14/$C$22)
15	Barverkaufspreis		=+C14+C13	=WENN($C$22=0;"";C15/$C$22)
16	Kundenskonto	0,02	=C15*B16/(100%-B16-B17)	=WENN($C$22=0;"";C16/$C$22)
17	Vertreterprovision	0,1	=B17*C15/(100%-B16-B17)	=WENN($C$22=0;"";C17/$C$22)
18	Zielverkaufspreis		=+C15+C16+C17	=WENN($C$22=0;"";C18/$C$22)
19	Kundenrabatt	0,1	=B19*C18/(100%-B19)	=WENN($C$22=0;"";C19/$C$22)
20	Listenverkaufspreis		=+C19+C18	=WENN($C$22=0;"";C20/$C$22)
21	MwSt	=B4	=+C20*B21	=WENN($C$22=0;"";C21/$C$22)
22	Bruttoverkaufspreis		=+C21+C20	=WENN($C$22=0;"";C22/$C$22)

Abb. 25: Die Formelansicht der Handelswarenkalkulation

Gemeinkostenzuschläge für Produktionsbetriebe

Beim Einsatz der im Vorfeld vorgestellten Kalkulationsverfahren, werden Kalkulationszuschläge im Rahmen der Zuschlagskalkulation benötigt. Diese basiert auf einer Unterteilung der Kosten in Einzel- und Gemeinkosten. Einzelkosten lassen sich den Kostenträgern direkt zuordnen, Gemeinkosten hingegen werden in Form von Zuschlagssätzen berücksichtigt. Im Wesentlichen werden folgende Gemeinkosten unterschieden:

- Materialgemeinkosten
- Fertigungsgemeinkosten
- Verwaltungsgemeinkosten
- Vertriebsgemeinkosten

Mit der Hilfe von Gemeinkostenzuschlagssätzen soll eine dem Kostenverursachungsprinzip entsprechende Verteilung der Gemeinkosten erfolgen. Zuschlagssätze werden in Form von Prozentsätzen gebildet. Sie zeigen das Verhältnis von Einzel- zu Gemeinkosten. Den Gemeinkostenzuschlagssatz berechnen sie mit folgender Formel:

Zuschlagssatz = Gemeinkosten / Einzelkosten × 100

Die Ermittlung der einzelnen Gemeinkostenzuschläge gehört zu den Aufgaben des Betriebsabrechnungsbogens (kurz: BAB). Hier werden Einzel- und Gemeinkosten zueinander in Beziehung gesetzt und daraus der Zuschlagssatz errechnet.

 In der Musterlösung **Kalkulationsverfahren.xls** werden die Gemeinkostenzuschlagssätze in der Tabelle **Zuschläge** mit Hilfe von Excel-Formeln gebildet (s. Abb. 26). Es sind Angaben zu folgenden Positionen notwendig:

- Fertigungsmaterial
- Materialgemeinkosten
- Fertigungslöhne
- Fertigungsgemeinkosten
- Verwaltung/Vertrieb
- Verwaltungsgemeinkosten
- Vertriebsgemeinkosten

	A	B
1	Ermitteln von Zuschlagssätzen	
2		
3	**Position**	**Wert**
4	Fertigungsmaterial	333.000,00 €
5		
6	Materialgemeinkosten	238.700,00 €
7		
8	Fertigungslöhne	744.314,00 €
9		
10	Fertigungsgemeinkosten	874.783,00 €
11		
12	Verwaltung/Vertrieb	63.191,00 €
13		
14	Verwaltungsgemeinkosten	29.251,00 €
15		
16	Vertriebsgemeinkosten	39.584,00 €
17		**Zuschlagssatz**
18	**Materialgemeinkostenzuschlagssatz**	**71,68%**
19		
20	**Fertigungsgemeinkostenzuschlagssatz**	**117,53%**
21		
22	**Verwatlungsgemeinkostenzuschlagssatz**	**46,29%**
23		
24	**Vertriebsgemeinkostenzuschlagssatz**	**62,64%**

Abb. 26: Bilden von Zuschlagssätzen für Produktionsbetriebe

Praxis-Hinweis

Verwaltungsgemeinkosten fallen für allgemeine Verwaltungsaufgaben wie beispielsweise Gehälter der EDV oder Telefonzentrale, Büromaterial, Post, Steuern und Abgaben an. Vertriebsgemeinkosten sind Kosten, die für mehrere Kostenträger entstehen und dementsprechend den einzelnen Produkt-, Kundengruppen sowie Vertriebsgebieten nicht direkt zugeordnet werden können (z. B. Gehalt des Vertriebsleiters). Diese Gemeinkosten müssen den einzelnen Gruppen anteilig belastet werden.

Einen guten Überblick über alle Formeln bietet Ihnen die Formelansicht in Abb. 27.

	A	B
1	Ermitteln von Zuschlagssätzen	
2		
3	**Position**	**Wert**
4	Fertigungsmaterial	333000
5		
6	Materialgemeinkosten	238700
7		
8	Fertigungslöhne	744314
9		
10	Fertigungsgemeinkosten	874783
11		
12	Verwaltung/Vertrieb	63191
13		
14	Verwaltungsgemeinkosten	29251
15		
16	Vertriebsgemeinkosten	39584
17		**Zuschlagssatz**
18	**Materialgemeinkostenzuschlagsssatz**	=WENN(B4=0;0;B6/B4)
19		
20	**Fertigungsgemeinkostenzuschlagssatz**	=WENN(B8=0;0;B10/B8)
21		
22	**Verwatlungsgemeinkostenzuschlagssatz**	=WENN(B12=0;0;B14/B12)
23		
24	**Vertriebsgemeinkostenzuschlagssatz**	=WENN(B12=0;0;B16/B12)

Abb. 27: So bilden Sie Zuschlagssätze

Gemeinkostenzuschlagssätze für Handelsunternehmen

Im Handelsunternehmen muss im Rahmen der Kalkulation ein Handlungskostenzuschlag, kurz HKZ, berücksichtigt werden. Zu den Handlungskosten gehören u. a. folgende Positionen:

- Personalkosten
- Sozialversicherungsbeiträge
- Mieten von Räumen und damit verbundene Kosten
- Steuern, Abgaben und Gebühren
- Werbekosten
- Reisekosten
- Transportkosten
- Verpackungskosten
- Abschreibungen
- Allgemeine Verwaltungskosten (z. B. für EDV, Kommunikation, Bewirtung).

Handlungskostenzuschlag

Der Handlungskostenzuschlag wird wie folgt berechnet:

$$\text{Handlungskostenzuschlag} = \frac{\text{Handlungskosten} \times 100}{\text{Bezugskosten der verkauften Waren}}$$

Bezugskosten

Zunächst müssen die Bezugskosten ermittelt werden. Der Bezugspreis ergibt sich wie folgt:

Bruttolistenpreis

./. Mehrwertsteuer

= Listenpreis ohne Mehrwertsteuer

./. Liefererrabatt

= Zieleinkaufspreis

./. Lieferantenskonto

= Bareinkaufspreis

./. Bezugskosten

= Bezugspreis

Dieses Rechenschema wurde in der Musterlösung **Kalkulationsverfahren.xls** in der Excel-Tabelle **Bezugspreis** umgesetzt. Öffnen Sie die Datei.

	A	B	C
1	Ermitteln eines Bezugspreises		
2			
3	**Bezeichnung**	**Zuschlagssatz**	**Kosten**
4	Bruttolistenpreis		10.000,00 €
5	Mehrwertsteuersatz	19,00%	1.596,64 €
6	**Listenpreis ohne MwSt**		**8.403,36 €**
7	Liefererrabatt	8,40%	705,88 €
8	**Zieleinkaufspreis**		**7.697,48 €**
9	Lieferantenskonto	2,00%	153,95 €
10	**Bareinkaufspreis**		**7.543,53 €**
11	Bezugskosten		457,00 €
12	**Bezugspreis**		**8.000,53 €**

Abb. 28: Das Rechenschema zur Ermittlung des Bezugspreises

Die Formelansicht zeigt Abb. 29.

	A	B	C
1	Ermitteln eines Bezugspreises		
2			
3	**Bezeichnung**	**Zuschlagssatz**	**Kosten**
4	Bruttolistenpreis		10000
5	Mehrwertsteuersatz	0,19	=C4/(100%+B5)*B5
6	**Listenpreis ohne MwSt**		=+C4-C5
7	Liefererrabatt	0,084	=C6*B7
8	**Zieleinkaufspreis**		=+C6-C7
9	Lieferantenskonto	0,02	=C8*B9
10	**Bareinkaufspreis**		=+C8-C9
11	Bezugskosten		457
12	**Bezugspreis**		=+C10+C11

Abb. 29: Die Formelansicht zur Ermittlung des Bezugspreises

51

Eine Lösung zur Ermittlung des Handlungskostenzuschlags finden Sie in der Musterlösung **Kalkulationsverfahren.xls** auf dem Excel-Sheet **Handelskostenzuschlag** (s. Abb. 30).

	A	Januar	Februar	März	April	Mai	Juni	Juli	August	September	Oktober	November	Dezember	Gesamt
1	Ermittlung des Handlungskostenzuschlags													
2														
3	**Bezugskosten**	118.932,00 €												118.932,00 €
4	Personalkosten einschließlich SV	47.501,00 €												
5	Raummieten	1.200,00 €												
6	Sonstige Kosten für Räume	512,00 €												
7	Steuern	803,00 €												
8	Abgaben	120,00 €												
9	Gebühren	60,00 €												
10	Werbekosten	712,00 €												
11	Reisekosten	813,00 €												
12	Transportkosten	1.200,00 €												
13	Verpackungskosten	604,00 €												
14	Abschreibung	1.250,00 €												
15	Allgemeine Verwaltung	690,00 €												
16	Sonstiges	301,00 €												
17	**Handlungskosten**	55.966,00 €	- €	- €	- €	- €	- €	- €	- €	- €	- €	- €	- €	55.966,00 €
18	**Handlungskostenzuschlag**	47%												47%

Abb. 30: Das Tabellengrundgerüst zur Berechnung eines Handlungskostenzuschlags

Die Einzelpositionen werden addiert und bilden die Handlungskosten. Die Handlungskosten wiederum werden zu den Bezugskosten ins Verhältnis gesetzt und bilden den Handlungskostenzuschlag.

Praxis-Hinweis

Bitte beachten Sie bei der Erhebung des Zahlenmaterials, dass Sie unbedingt eine einheitliche Bezugsbasis für Bezugs- und Handlungskosten wählen. Verwenden Sie entweder die Zahlen eines Monats, besser eines Quartals oder Jahres.

Die Formelansicht zeigt Abb. 31.

	A	B	C	D
1	Ermittlung des Handlungskostenzuschlags			
2				
3		Januar	Februar	März
4	**Bezugskosten**	118932		
5	Personalkosten einschließlich SV	47501		
6	Raummieten	1200		
7	Sonstige Kosten für Räume	512		
8	Steuern	803		
9	Abgaben	120		
10	Gebühren	60		
11	Werbekosten	712		
12	Reisekosten	813		
13	Transportkosten	1200		
14	Verpackungskosten	604		
15	Abschreibung	1250		
16	Allgemeine Verwaltung	890		
17	Sonstiges	301		
18	**Handlungskosten**	=SUMME(B5:B17)	=SUMME(C5:C17)	=SUMME(D5:D17)
19	**Handlungskostenzuschlag**	=WENN(B4=0;"";B18/B4)	=WENN(C4=0;"";C18/C4)	=WENN(D4=0;"";D18/D4)

Abb. 31: Die Formelansicht zur Ermittlung des Handlungskostenzuschlags

Gewinnzuschlag

Abb. 32 gibt Ihnen einen guten Überblick, wie Sie den Gewinnzuschlag für ein Handelsunternehmen ermitteln.

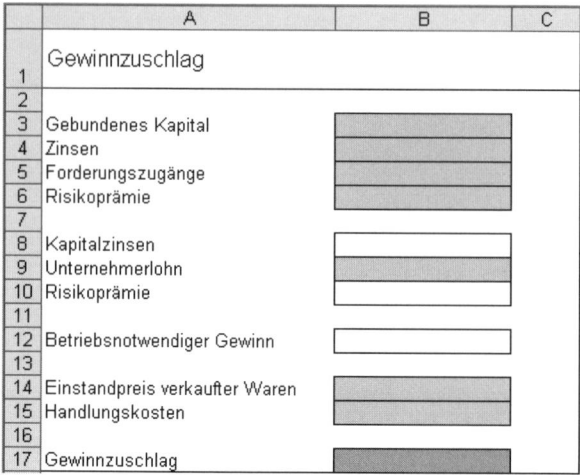

Abb. 32: So ermitteln Sie einen Gewinnzuschlag

Zur Ermittlung des Gewinnzuschlags werden folgende Informationen benötigt:

- gebundenes Kapital
- Zinsen (als Prozentwert)
- Forderungszugänge
- Risikoprämie (als Prozentwert)
- kalkulatorischer Unternehmerlohn

Die Kapitalzinsen ergeben sich als Produkt von Zinsen und gebundenem Kapital. Zur Berechnung der absoluten Risikoprämie werden Forderungszugänge und relative Risikoprämie multipliziert.

Kapitalzinsen, Unternehmerlohn und Risikoprämie ergeben den betriebsnotwendigen Gewinn. Dieser wird zum Einstandpreis verkaufter Waren und den Handlungskosten ins Verhältnis gesetzt und ergibt letztendlich den Gewinnzuschlag.

Die zugehörigen Excel-Formeln zeigt Abb. 33.

Rufen Sie die Excel-Datei **Kalkulationsverfahren.xls** von Ihrer Buch-CD auf und aktivieren Sie die Tabelle **Gewinnzuschlag** mit einem Klick auf den gleichnamigen Tabellenreiter.

	A	B	C
1	Gewinnzuschlag		
2			
3	Gebundenes Kapital		
4	Zinsen		
5	Forderungszugänge		
6	Risikoprämie		
7			
8	Kapitalzinsen	=B3*B4	
9	Unternehmerlohn		
10	Risikoprämie	=B5*B6	
11			
12	Betriebsnotwendiger Gewinn	=SUMME(B8:B10)	
13			
14	Einstandpreis verkaufter Waren		
15	Handlungskosten		
16			
17	Gewinnzuschlag	=WENN(B14+B15=0;0;AUFRUNDEN(B12/(B14+B15);2))	

Abb. 33: Die Formeln

Exportkalkulation

Unternehmen, die Geschäfte mit dem Ausland tätigen, müssen möglicherweise eine Exportkalkulation durchführen. In diesem Zusammenhang müssen die internationalen Handelsbedingungen berücksichtigt werden.

Praxis-Hinweis

Incoterms (International Commercial Terms = Internationale Handelsklauseln) ordnen Vertragspositionen im Außenhandelsgeschäft. Zwar ist es nicht zwingend erforderlich mit Incoterms zu arbeiten, sie sind jedoch sinnvoll, um mögliche Missverständnisse und Streitigkeiten auszuschließen.

Hier die wichtigsten Incoterms im Überblick:

- cf = Kosten plus Fracht
- cif = Kosten + Versicherung + Fracht = frei Hafen dort
- exw = ab Werk
- fca =frei Frachtführer
- fob = frei Schiff
- foa = frei an Bord des Flugzeugs

Abb. 34 gibt Ihnen einen guten Überblick über das Kalkulationsschema einer Exportkalkulation.

	A	B	C
1	Exportkalkulation		
2			
3			
4	**Bezeichnung**	**Zuschläge**	**Preis**
5	Zieleinkaufspreis fob Hafen		10.000,00 €
6	HKZ	30,00%	3.000,00 €
7	**Selbstkosten**		**13.000,00 €**
8	Händlergewinn	10,00%	1.300,00 €
9	Händler-fob-Preis		14.300,00 €
10	Seefracht		1.000,00 €
11	Hafengebühr		1.000,00 €
12	Sonstige Kosten und Gebühren		1.000,00 €
13	**cf-Preis**	**88,28%**	**17.300,00 €**
14	Vertreterprovision vom cif-Preis	10,00%	1.959,67 €
15	Bankspesen vom cif-Preis	0,75%	146,98 €
16	Transportversicherung vom cif-Preis	0,97%	190,09 €
17	**cif-Preis**		**19.596,74 €**

Abb. 34: Beispielrechnung zur Exportkalkulation

Die Formelansicht zeigt Abb. 35.

	A	B	C
4	**Bezeichnung**	**Zuschläge**	**Preis**
5	Zieleinkaufspreis fob Hafen		
6	HKZ		=+C5*B6
7	**Selbstkosten**		**=+C5+C6**
8	Händlergewinn		=C7*B8
9	Händler-fob-Preis		=+C7+C8
10	Seefracht		
11	Hafengebühr		
12	Sonstige Kosten und Gebühren		
13	**cf-Preis**	**=100%-B14-B15-B16**	**=SUMME(C9:C12)**
14	Vertreterprovision vom cif-Preis		=B14*$C$17
15	Bankspesen vom cif-Preis		=B15*$C$17
16	Transportversicherung vom cif-Preis		=B16*$C$17
17	**cif-Preis**		**=C13/B13**

Abb. 35: Mit Hilfe dieser Formeln führen Sie eine Exportkalkulation durch

Deckungsbeitragsrechnung

Die Deckungsbeitragsrechnung ist ein Verfahren der Erfolgsplanung und der Erfolgskontrolle und unterstützt Sie bei der Steuerung des Unternehmens.

Für den Begriff Deckungsbeitrag werden häufig gleichbedeutend folgende Begriffe verwendet:

Deckungs-beitrag

- Bruttogewinn
- Grenzkostenergebnis
- Contribution Margin
- Direct Costing

Der Deckungsbeitrag entspricht der Differenz aus Preis und variablen Stückkosten. Die allgemeine Formel lautet:

Deckungsbeitrag = Preis – variable Stückkosten

Die Excel-Musterlösung **Deckungsbeitrag.xls** enthält Tabellenblätter zu folgenden Themen:

- Monatliche Deckungsbeitragsrechnung
- Kostendeckungspunkt
- Mehrstufige Deckungsbeitragsrechnung
- Engpass

Monatliche Deckungsbeitragsrechnung

In der Tabelle **MonatlicheDB** werden der Deckungsbeitrag und das Ergebnis für jeweils ein Produkt im Jahresverlauf berechnet. Zu diesem Zweck werden folgende Angaben benötigt (s. Abb. 36):

- Verkaufspreis pro Stück
- variable Stückkosten
- monatliche Fixkosten

Die monatlich verkauften Mengen werden in die dafür vorgesehenen Zellen eingegeben. Deckungsbeitrag und Ergebnis werden vom Programm ermittelt.

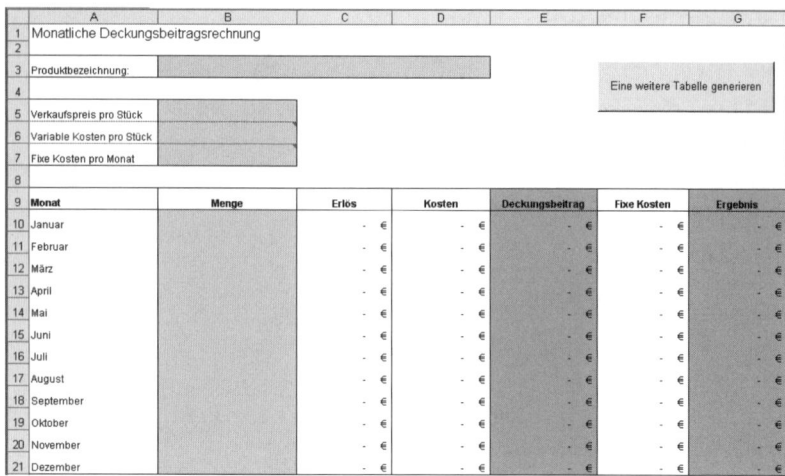

Abb. 36: Tabelle für die monatliche Deckungsbeitragsrechnung

Die Formelansicht zeigt Abb. 37.

	A	B	C	D	E	F	G
1	Monatliche Deckungsbeitragsrechnung						
2							
3	Produktbezeichnung:					Eine weitere Tabelle	
4						generieren	
5	Verkaufspreis pro Stück						
6	Variable Kosten pro Stück						
7	Fixe Kosten pro Monat						
8							
9	Monat		Menge	Erlös	Kosten	Deckungsbeitrag	Fixe Kosten	Ergebnis
10	Januar			=B10*$B$5	=B10*$B$6	=+C10-D10	=B7	=+E10-F10
11	Februar			=B11*$B$5	=B11*$B$6	=+C11-D11	=$B$7	=+E11-F11
12	März			=B12*$B$5	=B12*$B$6	=+C12-D12	=$B$7	=+E12-F12
13	April			=B13*$B$5	=B13*$B$6	=+C13-D13	=$B$7	=+E13-F13
14	Mai			=B14*$B$5	=B14*$B$6	=+C14-D14	=$B$7	=+E14-F14
15	Juni			=B15*$B$5	=B15*$B$6	=+C15-D15	=$B$7	=+E15-F15
16	Juli			=B16*$B$5	=B16*$B$6	=+C16-D16	=$B$7	=+E16-F16
17	August			=B17*$B$5	=B17*$B$6	=+C17-D17	=$B$7	=+E17-F17
18	September			=B18*$B$5	=B18*$B$6	=+C18-D18	=$B$7	=+E18-F18
19	Oktober			=B19*$B$5	=B19*$B$6	=+C19-D19	=$B$7	=+E19-F19
20	November			=B20*$B$5	=B20*$B$6	=+C20-D20	=$B$7	=+E20-F20
21	Dezember			=B21*$B$5	=B21*$B$6	=+C21-D21	=$B$7	=+E21-F21

Abb. 37: Die Formelansicht der Deckungsbeitragsrechnung

Wenn Sie eine weitere Tabelle für ein weiteres Produkt benötigen, klicken Sie auf die Schaltfläche **Eine weitere Tabelle generieren.** Excel erzeugt ein weiteres Blatt mit einer auszufüllenden monatlichen Deckungsbeitragsrechnung mit der Bezeichnung **Kopie** und einer **laufenden Nummer.**

Um das Blatt umzubenennen, klicken Sie doppelt auf das Blattregister. Der vordefinierte Name wird invers dargestellt und kann überschrieben werden. Nach einem Klick mit der Maus in das Arbeitsblatt wird der Name übernommen.

Excel-Tipp

Der Kostendeckungspunkt

Das Arbeitsblatt **Kostendeckungspunkt** ermittelt die Gewinnschwelle einzelner Produkte. Dazu sind von Ihnen folgende Angaben erforderlich:

- Produktname
- Erlös des Produkts
- Variable Stückkosten
- Fixkosten einer Periode

Tragen Sie die Daten in das Tabellenarbeitsblatt ein (s. Abb. 38). Der Deckungsbeitrag wird von Excel ermittelt.

Außerdem wird ausgerechnet, welche Menge des Produkts abgesetzt werden muss, damit neben den variablen Kosten auch die fixen Kosten abgedeckt werden. Das ist die kritische Menge, die auch als Deckungsabsatzmenge oder Kostendeckungspunkt bezeichnet wird. Ist der Deckungsbeitrag negativ, erscheint ein Strich.

	A	B	C	D	E	F
1	Kostendeckungspunkt					
2						
3	Produktname	Erlös	Variable Stückkosten	Deckungs-beitrag	Fixe Kosten	Kosten-deckungspunkt
4				-		
5				-		
6				-		
7				-		
8				-		
9				-		
10				-		
11				-		
12				-		
13				-		
14				-		
15				-		
16				-		
17				-		
18				-		
19				-		
20				-		
21				-		
22				-		

Abb. 38: Überblick über die Kostendeckungspunkte verschiedener Produkte

Der Deckungsbeitrag wird in Zelle D4 als Differenz aus Erlös und variablen Stückkosten mit Hilfe der folgenden Formel gebildet:

=B4-C4

Der Kostendeckungspunkt ergibt sich in Zelle F4 durch eine komplexe Formel, in der zwei WENN-Funktionen, eine ODER-Funktion und die Funktion RUNDEN() verschachtelt werden:

=WENN(ODER(D4="";D4=0);"";WENN(D4<0;"-";RUNDEN (E4/D4;0)))

- Beim ersten Einsatz der WENN-Funktion wird mit Hilfe der Funktion ODER() überprüft, ob der Inhalt der Zelle leer ist oder Null entspricht. Dadurch sollen Fehlermeldungen im Falle einer Division durch Null verhindert werden.
- Die zweite WENN-Funktion überprüft, ob der Inhalt von D4 kleiner als Null ist.
- Mit Hilfe der Funktion RUNDEN() wird das Ergebnis auf ganze Zahlen gerundet (s. Abb. 39).

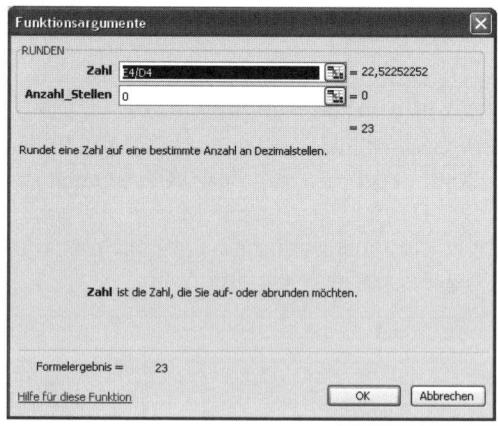

Abb. 39: Der Funktionsassistent der Funktion RUNDEN()

Excel-Hinweis Die Funktion RUNDEN() rundet eine Zahl auf eine bestimmte Anzahl von Dezimalstellen und gehört zur Funktionskategorie **Mathem. & Trigonm.** Die Funktion arbeitet mit den Argumenten **Zahl** und **Anzahl:**

- Unter **Zahl** geben Sie an, welche Zahl gerundet werden soll.
- Mit **Anzahl** legen Sie die Anzahl der zu rundenden Stellen fest.

Hier einige Bespiele:

- =RUNDEN(15,93;1) ergibt 15,9
- =RUNDEN(15,93;0) ergibt 16
- =RUNDEN(127999;-3) ergibt 129.000

Mehrstufige Deckungsbeitragsrechnung

Die mehrstufige Deckungsbeitragsrechnung ermittelt den Deckungsbeitrag in Stufen (s. Abb. 40). Dabei werden Deckungsbeiträge in den Staffeln I bis V unterschieden:

• Reduziert man den Deckungsbeitrag I um die Einzelkosten, die sich einem Produkt direkt zuordnen lassen, ergibt das den Deckungsbeitrag II.

• Wird der Deckungsbeitrag II um nicht direkt zurechenbare Einzel- und Mischkosten vermindert, erhält man den Deckungsbeitrag III.

• Zieht man vom Deckungsbeitrag III die Gemeinkosten ab, erhält mal als Ergebnis den Deckungsbeitrag IV.

• Deckungsbeitrag IV, vermindert um ausgabenferne Kosten, ergibt den Deckungsbeitrag V.

In der fertigen Excel-Lösung sind Spalten für fünf Produkte vorgesehen. Durch einen Klick auf die Schaltfläche **Produkt hinzufügen** richten Sie eine weitere Produktspalte ein.

	A	B	C	D	E	F	G
1	Mehrstufige Deckungsbeitragsrechnung						
2							
3	Produktbezeichnung		Produkt A	Produkt B	Produkt C	Produkt D	Produkt E
4	Umsatzerlös		1.657.123,00	437.895,00	591.456,00	819.125,00	897.125,00
5	Frachten		50.126,00	40.892,00	30.123,00	12.950,00	8.795,00
6	Provisionen		12.854,00	5.647,00	6.789,00	7.895,00	4.256,00
7	Verpackung		5.647,00	5.467,00	3.548,00	2.987,00	9.512,00
8	absatzbedingte Leistungskosten		68.627,00	52.006,00	40.460,00	23.832,00	22.563,00
9	Reduzierter Erlös		1.588.496,00	385.889,00	550.996,00	795.293,00	874.562,00
10	erzeugungsbedingte Leistungskosten		38.712,00	49.872,00	52.012,00	91.253,00	122.567,00
11	Deckungsbeitrag I		1.549.784,00	336.017,00	498.984,00	704.040,00	751.995,00
12	direkt zurechenbare Einzelkosten		75.200,00	87.012,00	41.230,00	33.850,00	55.213,00
13	Deckungsbeitrag II		1.474.584,00	249.005,00	457.754,00	670.190,00	696.782,00
14	Summe der Deckungsbeiträge	3.548.315,00					
15	nicht direkt zurechenbare Einzel- und Mischkosten	809.759,00					
16	Deckungsbeitrag III	2.738.556,00					
17	Gemeinkosten	1.234.567,00					
18	Deckungsbeitrag IV	1.503.989,00					
19	ausgabenferne Kosten	235.782,00					
20	Deckungsbeitrag V	1.268.207,00					
21							
22	Produkt hinzufügen						
23							
24							

Abb. 40: Beispiel für den Aufbau einer mehrstufige Deckungsbeitragsrechnung

Abb. 41 gibt einen guten Überblick über alle Formeln.

	A	B	C	D	E	F	G
1	**Mehrstufige Deckungsbeitragsrechnung**						
2							
3	Produktbezeichnung		**Produkt A**	**Produkt B**	**Produkt C**	**Produkt D**	**Produkt E**
4	Umsatzerlös		1657123	437895	591456	819125	897125
5	Frachten		50126	40892	30123	12950	8795
6	Provisionen		12854	5647	6789	7895	4256
7	Verpackung		5647	5467	3648	2987	9512
8	absatzbedingte Leistungskosten		=SUMME(C5:C7)	=SUMME(D5:D7)	=SUMME(E5:E7)	=SUMME(F5:F7)	=SUMME(G5:G7)
9	Reduzierter Erlös		=+C4-C8	=+D4-D8	=+E4-E8	=+F4-F8	=+G4-G8
10	erzeugungsbedingte Leistungskosten		38712	49872	52012	91253	122567
11	**Deckungsbeitrag I**		=+C9-C10	=+D9-D10	=+E9-E10	=+F9-F10	=+G9-G10
12	direkt zurechenbare Einzelkosten		76200	87012	41230	33850	55213
13	**Deckungsbeitrag II**		=+C11-C12	=+D11-D12	=+E11-E12	=+F11-F12	=+G11-G12
14	Summe der Deckungsbeiträge	=SUMME(C13:G13)					
15	nicht direkt zurechenbare Einzel- und Mischkosten	809769					
16	**Deckungsbeitrag III**	=+B14-B15					
17	Gemeinkosten	1234567					
18	**Deckungsbeitrag IV**	=+B16-B17					
19	ausgabenferne Kosten	235782					
20	**Deckungsbeitrag V**	=+B18-B19					
21							
22		Produkt hinzufügen					
23							
24							

Abb. 41: Die Formelansicht

Deckungsbeitragsrechnung in Engpasssituationen

Ist der Deckungsbeitrag eines Produkts positiv, so trägt es zur Deckung der fixen Kosten und ggf. zur Erzielung eines Gewinns bei. Für den Fall, dass der Deckungsbetrag eines Produkts negativ ist, deckt es nicht einmal die variablen Stückkosten, so dass Verluste eingefahren werden. Das bedeutet, solange die Kapazitäten eines Unternehmens nicht ausgeschöpft sind, können Entscheidungen darüber, welche Produkte hergestellt werden und welche nicht, anhand ihrer Deckungsbeiträge getroffen werden.

Nicht ganz so einfach ist die Entscheidung, wenn ein Engpass vorliegt, das heißt, wenn die Kapazitäten nicht zur Produktion aller Güter ausreichen. Hierbei sind sowohl der Deckungsbeitrag als auch die Engpasssituation ins Kalkül zu ziehen.

Engpass-belastung Auskunft darüber gibt der Bruttogewinn pro Einheit der Engpassbelastung:

Bruttogewinn pro Einheit der Engpassbelastung = Deckungsbeitrag × Engpassbelastung in Bezugsgrößeneinheiten pro Stück

Mit Hilfe des Bruttogewinns pro Einheit der Engpassbelastung wird das optimale Produktionsprogramm zusammengestellt.

Praxis-Beispiel

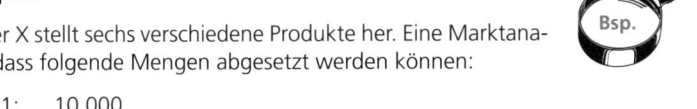

Unternehmer X stellt sechs verschiedene Produkte her. Eine Marktanalyse ergibt, dass folgende Mengen abgesetzt werden können:

- Produkt 1:   10.000
- Produkt 2:   8.000
- Produkt 3:   5.000
- Produkt 4:   9.000
- Produkt 5:   12.000
- Produkt 6:   10.000

Aufgrund begrenzter Kapazitäten können nicht alle Mengen, die abgesetzt werden können, produziert werden. Die Kapazität im Engpass beträgt 125.000 Einheiten. Um alle absetzbaren Mengen zu produzieren, benötigt man 1666.000 Einheiten. Deckungsbeiträge und Engpassbelastung zeigt Abb. 42. Da die Produkte den Engpass in unterschiedlicher Höhe beanspruchen, ist es nicht möglich, das Produktionsprogramm anhand der Deckungsbeiträge zu gestalten.

	A	B	C	D	E	F	G	H	I	J	K
1	Deckungsbeitragsrechnung bei einem Engpass										
2											
3	Produkt	Absatz-höchstmenge	Preis	variable Stückkosten	Deckungs-beitrag	Engpass-belastung	Kapazität	Restkapazität	Faktor	tatsächl. Kapazität	Produktions-menge
4							125000				
5	1	10000	10,50 €	9,10 €	1,40	1	10000	115000	1,40	10000	10000
6	2	8000	13,50 €	12,50 €	1,00	2	16000	99000	0,50	16000	8000
7	3	5000	15,00 €	8,30 €	6,70	2	10000	89000	3,35	10000	5000
8	4	9000	16,20 €	11,20 €	5,00	6	54000	35000	0,83	54000	9000
9	5	12000	8,30 €	5,25 €	3,05	3	36000	-1000	1,02	35000	11666
10	6	10000	9,80 €	7,10 €	2,70	4	40000	-41000	0,68	-1000	0
11							166000				
12											
13	Gesamtkapazität	125000									
14	benötigte Kapazität	166000									
15											

Abb. 42: Das Tabellengrundgerüst

Das Rechenmodell verlangt folgende Eingaben:

- Produktbezeichnung
- Absatzhöchstmenge
- Preis

- Variable Stückkosten

- Engpassbelastung

Aus den Daten ergeben sich folgende Werte:

- **Deckungsbeitrag** als Differenz aus Preis und variablen Stückkosten

- **Benötigte Kapazität** als Produkt aus Absatzhöchstmenge und Engpassbelastung

- **Restkapazität** als Differenz aus zur Verfügung stehender Kapazität und benötigter Kapazität bei Produktion der höchst möglichen Absatzmenge

- **Faktor** als Division aus Engpassbelastung und Deckungsbeitrag

- **Tatsächliche Kapazität** als Produkt aus Engpassbelastung und Absatzhöchstmenge unter Berücksichtigung der zur Verfügung stehenden Kapazität

- **Produktionsmenge** unter Berücksichtigung von tatsächlicher Kapazität und zur Verfügung stehender Kapazität

Die Formelansicht des Rechenmodells zeigt Abb. 43.

	E	F	G	H	I	J	K
3	Deckungs-beitrag	Engpass-belastung	Kapazität	Restkapazität	Faktor	tatsächl. Kapazität	Produktions-menge
4				=B13			
5	=C5-D5	1	=F5*B5	=H4-G5	=(C5-D5)/F5	=WENN(H4>G5;G5;H4)	=WENN(J5<0;0;ABRUNDEN(J5/F5;0))
6	=C6-D6	2	=F6*B6	=H5-G6	=(C6-D6)/F6	=WENN(H5>G6;G6;H5)	=WENN(J6<0;0;ABRUNDEN(J6/F6;0))
7	=C7-D7	2	=F7*B7	=H6-G7	=(C7-D7)/F7	=WENN(H6>G7;G7;H6)	=WENN(J7<0;0;ABRUNDEN(J7/F7;0))
8	=C8-D8	6	=F8*B8	=H7-G8	=(C8-D8)/F8	=WENN(H7>G8;G8;H7)	=WENN(J8<0;0;ABRUNDEN(J8/F8;0))
9	=C9-D9	3	=F9*B9	=H8-G9	=(C9-D9)/F9	=WENN(H8>G9;G9;H8)	=WENN(J9<0;0;ABRUNDEN(J9/F9;0))
10	=C10-D10	4	=F10*B10	=H9-G10	=(C10-D10)/F10	=WENN(H9>G10;G10;H9)	=WENN(J10<0;0;ABRUNDEN(J10/F10;0))
11			=SUMME(G5:G10)				

Abb. 43: Die Formelansicht

Das Tabellengrundgerüst der Abb. 42 zeigt nicht das optimale Produktionsprogramm. Das wird erst gebildet, wenn Sie die Faktoren aus Spalte I in die Betrachtungen einbeziehen. Dazu muss eine Rangierung der Faktoren gebildet werden. Nutzen Sie hierfür in Excel die Sortierfunktion.

Eine Sortierung führen Sie für das aktuelle Beispiel wie folgt durch: Sortierfunktion

* Markieren Sie den Bereich A5 bis K10 und wählen Sie **Daten > Sortieren.** Sie gelangen in das gleichnamige Dialogfeld (s. Abb. 44).

* Dort wählen Sie aus der Liste unter **Sortieren nach** die **Spalte I** aus. Entscheiden Sie sich für die Option **Absteigend** und verlassen Sie das Dialogfeld über **OK.**

Abb. 44: Das Dialogfeld Sortieren

Auf diese Weise wird das Produkt mit dem höchsten Faktor in der Rangfolge ganz nach oben gesetzt (s. Abb. 45). Das ist das Produkt 3, für das ein Faktor von 3,35 ermittelt wurde.

Auf Platz zwei rangiert Produkt 1, das zwar mit 1,40 Euro einen niedrigen Deckungsbeitrag hat, den Engpass jedoch nur mit einer Einheit belastet.

Produkt 4 hingegen hat mit 5,00 Euro zwar einen deutlich höheren Deckungsbeitrag, belastet den Engpass jedoch mit sechs Zeiteinheiten und rangiert damit an vierter Stelle.

Das Schlusslicht bildet Produkt 2 mit einem Faktor von 0,5, resultierend aus einem geringen Deckungsbeitrag und einer Engpassbelastung von zwei Einheiten.

	A	B	C	D	E	F	G	H	I	J	K
1	Deckungsbeitragsrechnung bei einem Engpass										
2											
3	Produkt	Absatz-höchstmenge	Preis	variable Stückkosten	Deckungs-beitrag	Engpass-belastung	Kapazität	Restkapazität	Faktor	tatsächl. Kapazität	Produktions-menge
4							125000				
5	3	5000	15,00 €	8,30 €	6,70	2	10000	115000	3,35	10000	5000
6	1	10000	10,50 €	9,10 €	1,40	1	10000	105000	1,40	10000	10000
7	5	12000	8,30 €	5,25 €	3,05	3	36000	69000	1,02	36000	12000
8	4	9000	16,20 €	11,20 €	5,00	6	54000	15000	0,83	54000	9000
9	6	10000	9,80 €	7,10 €	2,70	4	40000	-25000	0,68	15000	3750
10	2	8000	13,50 €	12,50 €	1,00	2	16000	-41000	0,50	-25000	0
11							166000				
12											
13	Gesamtkapazität	125000									
14	benötigte Kapazität	166000									
15											

Abb. 45: Das optimale Programm für die Engpasssituation

Deckungsbeitragsrechnung bei mehreren Engpässen

In der Praxis müssen Unternehmen häufig verschiedene Kapazitätsrestriktionen, verbunden mit Engpässen an unterschiedlichen Maschinen bewältigen. Hierzu ein weiteres Beispiel.

Praxis-Beispiel

Bsp.

Unternehmer Y produziert drei Produkte mit unterschiedlichen Deckungsbeiträgen. Die Produkte durchlaufen vier Maschinen mit begrenzten Kapazitäten:

- Maschine 1: 5.800 Einheiten
- Maschine 2: 8.000 Einheiten
- Maschine 3: 7.800 Einheiten
- Maschine 4: 6.500 Einheiten

Produkt A erzielt pro Stück (Einheit) einen Deckungsbeitrag von 90,50 Euro. Es durchläuft Maschine 1 elf Minuten, Maschine 2 dreizehn Minuten, Maschinen 3 vier Minuten und Maschine 4 sechzehn Minuten. Der Deckungsbeitrag von Produkt B beläuft sich auf 50,70 Euro, der von Produkt C auf 63,10 Euro. Beide Produkte durchlaufen Maschine 1 je fünf Minuten.

Maschine 2 wird von Produkt B vier, von Produkt C neun Minuten in Anspruch genommen.

Maschine 3 wird von C vierzehn, von C acht Minuten durchlaufen.

Maschine 4 wird für Produkt C nicht, für Produkt B fünfzehn Minuten pro Einheit benötigt.

Die Daten finden Sie in Abb. 46.

	A	B	C	D	E
1	Deckungsbeitragsrechnung bei mehreren Engpässen				
2	Produkt	A	B	C	
3	Deckungsbeitrag/Einheit	90,50 €	50,70 €	63,10 €	
4	Deckungsbeitrag/gesamt	90,50 €	50,70 €	63,10 €	
5	Menge	1	1	1	
6	Kapazitätsbedarf				Gesamt
7	Maschine 1	11	5	5	5800
8	Maschine 2	13	4	9	8000
9	Maschine 3	4	14	8	7800
10	Maschine 4	16	15	0	6500
11	Benötigte Kapazität				
12	Maschine 1	11	5	5	21
13	Maschine 2	13	4	9	26
14	Maschine 3	4	14	8	26
15	Maschine 4	16	15	0	31

Abb. 46: Das Tabellengrundgerüst mit Beispieldaten

Das Produktionsprogramm soll so gestaltet werden, dass ein höchst möglicher Deckungsbeitrag erreicht wir. Derartige Probleme werden mit Hilfe der linearen Programmierung formalisiert und gelöst. Die Aufgabe der linearen Programmierung besteht in der Maximierung oder Minimierung einer linearen Zielfunktion, wobei bestimmte lineare Nebenbedingungen einzuhalten sind. Derart gelagerte Aufgabenstellung können Sie in Excel mit Hilfe des Solvers lösen.

Der Solver

Der Solver ist ein Zusatzprogramm der Tabellenkalkulation Excel, ein so genanntes AddIn, zur Lösung von Berechnungen mit mehreren Variablen unter gleichzeitiger Berücksichtigung von Nebenbedingungen. Er eignet sich somit zur Lösung folgender mathematischer Aufgabestellungen:

- Lineare Funktionen
- Quadratische Funktionen
- Nichtlineare Gleichungssysteme

67

- Lineare Optimierung

- Extremwerte

Im aktuellen Bespiel werden die Produktionsmengen der drei Produkte gesucht. Die Produktionsmengen entsprechen somit den Variablen.

So steht der Solver zur Verfügung

Der Solver steht als AddIn mit der Standardinstallation von Excel nicht zur Verfügung. Ob Sie direkt mit dem Solver arbeiten können oder nicht, können Sie mit Hilfe des Menüs **Extras** herausfinden. Fehlt der Eintrag, müssen Sie den Solver zunächst aktivieren. Dazu führen Sie folgende Arbeitsschritte durch:

- Wählen Sie **Extras > Add-Ins,** um in das gleichnamige Dialogfeld zu gelangen.

- Dort kennzeichnen Sie unter **Verfügbare Add-Ins** das Kontrollkästchen vor **Solver.**

- Verlassen Sie den Dialog durch einen Klick auf **OK.**

Abb. 47: Das Dialogfeld Add-Ins

Excel-Hinweis Sollte der Eintrag **Solver** im Dialogfeld des Add-Ins-Managers nicht aufgeführt sein, klicken Sie auf **Durchsuchen** und ermitteln das Laufwerk, den Ordner und den Dateinamen des Add-Ins **Solver.xla**. Falls Sie die Datei nicht finden können, installieren Sie den Solver nachträglich von Ihrer Microsoft Office-CD-ROM bzw. Microsoft Excel-CD-ROM.

So arbeiten Sie mit dem Solver

Bevor Sie den Solver einsetzen können, müssen Sie zunächst ein Tabellengrundgerüst für Ihr Datenmaterial anlegen. Für das aktuelle Beispiel finden Sie das Tabellengrundgerüst in Abb. 48.

F4	▼	*fx* =SUMME(B4:E4)				
	A	B	C	D	E	F
1	Deckungsbeitragsrechnung bei mehreren Engpässen					
2	Produkt	A	B	C		
3	Deckungsbeitrag/Einheit	90,50 €	50,70 €	63,10 €		
4	Deckungsbeitrag/gesamt	90,50 €	50,70 €	63,10 €		204,30 €
5	Menge	1	1	1		
6	Kapazitätsbedarf				Gesamt	
7	Maschine 1	11	5	5	5800	
8	Maschine 2	13	4	9	8000	
9	Maschine 3	4	14	8	7800	
10	Maschine 4	16	15	0	6500	
11	Benötigte Kapazität					
12	Maschine 1	11	5	5	21	
13	Maschine 2	13	4	9	26	
14	Maschine 3	4	14	8	26	
15	Maschine 4	16	15	0	31	

Abb. 48: Tabellengrundgerüst mit der Zielzelle zur Maximierung des Deckungsbeitrags

Die Variablen in Form der veränderbaren Produktionsmengen befinden sich in den Zellen B5 bis D5 und werden der Einfachheit halber zunächst auf 1 gesetzt. Ziel ist es, den Deckungsbeitrag in F4 zu maximieren. Die Formelansicht zeigt Abb. 49 auf der folgenden Seite.

Um die gewünschten Berechnungen mit Hilfe des Solvers durchzuführen, gehen Sie wie folgt vor:

• Wählen Sie **Extras** > **Solver**. Auf diese Weise gelangen Sie in das Dialogfeld **Solver-Parameter**.

• Geben Sie als Zielzelle F4 an und übernehmen Sie unter **Zielwert** die Option **Max**. Damit erreichen Sie, dass die maximale Summe der Deckungsbeiträge ermittelt wird.

• Geben Sie unter **Veränderbare Zellen** die Zellen ein, die vom Solver solange verändert werden sollen, bis die Nebenbedingungen erfüllt sind und der Zielwert, also der maximale Deckungsbeitrag, erreicht ist.

Die Zellen entsprechen dem Bereich B5 bis D5, in denen der Solver Angaben zu den zu produzierenden Mengen der einzelnen Produkte machen soll.

	A	B	C	D	E	F
1	Deckungsbeitragsrechnung bei mehreren Engpässen					
2	Produkt	A	B	C		
3	Deckungsbeitrag/Einheit	90,5	50,7	63,1		
4	Deckungsbeitrag/gesamt	=B3*B5	=C3*C5	=D3*D5		=SUMME(B4:E4)
5	Menge	1	1	1		
6	Kapazitätsbedarf				Gesamt	
7	Maschine 1	11	5	5	5800	
8	Maschine 2	13	4	9	8000	
9	Maschine 3	4	14	8	7800	
10	Maschine 4	16	15	0	6500	
11	Benötigte Kapazität					
12	Maschine 1	=B5*B7	=C5*C7	=D5*D7	=SUMME(B12:D12)	
13	Maschine 2	=B5*B8	=C5*C8	=D5*D8	=SUMME(B13:D13)	
14	Maschine 3	=B5*B9	=C5*C9	=D5*D9	=SUMME(B14:D14)	
15	Maschine 4	=B5*B10	=C5*C10	=D5*D10	=SUMME(B15:D15)	

Abb. 49: Formelansicht zur Berechnung eines Deckungsbeitrags mit Hilfe des Solvers

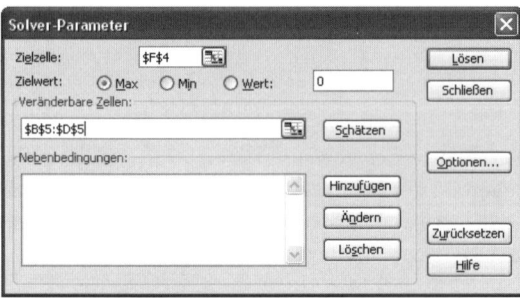

Abb. 50: Der Dialog Solver-Parameter hilft beim Lösen linearer Gleichungssysteme

- Im nächsten Schritt müssen Sie so genannte Nebenbedingungen hinzufügen. Für das aktuelle Beispiel, sind das zum einen die Kapazitätsbeschränkungen der einzelnen Maschinen, und zum anderen Aspekte, die im Hinblick auf die Produktionsmengen zu berücksichtigen sind. Bei den Produktionsmengen muss es sich nämlich um ganze und gleichzeitig positive Zahlen handeln. Um die verschiedenen Nebenbedingungen zu definieren, klicken Sie auf die Schaltfläche **Hinzufügen**.

- Excel ruft das Dialogfeld **Nebenbedingungen hinzufügen** auf. An Maschine 1 steht eine Maximalkapazität von 5.800 Einheiten zur Verfügung. Dieser Wert befindet sich in Zelle E7. Um diese Nebenbedingung zu definieren, geben Sie als **Zellbezug** die Zelle E12 an und teilen Excel mit, dass der Wert kleiner sein soll als die maximal zur Verfügung stehende Kapazität. Als Operator wählen Sie dazu ≤ aus. Geben Sie unter **Nebenbedingung** die Zelle E7 an (s. Abb. 51).

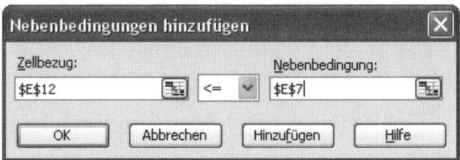

Abb. 51: Das Dialogfeld „Nebenbedingungen hinzufügen"

- Klicken Sie wieder die Schaltfläche **Hinzufügen** an, um die nächste Nebenbedingung zu definieren. Sie erhalten ein neues Dialogfeld **Nebenbedingungen hinzufügen**. Definieren Sie, dass E13 kleiner gleich (<=) E8 sein soll. Genauso legen Sie die Bedingungen für die Fertigungsmaschinen 3 und 4 fest, das heißt E14 <= E9 und E15 <= E10.

- Produktionsmengen dürfen, wie bereits erwähnt, keine negativen Werte annehmen. Das erreichen Sie mit einer so genannten Nichtnegativitätsbedingung. Definieren Sie nacheinander, dass B5, C5 und D5 positive Zahlen sein müssen. Das erreichen Sie mit dem Vergleichsoperator >= Null (s. Abb. 52).

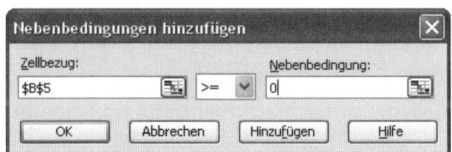

Abb. 52: Die Produktionsmengen müssen größer Null sein

- Eine weitere Bedingung ist, dass die produzierten Mengen ganze Zahlen sein müssen. Im Dialog **Nebenbedingungen hinzufügen** entscheiden Sie sich nacheinander für die Zellen B5 bis D5 für den Operator **ganzz**.

Hier alle Nebenbedingungen auf einen Blick:

E12<=E7

E13<=E8

E14<=E9

E15<=E10

B5=GANZZAHLIG

B5>=0

C5=GANZZAHLIG

C5>=0

D5=GANZZAHLIG

D5>=0

- Verlassen Sie das Dialogfeld über die Schaltfläche **OK**. Sie gelangen zurück in das Dialogfeld **Solver-Parameter** (s. Abb. 53).
- Klicken Sie auf die Schaltfläche **Lösen**, um das gewünschte Ergebnis zu erhalten.

Abb. 53: Der „Dialog Solver-Parameter" mit Nebenbedingungen

- Nach kurzer Berechnungsdauer blendet Excel die Dialogbox **Ergebnis** ein (s. Abb. 54). Dort teilen Sie Ihrer Tabellenkalkulation mit, ob Sie die vom Solver ermittelten Werte übernehmen oder die ursprünglichen Werte wieder einstellen möchten. Die Ergebnisse sehen Sie bereits zu diesem Zeitpunkt im Tabellenarbeitsblatt. Dazu müssen Sie möglicherweise das Dialogfeld **Ergebnis** verschieben. Bestätigen Sie die Lösung durch einen Klick auf die Schaltfläche **OK**.

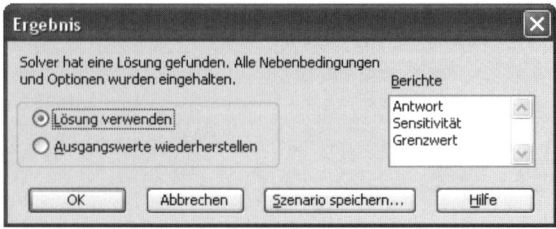

Abb. 54: Der Dialog „Ergebnis"

Für das aktuelle Beispiel zeigt Excel einen Deckungsbeitrag in Höhe von 60.705,60 Euro an. Dieser wird erreicht, wenn folgende Mengen produziert werden:

- Produkt A: 202
- Produkt B: 212
- Produkt C: 502

	A	B	C	D	E	F
1	Deckungsbeitragsrechnung bei mehreren Engpässen					
2	Produkt	A	B	C		
3	Deckungsbeitrag/Einheit	90,50 €	50,70 €	63,10 €		
4	Deckungsbeitrag/gesamt	18.281,00 €	10.748,40 €	31.676,20 €		60.705,60 €
5	Menge	202	212	502		
6	Kapazitätsbedarf				Gesamt	
7	Maschine 1	11	5	5	5800	
8	Maschine 2	13	4	9	8000	
9	Maschine 3	4	14	8	7800	
10	Maschine 4	16	15	0	6500	
11	Benötigte Kapazität					
12	Maschine 1	2222	1060	2510	5792	
13	Maschine 2	2626	848	4518	7992	
14	Maschine 3	808	2968	4016	7792	
15	Maschine 4	3232	3180	0	6412	

Abb. 55: Diese Lösung erzielen Sie mit Hilfe des Solvers

Im unteren Teil der Tabelle sehen Sie im Bereich **Benötigte Kapazität**, dass die ausgewiesene Kapazität tatsächlich alle unter den zur Verfügung stehenden Kapazitäten liegen (s. Abb. 55).

Break-Even-Analyse

Eine Break-Even-Analyse klärt Fragen zur Gewinnsituation von Produkten und ist somit ein wichtiges Entscheidungsinstrument für jedes Unternehmen. Dabei werden potentielle Erlöse in Verbindung mit Absatzmengen und voraussichtlichen

In der Musterlösung **BreakEven.xls** finden Sie einen tabellarischen und grafischen Lösungsansatz für die Break-even-Analyse. Auf diese Weise werden Zusammenhänge der verschiedenen Einflussfaktoren rechnerisch und grafisch dargestellt (s. Abb. 56).

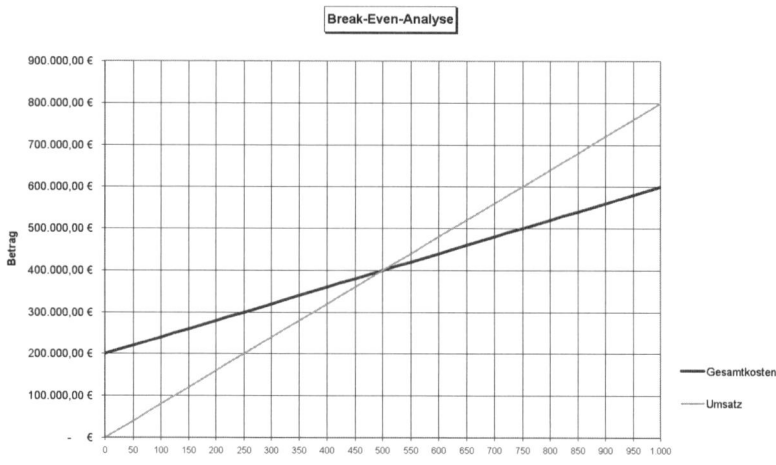

Abb. 56: Grafische Darstellung der Break-Even-Analyse

Das Modell der Datei **BreakEven.xls** geht davon aus, dass zwischen Absatzmenge, Preisen und Kosten ein linearer Zusammenhang besteht. Dabei wird unterstellt, dass der Preis immer gleich ist, egal, wie hoch die verkaufte Menge ist. Entsprechend wird unterstellt, dass die variablen Stückkosten je erzeugte Mengeneinheit konstant sind.

Die Musterlösung besteht aus einem Tabellenblatt mit der Bezeichnung **Break-Even** und einem **Diagramm**, auf denen jeweils Zusammenhänge zwischen Absatzmengen, Kosten und Verkaufspreisen geklärt werden. Das Diagramm basiert auf dem Datenmaterial der Tabelle **Break-Even**.

Beide Blätter lösen die Fragestellung, welche Erlöse bei welchen Absatzmengen erzielt werden müssen, damit alle Kosten, die für diese Menge entstehen, gedeckt werden. Als Rechengrundlage müssen die Kosten in fixe und variable Bestandteile geteilt werden.

Das Blatt **Break-Even** löst die Aufgabe rechnerisch. Nachfolgend zwei Rechenbeispiele (s. Abb. 57 und Abb. 58):

	A	B	C	D
1	**Break-Even-Analyse**			
3	Variable Stückkosten	250,00 €		
4	Preis pro Stück	410,00 €		
5	Fixe Kosten	175.000,00 €		
6	Schrittweite	50		
7	Break-Even-Point	**1094**		
8				
9	**Menge**	**Gesamtkosten**	**Umsatz**	**Gewinn/Verlust**
10	0	175.000,00 €	- €	- 175.000,00 €
11	50	187.500,00 €	20.500,00 €	- 167.000,00 €
12	100	200.000,00 €	41.000,00 €	- 159.000,00 €
13	150	212.500,00 €	61.500,00 €	- 151.000,00 €
14	200	225.000,00 €	82.000,00 €	- 143.000,00 €
15	250	237.500,00 €	102.500,00 €	- 135.000,00 €
16	300	250.000,00 €	123.000,00 €	- 127.000,00 €
17	350	262.500,00 €	143.500,00 €	- 119.000,00 €
18	400	275.000,00 €	164.000,00 €	- 111.000,00 €
19	450	287.500,00 €	184.500,00 €	- 103.000,00 €
20	500	300.000,00 €	205.000,00 €	- 95.000,00 €
21	550	312.500,00 €	225.500,00 €	- 87.000,00 €
22	600	325.000,00 €	246.000,00 €	- 79.000,00 €
23	650	337.500,00 €	266.500,00 €	- 71.000,00 €
24	700	350.000,00 €	287.000,00 €	- 63.000,00 €
25	750	362.500,00 €	307.500,00 €	- 55.000,00 €
26	800	375.000,00 €	328.000,00 €	- 47.000,00 €
27	850	387.500,00 €	348.500,00 €	- 39.000,00 €
28	900	400.000,00 €	369.000,00 €	- 31.000,00 €
29	950	412.500,00 €	389.500,00 €	- 23.000,00 €
30	1.000	425.000,00 €	410.000,00 €	- 15.000,00 €

Abb. 57: Beispiel 1

	A	B	C	D
1	**Break-Even-Analyse**			
3	Variable Stückkosten	300,00 €		
4	Preis pro Stück	600,00 €		
5	Fixe Kosten	175.000,00 €		
6	Schrittweite	50		
7	Break-Even-Point	**583**		
8				
9	**Menge**	**Gesamtkosten**	**Umsatz**	**Gewinn/Verlust**
10	0	175.000,00 €	- €	- 175.000,00 €
11	50	190.000,00 €	30.000,00 €	- 160.000,00 €
12	100	205.000,00 €	60.000,00 €	- 145.000,00 €
13	150	220.000,00 €	90.000,00 €	- 130.000,00 €
14	200	235.000,00 €	120.000,00 €	- 115.000,00 €
15	250	250.000,00 €	150.000,00 €	- 100.000,00 €
16	300	265.000,00 €	180.000,00 €	- 85.000,00 €
17	350	280.000,00 €	210.000,00 €	- 70.000,00 €
18	400	295.000,00 €	240.000,00 €	- 55.000,00 €
19	450	310.000,00 €	270.000,00 €	- 40.000,00 €
20	500	325.000,00 €	300.000,00 €	- 25.000,00 €
21	550	340.000,00 €	330.000,00 €	- 10.000,00 €
22	600	355.000,00 €	360.000,00 €	5.000,00 €
23	650	370.000,00 €	390.000,00 €	20.000,00 €
24	700	385.000,00 €	420.000,00 €	35.000,00 €
25	750	400.000,00 €	450.000,00 €	50.000,00 €
26	800	415.000,00 €	480.000,00 €	65.000,00 €
27	850	430.000,00 €	510.000,00 €	80.000,00 €
28	900	445.000,00 €	540.000,00 €	95.000,00 €
29	950	460.000,00 €	570.000,00 €	110.000,00 €
30	1.000	475.000,00 €	600.000,00 €	125.000,00 €

Abb. 58: Beispiel 2

Die Formelansicht zeigt Abb. 59.

	A	B	C	D
1	**Break-Even-Analyse**			
3	Variable Stückkosten	400		
4	Preis pro Stück	800		
5	Fixe Kosten	200000		
6	Schrittweite	50		
7	Break-Even-Point	**=WENN(B4-B3=0;"";B5/(B4-B3))**		
8				
9	**Menge**	**Gesamtkosten**	**Umsatz**	**Gewinn/Verlust**
10	0	=A10*$B$3+$B$5	=A10*$B$4	=C10-B10
11	=+A10+B6	=A11*$B$3+$B$5	=A11*$B$4	=C11-B11
12	=+A11+$B$6	=A12*$B$3+$B$5	=A12*$B$4	=C12-B12
13	=+A12+$B$6	=A13*$B$3+$B$5	=A13*$B$4	=C13-B13
14	=+A13+$B$6	=A14*$B$3+$B$5	=A14*$B$4	=C14-B14
15	=+A14+$B$6	=A15*$B$3+$B$5	=A15*$B$4	=C15-B15
16	=+A15+$B$6	=A16*$B$3+$B$5	=A16*$B$4	=C16-B16
17	=+A16+$B$6	=A17*$B$3+$B$5	=A17*$B$4	=C17-B17
18	=+A17+$B$6	=A18*$B$3+$B$5	=A18*$B$4	=C18-B18
19	=+A18+$B$6	=A19*$B$3+$B$5	=A19*$B$4	=C19-B19
20	=+A19+$B$6	=A20*$B$3+$B$5	=A20*$B$4	=C20-B20
21	=+A20+$B$6	=A21*$B$3+$B$5	=A21*$B$4	=C21-B21
22	=+A21+$B$6	=A22*$B$3+$B$5	=A22*$B$4	=C22-B22
23	=+A22+$B$6	=A23*$B$3+$B$5	=A23*$B$4	=C23-B23
24	=+A23+$B$6	=A24*$B$3+$B$5	=A24*$B$4	=C24-B24
25	=+A24+$B$6	=A25*$B$3+$B$5	=A25*$B$4	=C25-B25
26	=+A25+$B$6	=A26*$B$3+$B$5	=A26*$B$4	=C26-B26
27	=+A26+$B$6	=A27*$B$3+$B$5	=A27*$B$4	=C27-B27
28	=+A27+$B$6	=A28*$B$3+$B$5	=A28*$B$4	=C28-B28
29	=+A28+$B$6	=A29*$B$3+$B$5	=A29*$B$4	=C29-B29
30	=+A29+$B$6	=A30*$B$3+$B$5	=A30*$B$4	=C30-B30

Abb. 59: Formeln im Zusammenhang mit einer Break-Even-Analyse

Es sind lediglich vier Eingaben im Arbeitsblatt **Break-Even** erforderlich:

- Variable Stückkosten
- Verkaufspreis pro Stück
- Fixe Kosten
- Schrittweite

Auf der Basis der variablen und fixen Kosten sowie des Verkaufspreises werden Gesamtkosten, Umsatz und Gewinn bzw. Verlust für unterschiedliche Mengengerüste ermittelt. Ausgangspunkt ist die Menge Null. Anschließend werden die Mengen mit dem unter Schrittweite angegebenen Wert fortgeführt.

Die Gesamtkosten ergeben sich aus der Summe der variablen Kosten zuzüglich der Fixkosten. Der Umsatz ist das Produkt von Menge und Verkaufspreis. Der Gewinn bzw. Verlust ergibt sich aus der Differenz von Umsatz und Gesamtkosten.

Mit der fertigen Excel-Anwendung haben Sie die Änderung von Situationen und Zahlen schnell im Griff: Wenn Sie Ihren Verkaufspreis reduzieren müssen, um konkurrenzfähig zu bleiben, geben Sie den neuen Wert in die Zelle B4 ein. Excel passt den Break-Even-Point und das Diagramm umgehend an. Um die variablen oder fixen Kosten zu ändern, gehen Sie entsprechend vor und tragen lediglich die neuen Werte in Ihre Tabelle ein.

Kurzfristige Erfolgsrechnung

Die kurzfristige Erfolgsrechnung ermittelt das Betriebsergebnis, in dem von den Umsatzerlösen die fixen und variablen Kosten subtrahiert werden. Dabei werden das Gesamtkosten- und Umsatzkostenverfahren unterschieden: Während beim Umsatzkostenverfahren lediglich die Kosten der verkauften Produkte gegenübergestellt werden, werden beim Gesamtkostenverfahren alle Kosten der erzeugten Produkte einer Abrechnungsperiode berücksichtigt. Darüber hinaus werden auch die Bestandsveränderungen in die Betrachtungen einbezogen.

 In der Datei **KurzfristigeErfolgsrechnung.xls** wird das Gesamtkostenverfahren angewandt.

In der Tabelle werden folgende Eingaben verlangt (s. Abb. 60):

- Bruttoumsatzerlöse
- Erlösschmälerungen
- Variable Kosten
- Produktspezifische Fixkosten
- Allgemeine Kosten
- Neutrale Erträge und Aufwendungen

	A	B	C	D	E	F	G	H	I
1	Kurzfristige Erfolgsrechnung								
2	Produktbezeichnung								
3	Position	Januar		Februar		März		I. Quartal	
4	Bruttoumsatz	289.789,00 €	100%					289.789,00 €	100%
5	Erlösschmälerung	1.266,00 €	0%					1.266,00 €	0%
6	Nettoumsatz	288.523,00 €	100%	- €		- €		288.523,00 €	100%
7	Fertigungsmaterial	108.112,00 €	37%					108.112,00 €	37%
8	Fertigungslöhne	57.453,00 €	20%					57.453,00 €	20%
9	Energien	7.897,00 €	3%					7.897,00 €	3%
10	Frachten	1.258,00 €	0%					1.258,00 €	0%
11	Verpackung	4.568,00 €	2%					4.568,00 €	2%
12	Provisionen		0%					- €	0%
13	Fremdleistungen		0%					- €	0%
14	Sonstige Kosten	222,00 €	0%					222,00 €	0%
15	Bestandsveränderungen Fertigprodukte	578,00 €	0%					578,00 €	0%
16	Bestandsveränderungen Halbfabrikate	- 354,00 €	0%					- 354,00 €	0%
17	Summe der variablen Kosten	179.734,00 €	62%	- €		- €		179.734,00 €	62%
18	Deckungsbeitrag I	108.789,00 €	38%	- €		- €		108.789,00 €	38%
19	Vertriebskosten	5.423,00 €	2%					5.423,00 €	2%
20	Produktion	4.521,00 €	2%					4.521,00 €	2%
21	Materialwirtschaft	3.245,00 €	1%					3.245,00 €	1%
22	Sonstige produktbezogene Fixkosten	2.012,00 €	1%					2.012,00 €	1%
23	Summe produktbezogene Fixkosten	15.201,00 €	5%	- €		- €		15.201,00 €	5%
24	Deckungsbeitrag II	93.588,00 €	32%	- €		- €		93.588,00 €	32%
25	Unternehmensleitung	20.123,00 €	7%					20.123,00 €	7%
26	Finanz- und Rechnungswesen	10.245,00 €	4%					10.245,00 €	4%
27	Personalwesen	8.456,00 €	3%					8.456,00 €	3%
28	Controlling	4.056,00 €	1%					4.056,00 €	1%
29	Datenverarbeitung	9.078,00 €	3%					9.078,00 €	3%
30	Allgemeine Verwaltung	5.012,00 €	2%					5.012,00 €	2%
31	Summe Fixkosten	56.970,00 €	20%	- €		- €		56.970,00 €	20%
32	Betriebsergebnis	36.618,00 €	13%	- €		- €		36.618,00 €	13%
33	Neutrale Erträge	5.647,00 €	2%					5.647,00 €	2%
34	Neutrale Aufwendungen	4.564,00 €	2%					4.564,00 €	2%
35	Neutrales Ergebnis	1.083,00 €	0%	- €		- €		1.083,00 €	0%
36	Unternehmensergebnis	37.701,00 €	13%	- €		- €		37.701,00 €	13%

Abb. 60: Ausschnitt aus der Tabelle „Kurzfristige Erfolgsrechnung"

Es werden folgende Berechnungen durchgeführt:

- Die Bruttoumsatzerlöse werden um die Erlösschmälerungen wie Skonti, Boni, Reklamationen etc. reduziert und ergeben den Nettoumsatz.

- Vom Nettoumsatz werden die variablen Kosten abgezogen. Dazu gehören Fertigungsmaterial, Fertigungslöhne, Energien, Verpackung etc. Auch die Bestandsveränderungen der Halb- und Fertigfabrikate müssen in dieser Kategorie berücksichtigt werden.

- Die Differenz zwischen dem Nettoumsatz und der Summe der variablen Kosten ergibt den Deckungsbeitrag I. Diese Position wird um die produktbezogenen Fixkosten reduziert. Dabei handelt es sich um

Kosten, wie beispielsweise spezielle Marketingmaßnahmen, die sich den einzelnen Produktgruppen zuordnen lassen.

- Der Deckungsbeitrag II ist die Differenz zwischen dem Deckungsbeitrag I und den produktbezogenen Fixkosten.
- Die allgemeinen Fixkosten wie Kosten für Unternehmensleitung, Datenverarbeitung etc. stehen in keinem direkten Zusammenhang mit den einzelnen Produktgruppen und werden vom Deckungsbeitrag II subtrahiert. Auf diese Weise erhalten Sie das Betriebsergebnis.
- Letzteres wird um das neutrale Ergebnis zum Unternehmensergebnis korrigiert.

Alle Formeln im Überblick zeigt Abb. 61.

	A	B	C
3	Position	37257	
4	Bruttoumsatz		=WENN($B$6=0;"";B4/$B$6)
5	Erlösschmälerung		=WENN($B$6=0;"";B5/$B$6)
6	**Nettoumsatz**	=+B4-B5	**=WENN($B$6=0;"";B6/$B$6)**
7	Fertigungsmaterial		=WENN($B$6=0;"";B7/$B$6)
8	Fertigungslöhne		=WENN($B$6=0;"";B8/$B$6)
9	Energien		=WENN($B$6=0;"";B9/$B$6)
10	Frachten		=WENN($B$6=0;"";B10/$B$6)
11	Verpackung		=WENN($B$6=0;"";B11/$B$6)
12	Provisionen		=WENN($B$6=0;"";B12/$B$6)
13	Fremdleistungen		=WENN($B$6=0;"";B13/$B$6)
14	Sonstige Kosten		=WENN($B$6=0;"";B14/$B$6)
15	Bestandsveränderungen Fertigprodukte		=WENN($B$6=0;"";B15/$B$6)
16	Bestandsveränderungen Halbfabrikate		=WENN($B$6=0;"";B16/$B$6)
17	**Summe der variablen Kosten**	=SUMME(B7:B16)	**=WENN($B$6=0;"";B17/$B$6)**
18	**Deckungsbeitrag I**	=+B6-B17	**=WENN($B$6=0;"";B18/$B$6)**
19	Vertriebskosten		=WENN($B$6=0;"";B19/$B$6)
20	Produktion		=WENN($B$6=0;"";B20/$B$6)
21	Materialwirtschaft		=WENN($B$6=0;"";B21/$B$6)
22	Sonstige produktbezogene Fixkosten		=WENN($B$6=0;"";B22/$B$6)
23	**Summe produktbezogene Fixkosten**	=SUMME(B19:B22)	**=WENN($B$6=0;"";B23/$B$6)**
24	**Deckungsbeitrag II**	=+B18-B23	**=WENN($B$6=0;"";B24/$B$6)**
25	Unternehmensleitung		=WENN($B$6=0;"";B25/$B$6)
26	Finanz- und Rechnungswesen		=WENN($B$6=0;"";B26/$B$6)
27	Personalwesen		=WENN($B$6=0;"";B27/$B$6)
28	Controlling		=WENN($B$6=0;"";B28/$B$6)
29	Datenverarbeitung		=WENN($B$6=0;"";B29/$B$6)
30	Allgemeine Verwaltung		=WENN($B$6=0;"";B30/$B$6)
31	**Summe Fixkosten**	=SUMME(B25:B30)	**=WENN($B$6=0;"";B31/$B$6)**
32	**Betriebsergebnis**	=+B24-B31	**=WENN($B$6=0;"";B32/$B$6)**
33	Neutrale Erträge		=WENN($B$6=0;"";B33/$B$6)
34	Neutrale Aufwendungen		=WENN($B$6=0;"";B34/$B$6)

Abb. 61: Die Formelansicht der kurzfristigen Erfolgsrechnung

Aufbau des Tabellenmodells

Das Tabellenmodell sieht Eingabemöglichkeiten für 12 Monate vor. Neben der Monatsspalte befindet sich eine Prozentspalte, die die einzelnen Positionen im Vergleich zu den Nettoumsatzerlösen ausweist. Das heißt, die Nettoumsatzerlöse entsprechen 100 %.

Die einzelnen Monate werden zu Quartalswerten zusammengefasst. Auch für das Quartal werden Prozentwerte ermittelt. Darüber hinaus werden Jahressummen und die Anteile der einzelnen Positionen am Jahresnettoumsatz gezeigt.

Damit Sie die Überschriftenspalten stets im Blick haben, wurden Fenstertitel eingerichtet. Letzte können Sie über **Fenster >** Excel-Hinweis **Fixierung aufheben** entfernen.

Abweichung von Geschäfts- und Kalenderjahr

Die Tabelle sieht standardmäßig ein Geschäftsjahr vor, das dem Kalenderjahr entspricht. Sollte das Geschäftsjahr Ihres Unternehmens vom Kalenderjahr abweichen, geben Sie in der gelb hinterlegten Zelle B3 den Monat in folgender Form an:

• 01 für den Monatsersten

• Punkt, um Tag und Monat zu trennen

• Monat als Nummer

Das heißt, Sie tragen zum Beispiel für den Februar 01.02 oder für den Oktober 01.10 ein. Die folgenden Monate werden von Excel automatisch angepasst.

Soll-Ist-Vergleich als Arbeitshilfe zur Kontrolle der Unternehmenszahlen

Ein Soll-Ist-Vergleich zeigt Abweichungen zwischen Plan- und Istzahlen und ist aus keiner Kostenrechnung wegzudenken. Abschließend zu diesem Kapitel möchte ich Ihnen verschiedene Excel-Arbeitshilfen vorstellen, die Sie bei einer effizienten Analyse Ihrer Zahlen unterstützen.

Soll-Ist-Vergleich

Soll-/Ist-Vergleiche verlieren nie an Aktualität. Sie werden im Rechnungswesen als Kontrollinstrumente eingesetzt und spielen dadurch eine bedeutende Rolle. Die Soll-Werte entsprechen den Plansätzen. Ihnen werden tatsächlich erreichte Istwerte, möglichst detailliert und zeitnah, gegenübergestellt. Auf diese Weise sind Unternehmen jederzeit in der Lage, bei negativen Abweichungen gezielt einzugreifen.

In jedem Unternehmen gibt es unterschiedliche Ansatzpunkte für die Durchführung eines Soll-/Ist-Vergleichs. Hierzu einige Beispiele:

- Unternehmensergebnis
- Umsatzzahlen
- Kostenstellen und Kostenarten
- Vor- und Nachkalkulation von Investitionen
- Vor- und Nachkalkulation von Projekten
- Personalkosten und -zahlen
- Budgets

In der Praxis setzt sich häufig folgender Aufbau von Soll-/Ist-Vergleichen durch:

- Soll- bzw. Planwert
- Istwert
- Absolute Abweichung
- Relative Abweichung (%-Abweichung)

Auf der CD-ROM finden Sie die Musterlösung **Soll_Ist_Vergleich.xls**, mit deren Hilfe Sie ein Unternehmen nach folgenden Kriterien analysieren können:

- Produktgruppen
- Verkaufsgebiete (z. B. nach Bundesländern)
- Kundengruppen (wie Industrie, Handwerker, Privatkunden usw.)

Der Aufbau der Tabellen ist identisch. Jede Tabelle sieht die Eingabe von fünf Gruppen vor, die in einer Gesamtspalte zusammengefasst werden. Für jede Gruppe gibt es, wie bereits erwähnt, die Spalten **Soll, Ist, Abs. Abweichung** und **%-Abw.**

Produktgruppenanalyse

Wenn Sie die Umsätze und Absatzmengen Ihrer Produkte bzw. Produktgruppen geschickt analysieren, wird deutlich, welche Waren Hauptumsatzträger sind. In diesem Zusammenhang liefert u. a. die Verteilung von Deckungsbeiträgen auf Produktgruppen wichtige Erkenntnisse. Mit Hilfe entsprechender Auswertungen können Sie je nach Bedarf Produkte oder Produktlinien aus dem Sortiment eliminieren bzw. ganz gezielt stärken.

In einer Produktgruppenanalyse geht es darum, die Produkte des Unternehmens einzelnen Produktgruppen zuzuordnen. Die einzelnen Produktgruppen werden dann genau analysiert. Die Zuordnung der Produkte zu den Produktgruppen ergibt sich in der Regel aus dem Sortiment und ist von Unternehmen zu Unternehmen unterschiedlich. Es gibt keine allgemeingültigen Kriterien oder Regeln wie eine Produktgruppenzuordnung auszusehen hat. Für einen Bekleidungshersteller ist möglicherweise die Einteilung in Damen-, Herren oder Kinderkleidung sinnvoll, für den Einzelhändler eine Gliederung in Food und Non-Food.

Generell ist es sinnvoll, die Analyse in Form einer Deckungsbeitragsrechnung durchzuführen und dadurch den Einfluss der einzelnen Produktgruppen am Betriebsergebnis aufzuzeigen. Auf diese Weise sind Sie in der Lage z. B. Verlustträger ausfindig zu machen oder Sanierungskonzepte und Kostenanpassungsprogramme einzuleiten.

Aufbau der Produktgruppenanalyse

Da nicht der Umsatz, sondern der Deckungsbeitrag ausschlaggebend für den Erfolg eines Unternehmens ist, basiert die Musterlösung auf einer stufenweisen Deckungsbeitragsrechnung.

Hierzu werden folgende Informationen benötigt:

- Bruttoumsatzerlöse

- Erlösschmälerungen

- Materialkosten einschließlich Bezugskosten

- Personalkosten

- Provisionen

- Fracht/Verpackung

- Bestandsveränderungen

Die Aussagekraft der Musterlösung soll dadurch erhöht werden, in dem Sie bereits im Rahmen der Planung Sollwerte für die einzelnen Produktgruppen vorgeben. Den Planzahlen können Sie später Istzahlen gegenüberstellen. Auf diese Weise ergeben sich Abweichungen, die Ursachenforschung und Problemlösungen ermöglichen.

Mit Hilfe der Musterlösung **Soll_Ist_Vergleich.xls** können Sie auf der Tabelle **Produktgruppenanalyse** bis zu fünf Produktgruppen vergleichen.

Die Anwendung der Datei sieht vor, dass eine Zuordnung von Produkten auf die einzelnen Gruppen bereits stattgefunden hat und das Zahlenmaterial in der erforderlichen Verdichtung bereits vorliegt (s. Abb. 62).

	A	B	C	D	E	F	G
1	**Produktgruppenanalyse**						
2							
3				**Produktgruppe 1**			
4		**Plan**	**%**	**Ist**	**%**	**Abw.**	**%**
5	Bruttoumsatzerlöse		0%		0%	- €	0%
6	Erlösschmälerungen		0%		0%	- €	0%
7	**Nettoumsatzerlöse**	- €	**0%**	- €	**0%**	- €	**0%**
8	Material einschl. Bezugskosten		0%		0%	- €	0%
9	Löhne einschl. Sozialkosten		0%		0%	- €	0%
10	Fremdleistungen		0%		0%	- €	0%
11	Provisionen		0%		0%	- €	0%
12	Fracht/Verpackung		0%		0%	- €	0%
13	Bestandsveränderungen		0%		0%	- €	0%
14	**Summe der variablen Kosten**	- €	**0%**	- €	**0%**	- €	**0%**
15	**Deckungsbeitrag I**	- €	**0%**	- €	**0%**	- €	**0%**
16			0%		0%	- €	0%
17			0%		0%	- €	0%
18			0%		0%	- €	0%
19			0%		0%	- €	0%
20			0%		0%	- €	0%
21			0%		0%	- €	0%
22			0%		0%	- €	0%
23			0%		0%	- €	0%
24	**Summe spez. Fixkosten**	- €	**0%**	- €	**0%**	- €	**0%**
25	**Deckungsbeitrag II**	- €	**0%**	- €	**0%**	- €	**0%**
26	Unternehmensleitung						
27	Verwaltung						
28	**Summe allg. Fixkosten**						
29	**Betriebsergebnis**						

Abb. 62: Ausschnitt aus der Produktgruppenanalyse

Um mit der Produktgruppenanalyse zu arbeiten, führen Sie folgende Arbeitsschritte durch:

- Erfassen Sie die Bezeichnung der zu analysierenden Produktgruppen in Zeile 3.

- Für den Fall, das Sie nur zwei oder drei Produktgruppen analysieren wollen, lassen Sie die überflüssigen Spalten einfach frei oder blenden Sie diese aus. In keinem Fall sollten Sie die Spalten löschen, da dies zu Bezugsfehlern führt und sämtliche Formeln im Summenbereich neu erfasst werden müssten.

- Für jede Position in jeder Produktgruppe erfassen Sie sowohl Plan- als auch Istzahlen. Bestandserhöhungen tragen Sie als positive Zahl, Bestandsminderungen als negativen Wert ein.

- Da die spezifischen Fixkosten in Abhängigkeit vom Unternehmen sehr unterschiedlich sind, legen Sie diese für Ihr Unternehmen individuell an. Die entsprechenden Angaben schreiben Sie in Spalte A. Anschließend erfassen Sie auch hierfür die Plan- und Istzahlen.

- Die allgemeinen Fixkosten für Verwaltung und Unternehmensleitung lassen sich in der Regel nicht auf die einzelnen Produktgruppen aufteilen und werden als Gesamtwerte unterhalb der Spalte **Summe** erfasst.

Um Spalten auszublenden, markieren Sie die überflüssigen Spalten. Klicken Sie dazu in den gewünschten Spaltenkopf und   Excel-Hinweis
wählen Sie anschließend **Format > Spalte > Ausblenden.**

Mit Abb. 63 haben Sie alle Formeln im Überblick.

	A	B	C	D
1	**Produktgruppenanalyse**			
2				
3				**Produktgruppe 1**
4		**Plan**	**%**	**Ist**
5	Bruttoumsatzerlöse		=WENN($B$7=0;0;B5/$B$7)	
6	Erlösschmälerungen		=WENN($B$7=0;0;B6/$B$7)	
7	**Nettoumsatzerlöse**	=+B5-B6	**=WENN($B$7=0;0;B7/$B$7)**	=+D5-D6
8	Material einschl. Bezugskosten		=WENN($B$7=0;0;B8/$B$7)	
9	Löhne einschl. Sozialkosten		=WENN($B$7=0;0;B9/$B$7)	
10	Fremdleistungen		=WENN($B$7=0;0;B10/$B$7)	
11	Provisionen		=WENN($B$7=0;0;B11/$B$7)	
12	Fracht/Verpackung		=WENN($B$7=0;0;B12/$B$7)	
13	Bestandsveränderungen		=WENN($B$7=0;0;B13/$B$7)	
14	**Summe der variablen Kosten**	=SUMME(B8:B12)-B13	**=WENN($B$7=0;0;B14/$B$7)**	=SUMME(D8:D12)-D13
15	**Deckungsbeitrag I**	=+B7-B14	**=WENN($B$7=0;0;B15/$B$7)**	=+D7-D14
16			=WENN($B$7=0;0;B16/$B$7)	
17			=WENN($B$7=0;0;B17/$B$7)	
18			=WENN($B$7=0;0;B18/$B$7)	
19			=WENN($B$7=0;0;B19/$B$7)	
20			=WENN($B$7=0;0;B20/$B$7)	
21			=WENN($B$7=0;0;B21/$B$7)	
22			=WENN($B$7=0;0;B22/$B$7)	
23			=WENN($B$7=0;0;B23/$B$7)	
24	**Summe spez. Fixkosten**	=SUMME(B16:B23)	**=WENN($B$7=0;0;B24/$B$7)**	=SUMME(D16:D23)
25	**Deckungsbeitrag II**	=+B15-B24	**=WENN($B$7=0;0;B25/$B$7)**	=+D15-D24

Abb. 63: Auszug aus der Formelansicht:
Mischung aus Grundrechenarten und komplexen Formeln

Exkurs: Die Funktion ABS()

Die meisten der verwendeten Formel kommen mit den Grundrechenarten aus. Die Formeln zur Ermittlung der relativen Abweichung sind jedoch komplexer. In diesen verschachtelten Formeln wird neben WENN-Funktionen die Funktion ABS() eingesetzt.

Die Funktion ABS() gehört zu den Mathematischen und Trigonometrischen Funktionen und liefert den absoluten Wert einer Zahl, das heißt, den Wert der zahl ohne Vorzeichen. ABS() arbeitet mit nur einem Argument, nämlich *Zahl*. Die Syntax lautet:

ABS(Zahl)

Beispiel: Aus einem negativen Wert wie z. B. -7 macht Excel mit Hilfe von ABS() den Wert 7.

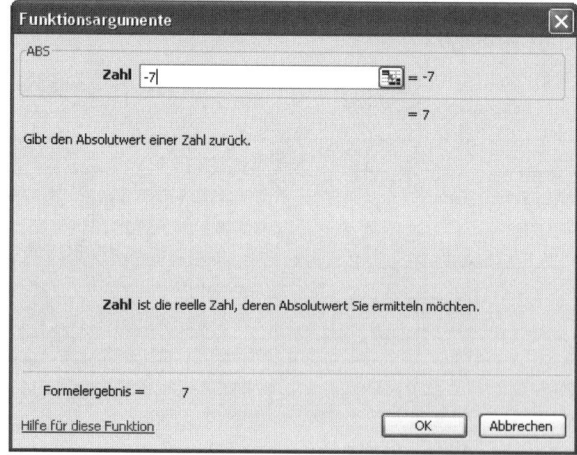

Abb. 64: Das Dialogfeld „Funktionsargumente" der Funktion ABS()

Vertriebsgebiets- und Kundenstrukturanalyse

Analog zur Produktgruppenanalyse finden Sie in der Musterlösung **Soll_Ist_Vergleich.xls** die beiden Tabellen **Vertriebsgebietsanalyse** und **Kundenstrukturanalyse**. Abb. 65 zeigt die Verdichtung der fünf Teilbereiche der Vertriebsgebietsanalyse.

	A	AF	AG	AH	AI	AJ	AK
1	**Vertriebsgebietsanalyse**						
2							
3				Summe			
4		**Plan**	**%**	**Ist**	**%**	**Abw.**	**%**
5	Bruttoumsatzerlöse	- €	0%	- €	0%	- €	0%
6	Erlösschmälerungen	- €	0%	- €	0%	- €	0%
7	**Nettoumsatzerlöse**	- €	0%	- €	0%	- €	0%
8	Material einschl. Bezugskosten	- €	0%	- €	0%	- €	0%
9	Löhne einschl. Sozialkosten	- €	0%	- €	0%	- €	0%
10	Fremdleistungen	- €	0%	- €	0%	- €	0%
11	Provisionen	- €	0%	- €	0%	- €	0%
12	Fracht/Verpackung	- €	0%	- €	0%	- €	0%
13	Bestandsveränderungen	- €	0%	- €	0%	- €	0%
14	**Summe der variablen Kosten**	- €	0%	- €	0%	- €	0%
15	**Deckungsbeitrag I**	- €	0%	- €	0%	- €	0%
16		- €	0%	- €	0%	- €	0%
17		- €	0%	- €	0%	- €	0%
18		- €	0%	- €	0%	- €	0%
19		- €	0%	- €	0%	- €	0%
20		- €	0%	- €	0%	- €	0%
21		- €	0%	- €	0%	- €	0%
22		- €	0%	- €	0%	- €	0%
23		- €	0%	- €	0%	- €	0%
24	**Summe spez. Fixkosten**	- €	0%	- €	0%	- €	0%
25	**Deckungsbeitrag II**	- €	0%	- €	0%	- €	0%
26	Unternehmensleitung		0%		0%	- €	0%
27	Verwaltung		0%		0%	- €	0%
28	**Summe allg. Fixkosten**	- €	0%	- €	0%	- €	0%
29	**Betriebsergebnis**	- €	0%	- €	0%	- €	0%

Abb. 65: Auszug aus der Tabelle „Vertriebsgebietsanalyse"

In Abb. 66 erhalten Sie alle Formeln zur Berechnung der Bereichsdaten als Gesamtübersicht.

	A	E	F	G
1	**Vertriebsgebietsanalyse**			
2				
3				
4		%	Abw.	%
5	Bruttoumsatzerlöse	=WENN($D$7=0;0;D5/$D$7)	=+D5-B5	=ABS(WENN(B5=0;0;F5/B5))
6	Erlösschmälerungen	=WENN($D$7=0;0;D6/$D$7)	=+B6-D6	=ABS(WENN(B6=0;0;F6/B6))
7	**Nettoumsatzerlöse**	**=WENN($D$7=0;0;D7/$D$7)**	**=+D7-B7**	**=ABS(WENN(B7=0;0;F7/B7))**
8	Material einschl. Bezugskosten	=WENN($D$7=0;0;D8/$D$7)	=+B8-D8	=ABS(WENN(B8=0;0;F8/B8))
9	Löhne einschl. Sozialkosten	=WENN($D$7=0;0;D9/$D$7)	=+B9-D9	=ABS(WENN(B9=0;0;F9/B9))
10	Fremdleistungen	=WENN($D$7=0;0;D10/$D$7)	=+B10-D10	=ABS(WENN(B10=0;0;F10/B10))
11	Provisionen	=WENN($D$7=0;0;D11/$D$7)	=+B11-D11	=ABS(WENN(B11=0;0;F11/B11))
12	Fracht/Verpackung	=WENN($D$7=0;0;D12/$D$7)	=+B12-D12	=ABS(WENN(B12=0;0;F12/B12))
13	Bestandsveränderungen	=WENN($D$7=0;0;D13/$D$7)	=+B13-D13	=ABS(WENN(B13=0;0;F13/B13))
14	**Summe der variablen Kosten**	**=WENN($D$7=0;0;D14/$D$7)**	**=+B14-D14**	**=ABS(WENN(B14=0;0;F14/B14))**
15	**Deckungsbeitrag I**	**=WENN($D$7=0;0;D15/$D$7)**	**=+D15-B15**	**=ABS(WENN(B15=0;0;F15/B15))**
16		=WENN($D$7=0;0;D16/$D$7)	=+B16-D16	=ABS(WENN(B16=0;0;F16/B16))
17		=WENN($D$7=0;0;D17/$D$7)	=+B17-D17	=ABS(WENN(B17=0;0;F17/B17))
18		=WENN($D$7=0;0;D18/$D$7)	=+B18-D18	=ABS(WENN(B18=0;0;F18/B18))
19		=WENN($D$7=0;0;D19/$D$7)	=+B19-D19	=ABS(WENN(B19=0;0;F19/B19))
20		=WENN($D$7=0;0;D20/$D$7)	=+B20-D20	=ABS(WENN(B20=0;0;F20/B20))
21		=WENN($D$7=0;0;D21/$D$7)	=+B21-D21	=ABS(WENN(B21=0;0;F21/B21))
22		=WENN($D$7=0;0;D22/$D$7)	=+B22-D22	=ABS(WENN(B22=0;0;F22/B22))
23		=WENN($D$7=0;0;D23/$D$7)	=+B23-D23	=ABS(WENN(B23=0;0;F23/B23))
24	**Summe spez. Fixkosten**	**=WENN($D$7=0;0;D24/$D$7)**	**=+B24-D24**	**=ABS(WENN(B24=0;0;F24/B24))**
25	**Deckungsbeitrag II**	**=WENN($D$7=0;0;D25/$D$7)**	**=+D25-B25**	**=ABS(WENN(B25=0;0;F25/B25))**

Abb. 66: Mit Hilfe dieser Formeln werden die Bereichsdaten verdichtet

Mit bedingten Formaten Abweichungen hervorheben

Mit der bedingten Formatierung haben Sie die Möglichkeit, Werte, die bestimmte Grenzen über- bzw. unterschreiten, hervorzuheben. Wenn Sie diese Funktion im Rahmen des Soll-/Ist-Vergleichs nutzen wollen, springen Abweichungen auf den ersten Blick ins Auge, insbesondere, wenn Sie wie bei einer Verkehrsampel mit den Signalfarben Rot, Gelb und Grün arbeiten:

- Rot steht für Handlungsbedarf.
- Gelb steht für Achtung.
- Grün steht für „In Ordnung".

Praxis-Hinweis

Da die Grenzwerte von Unternehmen zu Unternehmen und von Branche zu Branche sehr unterschiedlich sind, wurde in der Musterlösung auf den Einsatz von Ampelfarben verzichtet. Möchten Sie mit Ampelfarben arbeiten, führen Sie die nachfolgend beschriebenen Arbeitsschritte durch und passen Sie den in der folgenden Beschreibung gewählten Wert von Null an Ihre Bedürfnisse an.

Mit der bedingten Formatierung arbeiten Sie wie folgt:

• Beim Einsatz der bedingten Formatierung eignen sich die Abweichungsspalten zur Arbeit mit Signalfarben. Markieren Sie dort die zu formatierenden Zellen und wählen Sie **Format > Bedingte Formatierung**.

• Im gleichnamigen Dialogfeld klicken Sie im Bereich **Bedingung 1** auf den Pfeil hinter **zwischen** und entscheiden Sie sich dort für den Eintrag **größer als**. Im dritten Feld geben Sie den Wert **Null** ein (s. Abb. 67).

Abb. 67: Definieren Sie an Bedingungen verknüpfte Formate

• Über einen weiteren Mausklick auf die Schaltfläche **Format** im Bereich **Bedingung 1** erreichen Sie das Dialogfeld **Zellen formatieren**. Dort aktivieren Sie das Register **Muster** (s. Abb. 68).

• Wählen Sei die Farbe **grün** aus und verlassen Sie die Dialogbox über die Schaltfläche **OK**.

• Um negative Abweichungen rot zu kennzeichnen, klicken Sie auf **Hinzufügen**. Entscheiden Sie sich im Bereich **Bedingung 2** für **kleiner als** und geben Sie als Wert erneut **Null** an. Weisen Sie dieser Bedingung mit Hilfe der Registerkarte **Muster** den Zellhintergrund **rot** zu.

• Als dritte Bedingung – gelb für Achtung – legen Sie mit der Bedingung **Zellwert ist gleich Null** die Ampelfarbe fest (s. Abb. 69).

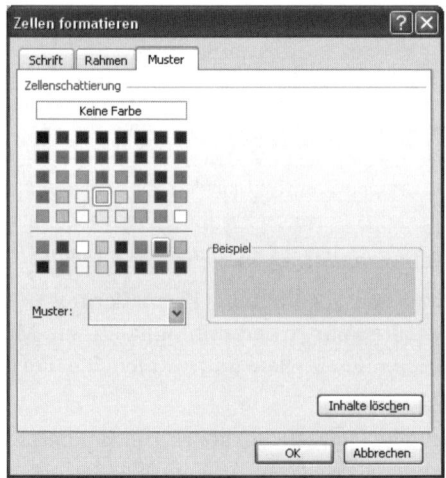

Abb. 68: Das Register „Muster" im Dialog „Zellen formatieren"

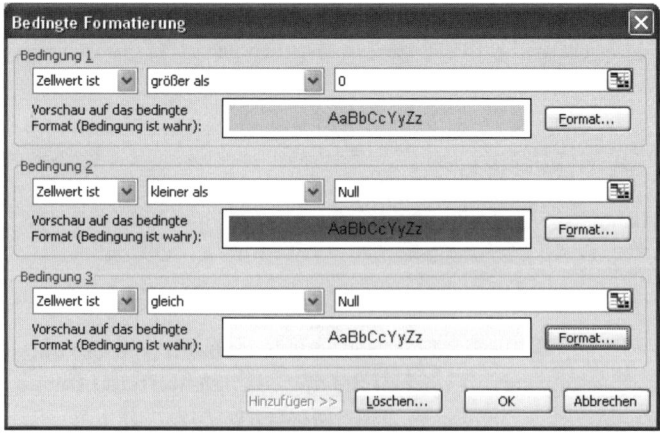

Abb. 69: Hier werden drei Bedingungen definiert

- Verlassen Sie anschließend den Dialog durch einen Klick auf die Schaltfläche **OK**.

Excel-Hinweis Kopieren Sie die bedingten Formate bei Bedarf in andere Zellen. Am einfachsten gelingt Ihnen dies mit Hilfe der Schaltfläche **Format übertragen**. Markieren Sie zu diesem Zweck die Zellen mit den bedingten Formaten und klicken Sie auf die Schaltfläche **Format übertragen** der Format-Symbolleiste. Fahren Sie mit dem Pinsel über die Zellen, in denen Sie das bedingte Format anwenden möchten.

3 Investitionsrechnung

Ob sich eine Investition lohnt oder nicht, ist häufig auf den ersten Blick nicht erkennbar. Deshalb werden Investitionsvorhaben im Vorfeld unter Einsatz geeigneter Rechenverfahren analysiert. Hierzu werden Anschaffungskosten, Nutzungsdauer sowie laufende Kosten und Erlöse, die durch das Investitionsobjekt verursacht werden, miteinander verknüpfen. Es werden statische und dynamische Investitionsrechnungsverfahren unterschieden.

Statische Investitionsrechnungsverfahren

Im Rahmen statischer Verfahren erfolgt die Analyse des Zahlenmaterials nur für ein Jahr oder eine Periode. Damit werden zeitliche Unterschiede im Zusammenhang mit Einnahmen und Ausgaben entweder gar nicht oder nicht exakt berücksichtigt. Hier gilt die Prämisse, dass der Betrachtungszeitraum für die gesamte Investitionsdauer repräsentativ ist. Statische Verfahren haben den Vorteil, dass sie sehr einfach zu überschauen und durchzuführen sind.

Hier die wichtigsten statischen Investitionsrechnungsverfahren:

- Kostenvergleichsrechnung
- Gewinnvergleichsrechung
- Rentabilitätsrechnung
- Amortisationsrechnung

Kostenvergleichsrechnung

Die Kostenvergleichsrechnung ist ein statisches Investitionsrechnungsverfahren, um die Vorteilhaftigkeit alternativer Investitionsmaßnahmen zu beurteilen. Sie zeigt Ihnen auf schnelle und einfache Weise, welche Alternative mit welchen Kosten verbunden ist. Bewertungsmaßstab sind ausschließlich die voraussichtlichen Kosten.

Das Verfahren empfiehlt, von zwei oder mehr sich ausschließenden alternativen Investitionsprojekten, das Projekt mit den geringsten Kosten zu wählen. Das heißt, mögliche Erlöse bzw. Rendite bleiben unberücksichtigt. Aus diesem Grund sollten Sie nur Investitionen der gleichen Art vergleichen, die die Erlössituation nicht beeinflussen. Das können zum

Beispiel Autos verschiedener Marken oder Immobilien in unterschiedlichen Lagen sein.

Vergleich von Immobilien

Praxis-Beispiel

Ein Unternehmen plant die Anschaffung einer Immobilie, die als Büroraum genutzt werden soll. Dabei stehen unterschiedliche Wohnungen als Alternativinvestition zur Verfügung, die die Anforderungen und den Flächenbedarf des Unternehmens decken:

- **Immobilie 1:** Objekt 1 hat eine Größe von 117 qm und soll 279.000 Euro kosten. Der geschätzte Renovierungsaufwand liegt bei 10.000 Euro, für Sonstiges wird ein Betrag von 5.000 Euro angesetzt. Der Makler verlangt eine Provision.
- **Immobilie 2:** Das zweite Objekt schlägt mit 275.000 Euro zu Buche und hat eine Fläche von 108 qm. Die Renovierungskosten liegen bei etwa 5.000 Euro. Ein Makler ist nicht zwischengeschaltet.
- **Immobilie 3:** Das dritte Objekt ist mit 110 qm und 259.000 Euro die kleinste Immobilie. Die Renovierungskosten belaufen sich hier auf 25.000 Euro. Die Maklerprovision liegt bei 4,5 %.

Außerdem sind im Rahmen der Vergleichsrechnungen Notar und Grundbuchkosten für Beurkundung und Eigentumsumschreibung in Höhe von 1,5 % und Grunderwerbsteuer in Höhe von 3,5 % zu berücksichtigen. Diese Positionen fallen für alle Objekte in gleicher Höhe an.

Die einzelnen Positionen werden zu einer Gesamtsumme addiert. Da Immobilien in der Regel nicht exakt die gleiche Größe haben, empfiehlt es sich, im Rahmen eines Kostenvergleichs die gesamten Anschaffungskosten entweder durch die Quadratmeter oder durch den Wert Kubikmeter umbauter Raum zu dividieren (s. Abb. 70).

Praxis-Hinweis

Abschreibungen, die die Wertminderungen von Investitionen ermitteln, werden im Falle der Immobilie nicht berücksichtigt. Sie kann hier vernachlässigt werden, da Immobilien in der Regel nicht an Wert verlieren. Wenn Sie allerdings Investitionsgüter vergleichen, wie zum Beispiel Maschinen, müssen Abschreibungen in das Kalkül einbezogen werden.

	A	B	C	D
1	Kostenvergleichsrechnung			
2				
3	Objekt	Immobilie 1	Immobilie 2	Immobilie 3
4	qm	117	108	110
5	**Anschaffungskosten**			
6	Objektkosten	279.000,00 €	275.000,00 €	259.000,00 €
7	Notar- und Gerichtskosten	4.185,00 €	4.125,00 €	3.885,00 €
8	Grunderwerbsteuer	9.765,00 €	9.625,00 €	9.065,00 €
9	Renovierungskosten	10.000,00 €	5.000,00 €	25.000,00 €
10	Makler	9.709,20 €		11.655,00 €
11	Sonstiges	5.000,00 €		
12	**Gesamte Anschaffungskosten**	317.659,20 €	293.750,00 €	308.605,00 €
13	**Anschaffungskosten pro qm**	2.715,04 €	2.719,91 €	2.805,50 €
14				

Abb. 70: Grundstruktur einer Kostenvergleichsrechnung

Praxis-Hinweis

Seit dem 1. September 2006 dürfen die Bundesländer den Grunderwerbsteuer-satz gem. Art. 105 Abs. 2a GG selber bestimmen. Ab dem 1. Januar 2007 liegt der Steuersatz in Berlin bei zurzeit bei 4,5 %.

Um die Berechnungen durchzuführen, sollten Sie das Zahlenmaterial möglichst strukturiert in einer Excel-Tabelle erfassen. Hilfestellung bietet die Musterlösung **Investitionsrechnung.xls** mit der Tabelle **Kostenver-gleich_1**.

Die Zahlen verdeutlichen: Obwohl Objekt 2 auf den ersten Blick die ge-ringsten Kosten aufweist, sind die Kosten pro Quadratmeter im Vergleich zu Objekt 1 geringfügig höher. Das beste Preis-/Leistungsverhältnis weist Objekt 1 mit 2.715,04 Euro Anschaffungskosten pro Quadratmeter auf.

Praxis-Hinweis

Da sich die Kosten der Immobilie nur geringfügig unterscheiden, sollen unbe-dingt nicht quantifizierbare Faktoren wie Lage der Immobilien in die Investiti-onsentscheidung einbezogen werden.

Die Formelansicht zeigt Abb. 71.

	A	B	C	D
1	Kostenvergleichsrechnung			
2				
3	Objekt	Immobilie 1	Immobilie 2	Immobilie 3
4	qm	117	108	110
5	**Anschaffungskosten**			
6	Objektkosten	279000	275000	250000
7	Notar- und Gerichtskosten	=B6*0,015	=C6*0,015	=D6*0,015
8	Grunderwerbsteuer	=B6*0,035	=C6*0,035	=D6*0,035
9	Renovierungskosten	10000	5000	25000
10	Makler	=B6*0,0348		=D6*0,045
11	Sonstiges	5000		
12	**Gesamte Anschaffungskosten**	=SUMME(B6:B11)	=SUMME(C6:C11)	=SUMME(D6:D11)
13	**Anschaffungskosten pro qm**	=WENN(B4="";0;B12/B4)	=WENN(C4="";0;C12/C4)	=WENN(D4="";0;D12/D4)
14				

Abb. 71: Die Formelansicht der Kostenvergleichsrechung

Vergleich von Fahrzeugen

Praxis-Beispiel

Auch für die Anschaffung eines Fahrzeugs soll eine Kostenvergleichsrechnung durchgeführt werden (s. Excel-Datei **Investitionsrechnung.xls,** **Tabelle Kostenvergleich_2**). Verglichen werden zwei Fahrzeuge mit einer Jahreslaufleistung von jeweils 35.000 km und einer geplanten Nutzungsdauer von sechs Jahren:

- **Fahrzeug 1:** Die Anschaffungskosten liegen bei 39.500 Euro. Die fixen Kosten pro Periode belaufen sich für Steuer, Versicherungen etc. auf 1.600 Euro, die variablen Betriebskosten liegen bei 21 Cent pro gefahren Kilometer. Außerdem fallen Finanzierungskosten in Höhe von 5,5 % an.

- **Fahrzeug 2:** Die Anschaffungskosten belaufen sich hier auf 44.900 Euro. Für die fixen Kosten pro Periode müssen 1.150 Euro angesetzt werden. Die variablen Betriebskosten liegen bei 19 Cent pro gefahren Kilometer. Außerdem fallen Finanzierungskosten in Höhe von 4,5 % an.

Bei den Kosten sind fixe und variable Bestandteile zu unterscheiden. Die fixen Kosten wie z. B. Steuern oder Versicherungen fallen unabhängig von der erbrachten Leistung an. Variable Kosten stehen im direkten Zusammenhang mit der Leistung. Das heißt, je mehr die Autos gefahren werden, umso höher sind die variablen Kosten für Benzin oder Diesel.

Für das aktuelle Beispiel sollen die Kosten für den Zeitraum eines Jahres verglichen werden. Dazu berücksichtigen Sie folgende Daten (s. Abb. 72):

- Durchschnittlicher Kapitaleinsatz
- Verzinsung des Kapitals
- Abschreibung

Die Formel für den durchschnittlichen Kapitaleinsatz lautet wie folgt:

Durchschnittlicher Kapitaleinsatz =
(Anschaffungskosten + Anschaffungskosten / Nutzungsdauer) / 2

Die Jahreszinsen für ein komplettes Jahr berechnen Sie nach folgender allgemeiner Formel:

Zinsen = Kapital × Zinsfuß / 100

Die Abschreibung errechnet sich aus Anschaffungskosten und Nutzungsdauer. Im Rahmen der folgenden Kostenvergleichsrechnung werden die Fahrzeuge linear abgeschrieben. Bei der linearen Abschreibung werden jährlich gleich bleibende Beträge abgeschrieben. Diese werden durch Di-

	A	B	C
1	**Kostenvergleichsrechnung**		
2			
3	**Investitionsobjekt**	Fahrzeug 1	Fahrzeug 2
4	Anschaffungskosten	39.500,00 EUR	44.900,00 EUR
5	**Durchschnittlicher Kapitaleinsatz**	23.041,67 EUR	26.191,67 EUR
6	Geplante Nutzungsdauer in Jahren	6	6
7	Voraussichtliche Jahresleistung	35.000	35.000
8	Fixe Betriebskosten pro Periode	1.600,00 EUR	1.150,00 EUR
9	Variab.Betriebskosten/Mengeneinheit	0,21 EUR	0,19 EUR
10	Zinssatz	5,5%	4,5%
11	**Kostenvergleich**		
12	Fixe Betriebskosten pro Periode	1.600,00 EUR	1.150,00 EUR
13	Variable Betriebskosten pro Periode	7.350,00 EUR	6.650,00 EUR
14	Abschreibungen	6.583,33 EUR	7.483,33 EUR
15	Zinsen	1.267,29 EUR	1.178,63 EUR
16	**Durchschnittliche Gesamtkosten**	**16.800,63 EUR**	**16.461,96 EUR**
17	**Stückkosten**	**0,48 EUR**	**0,47 EUR**

Abb. 72: Weiteres Bespiel für einen Kostenvergleich

vision der Anschaffungs- bzw. Herstellungskosten durch die voraussichtliche Nutzungsdauer ermittelt.

Hier die Formel zur Berechnung der linearen Abschreibung:

$$\text{Abschreibung} = \frac{\text{Anschaffungskosten}}{\text{Nutzungsdauer}}$$

Die variablen Betriebskosten ergeben sich als Produkt von Jahresleistung in Form von gefahrenen Kilometern und variablen Kosten pro Einheit:

$$\text{Variable Betriebskosten} = \text{Jahresleistung} \times \text{variable Kosten pro Einheit}$$

Die Gesamtkosten ergeben sich, in dem alle Einzelpositionen addiert werden. Darüber hinaus werden die Stückkosten ermittelt - im Falle eines Fahrzeugs, die Kosten pro gefahrenen Kilometer:

$$\text{Stückkosten} = \frac{\text{Gesamtkosten}}{\text{Jahresleistung}}$$

Umgesetzt wurde die Kostenvergleichsrechnung der Musterlösung **Investitionsrechnung.xls** auf dem Excel-Sheet **Kostenvergeich_2**.

Die Formelansicht zeigt die folgende Abbildung.

	A	B	C
1	Kostenvergleichsrechnung		
2			
3	**Investitionsobjekt**	Fahrzeug 1	Fahrzeug 2
4	Anschaffungskosten	39500	44900
5	**Durchschnittlicher Kapitaleinsatz**	=WENN(B6=0;"";(B4+(B4/B6))/2)	=WENN(C6=0;"";(C4+(C4/C6))/2)
6	Geplante Nutzungsdauer in Jahren	6	6
7	Voraussichtliche Jahresleistung	35000	35000
8	Fixe Betriebskosten pro Periode	1600	1150
9	Variab.Betriebskosten/Mengeneinheit	0,21	0,19
10	Zinssatz	0,055	0,045
11	**Kostenvergleich**		
12	Fixe Betriebskosten pro Periode	=+B8	=+C8
13	Variable Betriebskosten pro Periode	=B9*B7	=C9*C7
14	Abschreibungen	=WENN(B6=0;"";B4/B6)	=WENN(C6=0;"";C4/C6)
15	Zinsen	=WENN(ODER(B10=0;B5=0);0;B10*B5)	=WENN(ODER(C10=0;C5=0);0;C10*C5)
16	**Durchschnittliche Gesamtkosten**	=SUMME(B12:B15)	=SUMME(C12:C15)
17	**Stückkosten**	=WENN(B7=0;"";B16/B7)	=WENN(C7=0;"";C16/C7)

Abb. 73: Die Formelansicht

Zwar handelt es sich bei der Kostenvergleichsrechnung um ein simples Rechenschema, allerdings weist das Verfahren aus betriebswirtschaftlicher Sicht diverse Mängel auf: **Mängel des Verfahrens**

- Es handelt sich um eine sehr kurzfristige Betrachtungsweise.
- Die Erlössituation wird nicht in das Kalkül bezogen.
- In der Praxis sind Kosten allein häufig kein ausreichendes Wirtschaftlichkeitskriterium.

97

- Es gibt keine Aussage über die Rentabilität, sprich die Verzinsung, des eingesetzten Kapitals.

Praxis-Hinweis

Sind die Kapazitäten der verglichenen Investitionsobjekte unterschiedlich hoch, so müssen Sie an der Stelle des Periodenkostenvergleichs in jedem Fall einen Stückkostenvergleich durchführen.

Gewinnvergleichsrechnung

Die Gewinnvergleichsrechnung ist neben der Kostenvergleichsrechnung ein einfaches Rechenmodell zur Beurteilung der Vorteilhaftigkeit alternativer Investitionsmaßnahmen. Wie der Name bereits andeutet, werden im Rahmen der Gewinnvergleichsrechnung Gewinne verglichen. Dazu wird der Saldo aus durchschnittlichen Kosten und Erlösen gebildet.

Um die Berechnungen durchführen zu können, müssen folgende Informationen bekannt sein:

- Anschaffungskosten

- Zeitraum, in dem die Investition genutzt werden soll

- Voraussichtliche Jahresleistung, also die Leistung, die das Investitionsobjekt im Verlaufe eines Jahres voraussichtlich leisten wird

- Fixe Betriebskosten pro Periode (die Kosten, die anfallen, auch wenn Sie die Investition nicht nutzen)

- Variable Betriebskosten pro Mengeneinheit (die Kosten, die in Abhängigkeit von der produzierten Menge anfallen)

- Erlöse pro Mengeneinheit

- Zinssatz für das eingesetzte Kapital

Praxis-Beispiel

Bsp.

Für die Anschaffung einer Produktionsanlage soll eine Gewinnvergleichsrechnung durchgeführt werden. Verglichen werden die Gewinne dreier Maschinen für den Zeitraum von einem Jahr:

- **Maschine 1:** Die Anschaffungskosten liegen bei 119.000 Euro, die geplante Nutzungsdauer bei 10 Jahren. Die fixen Kosten pro Periode belaufen sich auf 750 Euro, die variablen Betriebskosten pro Mengeneinheit liegen bei 42 Cent. Außerdem fallen Finanzierungskosten in Höhe von 4,5 % an. Die Jahresleistung der Anlage liegt bei 20.000 Einheiten, die Erlöse pro Mengeneinheit werden voraussichtlich 1,85 Euro betragen.

- **Maschine 2:** Die geplante Nutzungsdauer für Maschine 2 liegt bei 8 Jahren. Die Anschaffungskosten belaufen sich hier auf 99.500 Euro. Für die fixen Kosten pro Periode müssen 250 Euro angesetzt werden. Die variablen Betriebskosten liegen bei 38 Cent pro Mengeneinheit. Die Kapazität der Anlage beträgt 18.000 Einheiten, die zu 1,78 Euro veräußert werden können. Außerdem fallen Finanzierungskosten in Höhe von 5,5 % an.

- **Maschine 3:** Für die Anschaffung der dritten Alternative müssen 125.000 Euro eingesetzt werden. Die Nutzungsdauer liegt bei 10 Jahren, die Jahresleistung bei 22.500 Einheiten. Die fixen Betriebskosten pro Periode betragen 1.650 Euro, die variablen Kosten pro Einheit 0,38 Euro. Die Erlöse werden voraussichtlich 1,88 Euro pro Stück betragen. Zinsen sind in Höhe von 6,1 % zur berücksichtigen.

Zu berechnen sind wie bei der Kostenvergleichsrechnung der durchschnittliche Kapitaleinsatz, die Jahreszinsen, Abschreibung sowie die Höhe der variablen Kosten. Hier die allgemeinen Formeln noch einmal im Überblick.

> **Durchschnittlicher Kapitaleinsatz =**
> **(Anschaffungskosten + Anschaffungskosten / Nutzungsdauer) / 2**
>
> **Zinsen = Kapital × Zinsfuß / 100**
>
> **Abschreibung = Anschaffungskosten / Nutzungsdauer**
>
> **Variable Betriebskosten =**
> **Jahresleistung × variable Kosten pro Einheit**

Außerdem müssen Sie jetzt die Erlösseite in die Betrachtungen einbeziehen. Dazu multiplizieren Sie die Erlöse pro Mengeneinheit mit der voraussichtlichen Jahresleistung:

> **Erlöse pro Periode =**
> **Erlöse pro Mengeneinheit × voraussichtliche Jahresleistung**

Der Gesamtgewinn der Periode errechnet sich aus der Differenz der Erlöse pro Periode und den zuvor ermittelten Gesamtkosten der Periode:

> **Gewinn = Erlöse – Kosten**

Besonders einfach ist der Gewinnvergleich mit Hilfe der in der Musterlösung **Investitionsrechnung.xls** zur Verfügung gestellten Excel-Tabelle **Gewinnvergleich**. Dort müssen Sie lediglich folgende Kerndaten eintippen und Excel liefert Ihnen automatisch die Lösung:

- Anschaffungskosten
- Geplante Nutzungsdauer in Jahren
- Voraussichtliche Jahresleistung (z. B. Produktionseinheiten)
- Fixe Betriebskosten pro Periode
- Variable Betriebskosten pro Mengeneinheit
- Erlöse pro Mengeneinheit
- Zinssatz

	A	B	C	D
1	Gewinnvergleichsrechnung			
2				
3	Investitionsobjekt	Maschine 1	Maschine 2	Maschine 3
4	Anschaffungskosten	119.000,00 EUR	99.500,00 EUR	125.000,00 EUR
5	Durchschnittlicher Kapitaleinsatz	65.450,00 EUR	55.968,75 EUR	68.750,00 EUR
6	Geplante Nutzungsdauer in Jahren	10	8	10
7	Voraussichtliche Jahresleistung	20.000	18.000	22.500
8	Fixe Betriebskosten pro Periode	750,00 EUR	250,00 EUR	1.650,00 EUR
9	Variab.Betriebskosten/Mengeneinheit	0,42 EUR	0,38 EUR	0,39 EUR
10	Erlöse pro Mengeneinheit	1,85 EUR	1,78 EUR	1,88 EUR
11	Zinssatz	4,5%	5,5%	6,1%
12	Fixe Betriebskosten pro Periode	750,00 EUR	250,00 EUR	1.650,00 EUR
13	Variable Betriebskosten pro Periode	8.400,00 EUR	6.840,00 EUR	8.775,00 EUR
14	Abschreibungen	11.900,00 EUR	12.437,50 EUR	12.500,00 EUR
15	Zinsen	2.945,25 EUR	3.078,28 EUR	4.193,75 EUR
16	Durchschnittliche Gesamtkosten	23.995,25 EUR	22.605,78 EUR	27.118,75 EUR
17	Erlöse pro Mengeneinheit	1,85 EUR	1,78 EUR	1,88 EUR
18	Erlöse pro Periode	37.000,00 EUR	32.040,00 EUR	42.300,00 EUR
19	Gesamtgewinn pro Periode	13.004,75 EUR	9.434,22 EUR	15.181,25 EUR

Abb. 74: Beispiel für eine Gewinnvergleichsrechnung

Die Formelansicht der Gewinnvergleichsrechnung sehen Sie in Abb. 75.

	A	B	C	D
1	Gewinnvergleichsrechnung			
2				
3	**Investitionsobjekt**	Maschine 1	Maschine 2	Maschine 3
4	Anschaffungskosten	119000	99500	125000
5	**Durchschnittlicher Kapitaleinsatz**	=WENN(B6=0;"";(B4+(B4/B6))/2)	=WENN(C6=0;"";(C4+(C4/C6))/2)	=WENN(D6=0;"";(D4+(D4/D6))/2)
6	Geplante Nutzungsdauer in Jahren	10	8	10
7	Voraussichtliche Jahresleistung	20000	18000	22500
8	Fixe Betriebskosten pro Periode	750	250	1650
9	Variab.Betriebskosten/Mengeneinheit	0,42	0,38	0,39
10	Erlöse pro Mengeneinheit	1,85	1,78	1,88
11	Zinssatz	0,045	0,055	0,061
12	Fixe Betriebskosten pro Periode	=+B8	=+C8	=+D8
13	Variable Betriebskosten pro Periode	=B9*B7	=C9*C7	=D9*D7
14	Abschreibungen	=WENN(B6=0;"";B4/B6)	=WENN(C6=0;"";C4/C6)	=WENN(D6=0;"";D4/D6)
15	Zinsen	=WENN(ODER(B11=0;B5=0);0;B11*B5)	=WENN(ODER(C11=0;C5=0);0;C11*C5)	=WENN(ODER(D11=0;D5=0);0;D11*D5)
16	Durchschnittliche Gesamtkosten	=SUMME(B12:B15)	=SUMME(C12:C15)	=SUMME(D12:D15)
17	Erlöse pro Mengeneinheit	=+B10	=+C10	=+D10
18	Erlöse pro Periode	=B17*B7	=C17*C7	=D17*D7
19	**Gesamtgewinn pro Periode**	=+B18-B16	=+C18-C16	=+D18-D16

Abb. 75: Die Formelansicht

Rentabilitätsrechnung

Die Rentabilität ist eine Kennzahl, die Aufschluss über das Verhältnis des Gewinns zum eingesetzten Kapital gibt. Immer dann, wenn der Gewinn verschiedener Investitionsalternativen mit unterschiedlichem Kapitaleinsatz erwirtschaftet wird, ist eine Rentabilitätsrechnung erforderlich. Die Rentabilitätsrechnung ist quasi eine Erweiterung der Gewinnvergleichsrechnung.

Praxis-Beispiel

Sie haben zwei alternative Investitionsmöglichkeiten:

- Die erste Variante erfordert Anschaffungsausgaben in Höhe von 120.000 Euro und wird einen voraussichtlichen Gewinn von 15.000 Euro erwirtschaften.

- Alternative 2 erwirtschaftet voraussichtlich 35.000 Euro und ist mit Anschaffungskosten in Höhe von 180.000 Euro verbunden.

Um die Alternativen vergleichbar zu machen, berechnen Sie für jede Variante die Rentabilität. Empfehlenswert ist die Alternative mit der höheren Rentabilität. Die Formel zur Ermittlung der Rentabilität lautet:

Rentabilität = Gewinn / durchschnittlich gebundenes Kapital × 100

Um eine Rentabilitätsrechnung durchzuführen, müssen folgende Daten bekannt sein:

• Anschaffungskosten

• Zeitraum, in dem die Investition genutzt werden soll

• Gesamtkosten pro Jahr

• Erlöse pro Jahr

Praxis-Beisspiel

Ein Unternehmer steht vor der Alternative, eine neue Produktionsmaschine anzuschaffen oder eine neue Filiale zu eröffnen. Aus finanziellen Gründen kann nur eine der Alternativen in Angriff genommen werden.

Hier die Eckdaten der potentiellen Investitionen:

• Die Anschaffungskosten für die Maschine liegen bei 120.000 Euro, die geplante Nutzungsdauer bei 6 Jahren. Die jährlichen Kosten werden bei rund 25.000 Euro, die jährlichen Erlöse bei 40.000 Euro liegen.

• Zur Eröffnung einer neuen Filiale müssen 180.000 Euro bereit gestellt werden. Die jährlichen Kosten belaufen sich auf 125.000 Euro, die zusätzlichen Erlöse auf 160.000 Euro. Die Räumlichkeiten können rund 15 Jahre genutzt werden.

Eine Musterlösung finden Sie in der Excel-Datei **Investitionsrechnung.xls** auf der Tabelle **Rentabilitätsvergleich**.

Im Vergleich der beiden Investitionsmöglichkeiten zeigt sich, dass bei der Eröffnung der neuen Filiale mit einer deutlich höheren Rentabilität gerechnet werden kann als bei der Alternativinvestition. Die Entscheidung sollte unter rein wirtschaftlichen Gesichtspunkten deshalb zu Gunsten der Filialeröffnung fallen.

	A	B	C
1	Rentabilitätsvergleichsrechnung		
2			
3	**Investitionsobjekt**	Maschine	Filiale
4	Anschaffungskosten	120.000,00 EUR	180.000,00 EUR
5	**Durchschnittlicher Kapitaleinsatz**	70.000,00 EUR	96.000,00 EUR
6	Geplante Nutzungsdauer in Jahren	6	15
7	Voraussichtliche Kosten pro Jahr	25.000,00 EUR	125.000,00 EUR
8	Erlöse pro Periode	40.000,00 EUR	160.000,00 EUR
9	**Gesamtgewinn pro Periode**	15.000,00 EUR	35.000,00 EUR
10	**Rentabilität**	21,43%	36,46%

Abb. 76: Die Musterlösung „Rentabilitätsvergleichsrechnung"

Die Formelansicht zeigt Abb. 77.

	A	B	C
1	Rentabilitätsvergleichsrechnung		
2			
3	**Investitionsobjekt**	Maschine	Filiale
4	Anschaffungskosten	120000	180000
5	**Durchschnittlicher Kapitaleinsatz**	=WENN(B6=0;"";(B4+(B4/B6))/2)	=WENN(C6=0;"";(C4+(C4/C6))/2)
6	Geplante Nutzungsdauer in Jahren	6	15
7	Voraussichtliche Kosten pro Jahr	25000	125000
8	Erlöse pro Periode	40000	160000
9	**Gesamtgewinn pro Periode**	=B8-B7	=C8-C7
10	**Rentabilität**	=B9/B5	=C9/C5

Abb. 77: Die Formelansicht zur Berechnung der Rentabilität

Amortisationsrechnung

Im Rahmen der Amortisationsrechnung wird die Zeitdauer ermittelt, die verstreicht, bis die Anschaffungsausgabe durch die Einnahmeüberschüsse zurück erwirtschaftet wird. Das heißt, die Amortisationsdauer sagt aus, wann das investierte Geld ins Unternehmen zurückfließt.

103

	A	B	C
1	Amortisationsdauer		
2			
3	**Investitionsobjekt**	Maschine	Filiale
4	Anschaffungskosten	120.000,00 EUR	180.000,00 EUR
5	Geplante Nutzungsdauer in Jahren	6	15
6	Voraussichtliche Kosten pro Jahr	25.000,00 EUR	125.000,00 EUR
7	Erlöse pro Periode	40.000,00 EUR	160.000,00 EUR
8	**Gesamtgewinn pro Periode**	**15.000,00 EUR**	**35.000,00 EUR**
9	**Amortisationsdauer**	**8**	**5**

Abb. 78: Hier wird ermittelt, nach welcher Zeit die Anschaffungskosten zurückfließen

Die zugehörigen Formeln zeigt Abb. 79.

	A	B	C
1	Amortisationsdauer		
2			
3	**Investitionsobjekt**	Maschine	Filiale
4	Anschaffungskosten	120000	180000
5	Geplante Nutzungsdauer in Jahren	6	15
6	Voraussichtliche Kosten pro Jahr	25000	125000
7	Erlöse pro Periode	40000	160000
8	**Gesamtgewinn pro Periode**	=B7-B6	=C7-C6
9	**Amortisationsdauer**	=WENN(B8=0;0;B4/B8)	=WENN(C8=0;0;C4/C8)

Abb. 79: Die Formelansicht

Praxis-Hinweis

Die Amortisationsrechnung kann sowohl für statische als auch dynamische Verfahren durchgeführt werden.

Dynamische Investitionsrechnungsverfahren

Dynamisches Modell

Im Gegensatz zu den statischen Verfahren berücksichtigen dynamische Modelle den zeitlichen Ablauf der Investitionsvorgänge. Das bedeutet: Zeitliche Unterschiede bei Einnahmen und Ausgaben werden ebenso wie Zinseszinseffekte im Rahmen der Analyse berücksichtigt. Auf diese Weise werden die Rechenmodelle komplexer und gleichzeitig exakter als die Ergebnisse der statischen Verfahren.

Die bedeutendsten dynamischen Investitionsrechnungsverfahren sind:

- Kapitalwertmethode

- Annuitätenmethode

- Interne Zinsatzmethode

Bei der Kapitalwertmethode werden die jährlichen Einnahmeüberschüsse bzw. die Unterdeckungen im Zusammenhang mit dem Investitionsobjekt unter Berücksichtigung des Zeitfaktors ermittelt. Auch beim Einsatz der Kapitalwertmethode müssen Sie den größten Teil der Investitionsdaten in einer Tabelle erfassen und mit Hilfe geeigneter Formeln verdichten.

Kapitalwertmethode

Dynamische Modelle finden Sie in der Datei **Investitionsrechnung.xls** in der Tabelle **DynamischeRechnung**.

Die Annuitätenmethode ist im Prinzip eine Variante der Kapitalwertmethode, bei der der Kapitalwert in gleich große jährliche Zahlungen umgerechnet wird.

Annuitätenmethode

Auch die Interne Zinsfußmethode basiert auf der Kapitalwertmethode. Sie errechnet den Zinsfuß, der sich bei einem Kapitalwert von Null ergibt.

Interne Zinsfußmethode

Praxis-Beispiel

Ein Unternehmer analysiert die Anschaffung einer Maschine, mit deren Hilfe Arbeitsabläufe automatisiert werden. Auf diese Weise können künftig Arbeitskräfte eingespart werden. Im Rahmen einer dynamischen Investitionsrechnung soll die Vorteilhaftigkeit der potentiellen Investition analysiert werden.

Hier die Angaben zum Projekt:

- **Anschaffungskosten:** 375.000 Euro.

- **Eigenmittel:** 100.000 Euro

- **Nutzungsdauer:** 10 Jahre

- Voraussichtliche jährlichen **Energiekosten:** 5.000 Euro

- Voraussichtliche jährliche **Reparaturen/Wartung:** 4.000 Euro

- Voraussichtliche jährliche **Personaleinsparung:** 90.000 Euro

- **Abschreibung:** linear

Außerdem sind folgende Aspekte zur berücksichtigen:

Die Eigenmittel können alternativ die zu einem Zinssatz von 3,25 % angelegt werden. Es wird eine Inflationsrate von 1,25 % berücksichtigt.

Steuerliche Aspekte werden nicht berücksichtigt.

	2009	2010	2011	2012	2013	2014	2015	2016	2017	2018
Dynamische Investitionsrechnung										
Preissteigerung	1,10%									
Zinssatz	3,75%									
Anschaffungskosten	375.000,00 EUR									
Abschreibung	37.500,00 EUR	37.500,00 EUR	37.500,00 EUR	37.500,00 EUR	37.500,00 EUR	37.500,00 EUR	37.500,00 EUR	37.500,00 EUR	37.500,00 EUR	37.500,00 EUR
Energiekosten	5.000,00 EUR	5.055,00 EUR	5.110,61 EUR	5.166,82 EUR	5.223,66 EUR	5.281,12 EUR	5.339,21 EUR	5.397,94 EUR	5.457,32 EUR	5.517,35 EUR
Instandhaltung/Wartung	4.000,00 EUR	4.044,00 EUR	4.088,48 EUR	4.133,46 EUR	4.178,93 EUR	4.224,89 EUR	4.271,37 EUR	4.318,35 EUR	4.365,85 EUR	4.413,88 EUR
Einmalige Ausgaben										
Gesamtausgaben	9.000,00 EUR	9.099,00 EUR	9.199,09 EUR	9.300,28 EUR	9.402,58 EUR	9.506,01 EUR	9.610,58 EUR	9.716,29 EUR	9.823,17 EUR	9.931,23 EUR
Ergangene Zinserträge	14.062,50 EUR	14.589,84 EUR	15.136,96 EUR	15.704,60 EUR	16.293,52 EUR	16.904,53 EUR	17.538,45 EUR	18.196,14 EUR	18.878,50 EUR	19.586,44 EUR
Einsparungen	90.000,00 EUR	90.990,00 EUR	91.990,89 EUR	93.002,79 EUR	94.025,82 EUR	95.060,10 EUR	96.105,77 EUR	97.162,93 EUR	98.231,72 EUR	99.312,27 EUR
Kapitalrückfluss	66.937,50 EUR	67.301,16 EUR	67.654,84 EUR	67.997,91 EUR	68.329,72 EUR	68.649,57 EUR	68.956,74 EUR	69.250,50 EUR	69.530,05 EUR	69.794,60 EUR
Saldo Kapitaleinsatz/-rückfluss	-308.062,50 EUR	-240.761,34 EUR	-173.106,51 EUR	-105.108,59 EUR	-36.778,88 EUR	31.870,69 EUR	100.827,43 EUR	170.077,93 EUR	239.607,98 EUR	309.402,58 EUR
Interner Zins	12,65%									

Nebenrechnung Zinssatz 3,75%

375.000,00 €	389.062,50 €
389.062,50 €	403.652,34 €
403.652,34 €	418.789,31 €
418.789,31 €	434.493,91 €
434.493,91 €	450.787,43 €
450.787,43 €	467.691,96 €
467.691,96 €	485.230,40 €
485.230,40 €	503.426,54 €
503.426,54 €	522.305,04 €
522.305,04 €	541.891,48 €

Abb. 80: Dynamische Investitionsrechnung

Die Preissteigerungsraten werden im Zusammenhang mit folgenden Positionen berücksichtigt:

- Energiekosten
- Instandhaltung/Wartung
- Personalkosten

Die entgangenen Zinserträge werden im Rahmen einer Nebenrechnung ermittelt.

Nachfolgend zwei Ausschnitte aus der Formelansicht zeigt Abb. 81 und Abb. 82.

	A	B	C	D
1	Dynamische Investitionsrechnung			
2				
3	Preissteigerung	0,011		
5	Zinssatz	0,0375		
6				
7		2009	=B7+1	=+C7+1
8	Anschaffungskosten	375000		
9	Abschreibung	=LIA($B$8;0;10)	=LIA($B$8;0;10)	=LIA($B$8;0;10)
10	Energiekosten	5000	=B10*(1+$B$3)	=C10*(1+$B$3)
11	Instandhaltung/Wartung	4000	=B11*(1+$B$3)	=C11*(1+$B$3)
12	Einmalige Ausgaben			
13	Gesamtausgaben	=B10+B11+B12	=C10+C11+C12	=D10+D11+D12
14	Entgangene Zinserträge	=J28	=J29	=J30
15				
16	Einsparungen	90000	=B16*(1+$B$3)	=C16*(1+$B$3)
17				
18	Kapitalrückfluss	=B16-B13-B14	=C16-C13-C14	=D16-D13-D14
19	Saldo Kapitaleinsatz/-rückfluss	=B18-B8	=B19+C18	=C19+D18
20				
21	Interner Zins	=IKV(B17:K18)		
22				

Abb. 81: Die Formelansicht

Nebenrechnung		
Zinssatz		
=B5		
=B8	=I28*$I$27	=I28+J28
=K28	=I29*$I$27	=I29+J29
=K29	=I30*$I$27	=I30+J30
=K30	=I31*$I$27	=I31+J31
=K31	=I32*$I$27	=I32+J32
=K32	=I33*$I$27	=I33+J33
=K33	=I34*$I$27	=I34+J34
=K34	=I35*$I$27	=I35+J35
=K35	=I36*$I$27	=I36+J36
=K36	=I37*$I$27	=I37+J37

Abb. 82: Die Formeln der Nebenrechnung

Exkurs: Die Funktion LIA()

Bei der linearen Abschreibung werden jährlich gleich bleibende Beträge abgeschrieben. Diese werden durch Division der Anschaffungs- bzw. Herstellungskosten durch die voraussichtliche Nutzungsdauer ermittelt.

Praxis-Beispiel

Ein Anlagegut im Wert von 200.000 Euro wird auf fünf Jahre abgeschrieben. Sie dividieren den Betrag von 200.000 Euro durch fünf und erhalten einen jährlichen Abschreibungsbetrag in Höhe von 40.000 Euro.

Praxis-Hinweis

Wenn Sie davon ausgehen, dass das abzuschreibende Wirtschaftsgut zum Ende der Nutzungsdauer noch einen Restwert hat, sind die Anschaffungs- bzw. Herstellungskosten um diesen Wert zu reduzieren. Gehen Sie in dem o. g. Beispiel von einem Restwert in Höhe von 20.000 Euro aus, muss ein Wert von 180.000 Euro auf die Nutzungsdauer von fünf Jahren verteilt werden.

Microsoft Excel stellt zur Berechung der linearen Abschreibung die Funktion LIA() aus der Kategorie der finanzmathematischen Funktionen zur Verfügung. Die Syntax der Funktion lautet (s. Abb. 83):

LIA(Ansch_Wert;Restwert;Nutzungsdauer

- Unter **Anschaffungswert** trägt man die die Anschaffungs- bzw. Herstellkosten eines Wirtschaftsgutes.

- Der **Restwert** ist der Wert am Ende der Nutzungsdauer.

- Die **Nutzdauer** entspricht dem Zeitraum, über den das Wirtschaftsgut abgeschrieben wird.

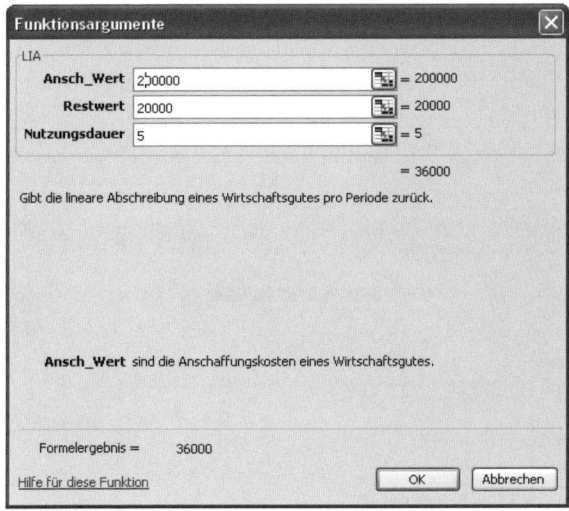

Abb. 83: Der Funktionsassistent der Funktion LIA()

Die Funktion IKV()

Der interne Zins entspricht der Rendite bzw. der Effektivverzinsung, die eine Investition erbringt. Für den Fall, dass der interne Zinsfuß mindestens so groß ist, wie die Mindestverzinsungsanforderungen, die ein Investor an ein Investitionsobjekt stellt, ist die zu analysierende Investition vorteilhaft. Die Frage nach der Vorteilhaftigkeit einer Investition ist nur dann zu beantworten, wenn die beiden Zinsfüße interner Zins und Mindestverzinsung bekannt sind. Für das aktuelle Beispiel liegt die Mindestverzinsung bei 3,25 %. Excel stellt zur Ermittlung des internen Zinsfußes die Funktion IKV() zur Verfügung (s. Abb. 84). Die Syntax lautet:

Interner Zins

IKV(Werte;Schätzwert)

Das Argument **Werte** entspricht der zu der Investition gehörenden Zahlungsreihe und verlangt mindestens einen positiven und einen negativen Wert.

Die Funktion unterstellt, dass die Zahlungen in der Reihenfolge erfolgen, in der sie im Argument **Werte** angegeben sind. **Schätzwert** ist eine Zahl, von der Sie annehmen, dass sie in der Größenordnung des Ergebnisses liegt. Excel arbeitet mit einem Schätzwert, weil zur Berechnung der Funktion IKV() ein Iterationsverfahren eingesetzt wird, das mit dem angegebenen Schätzwert startet und die Berechnungen so lange durchführt, bis das Ergebnis eine Genauigkeit von 0,00001 Prozent hat. Fehlen die Angaben zum Schätzwert, geht Excel automatisch von 10 % aus. Aus diesem Grund kann im aktuellen Beispiel auf die Angabe des Schätzwertes verzichtet werden.

Excel-Hinweis   Sollte nach 20 Durchgängen kein geeignetes Ergebnis erzielt werden, erhalten Sie die Fehlermeldung #ZAHL!.

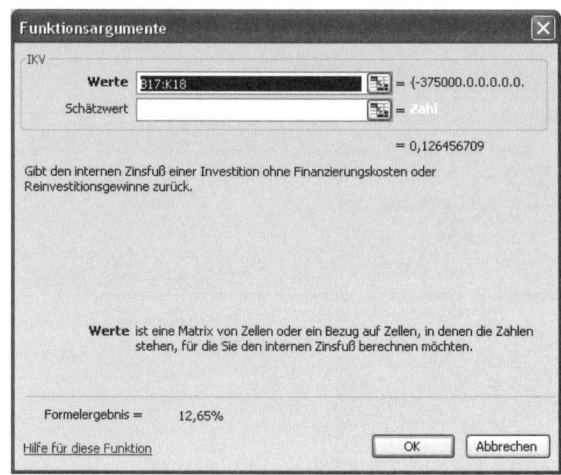

Abb. 84: Der Funktionsassistent der Funktion IKV()

Die Ergebnisse

Der Kapitalrückfluss ist zum ersten Mal im Jahr 2014 positiv. Im aktuellen Beispiel liefert die Funktion IKV() ein Ergebnis von 12,65 %. Der interne Zinsfuß liegt damit erheblich über der geforderten Mindestverzinsung. Damit ist die Investition als vorteilhaft einzustufen.

Amortisationsdauer nach dynamischem Verfahren

Die Amortisationsdauer einer Investition kann auch mit Hilfe eines dynamischen Verfahrens ermittelt werden.

Praxis-Beispiel

Ein Unternehmer analysiert die Anschaffung einer Maschine, mit deren Hilfe Arbeitsabläufe automatisiert werden. Auf diese Weise können künftig Arbeitskräfte eingespart werden. Im Rahmen einer dynamischen Investitionsrechnung soll die Vorteilhaftigkeit der potentiellen Investition analysiert werden.

Hier die Angaben zum Projekt:

- **Anschaffungskosten:** 200.000 Euro
- **Eigenmittel:** 200.000 Euro
- **Nutzungsdauer:** 5 Jahre
- Voraussichtliche jährlichen **Energiekosten:** 2.000 Euro
- Voraussichtliche jährliche **Reparaturen/Wartung:** 1.500 Euro
- Voraussichtliche jährliche **Einsparung:** 75.000 Euro
- **Abschreibung:** linear

Außerdem sind folgende Aspekte zur berücksichtigen:

Die Eigenmittel können wie beim vorangegangenen Beispiel alternativ die zu einem Zinssatz von 3,75 % angelegt werden. Es wird eine Inflationsrate von 1,1 % berücksichtigt.

Die Abb. 85 und Abb. 86 zeigen das Rechenmodell sowie die zugehörige Formelansicht.

	A	B	C	D	E	F
1	Amortisationsdauer ermitteln					
2						
3	Preissteigerungsrate	1,10%				
4	Zinsen	3,75%				
5						
6						
7		2009	2010	2011	2012	2013
8	Anschaffungskosten	200.000,00 €				
9	Abschreibung	20.000,00 €	20.000,00 €	20.000,00 €	20.000,00 €	20.000,00 €
10	Energiekosten	2.000,00 €	2.022,00 €	2.044,24 €	2.066,73 €	2.089,46 €
11	Instandhaltung/Wartung	1.500,00 €	1.516,50 €	1.533,18 €	1.550,05 €	1.567,10 €
12	Summe der Ausgaben	3.500,00 €	3.538,50 €	3.577,42 €	3.616,78 €	3.656,56 €
13	Entgangene Zinserträge	7.500,00 €	7.781,25 €	8.073,05 €	8.375,79 €	8.689,88 €
14						
15	Einsparungen	75.000,00 €	75.825,00 €	76.659,08 €	77.502,32 €	78.354,85 €
16		- 200.000,00 €				
17	Kapitalrückfluss	**64.000,00 €**	**64.505,25 €**	**65.008,60 €**	**65.509,76 €**	**66.008,41 €**
18	Saldo Kapitaleinsatz/-rückfluss	- **136.000,00 €**	- **71.494,75 €**	- **6.486,15 €**	**59.023,62 €**	**125.032,03 €**
19						
20						
21	**Amortisationsdauer**	**4**				
22						
23	Nebenrechnung		Zinssatz	3,75%		
24		200.000,00 €	7.500,00 €	207.500,00 €		
25		207.500,00 €	7.781,25 €	215.281,25 €		
26		215.281,25 €	8.073,05 €	223.354,30 €		
27		223.354,30 €	8.375,79 €	231.730,08 €		
28		231.730,08 €	8.689,88 €	240.419,96 €		
29						

Abb. 85: Das Rechenmodell

	A	B	C	D	E	F
1	Amortisationsdauer ermitteln					
2						
3	Preissteigerungsrate	0,011				
4	Zinsen	0,0375				
5						
6						
7		2009	=+B7+1	=+C7+1	=+D7+1	=+E7+1
8	Anschaffungskosten	200000				
9	Abschreibung	=LIA($B$8;0;10)	=LIA($B$8;0;10)	=LIA($B$8;0;10)	=LIA($B$8;0;10)	=LIA($B$8;0;10)
10	Energiekosten	2000	=B10*(1+$B$3)	=C10*(1+$B$3)	=D10*(1+$B$3)	=E10*(1+$B$3)
11	Instandhaltung/Wartung	1500	=B11*(1+$B$3)	=C11*(1+$B$3)	=D11*(1+$B$3)	=E11*(1+$B$3)
12	Summe der Ausgaben	=B10+B11	=C10+C11	=D10+D11	=E10+E11	=F10+F11
13	Entgangene Zinserträge	=B24	=B25	=B26	=B27	=B28
14						
15	Einsparungen	75000	=B15*(1+$B$3)	=C15*(1+$B$3)	=D15*(1+$B$3)	=E15*(1+$B$3)
16		=B8*(-1)				
17	Kapitalrückfluss	=B15-B12-B13	=C15-C12-C13	=D15-D12-D13	=E15-E12-E13	=F15-F12-F13
18	Saldo Kapitaleinsatz/-rückfluss	=B17-B8	=B18+C17	=C18+D17	=D18+E17	=E18+F17
19						
20						
21	Amortisationsdauer	=MIN(B20:F20)				
22						
23	Nebenrechnung	Zinssatz	=B4			
24	=B8	=A24*$C$23	=A24+B24			
25	=C24	=A25*$C$23	=A25+B25			
26	=C25	=A26*$C$23	=A26+B26			
27	=C26	=A27*$C$23	=A27+B27			
28	=C27	=A28*$C$23	=A28+B28			
29						

Abb. 86: Alle Formeln zur Ermittlung der Amortisationsdauer im Überblick

Exkurs: Die Funktion MIN()

Die Amortisationsdauer wird mit Hilfe der Funktion MIN() aus der Kategorie der statistischen Funktionen ermittelt. Sie berechnet den niedrigsten Wert einer Zahlenreihe. Die Syntax der Funktion lautet (s. Abb. 86):

MIN(Zahl1;Zahl2;...)

Die Argumente **Zahl1**; **Zahl2**; sind ein bis dreißig Zahlen, aus denen die kleinste Zahl gefiltert wird.

Die Zahlenreihe, die MIN() in der Beispielanwendung analysiert, wird mit Hilfe von Nebenrechnungen ermittelt. Diese Nebenberechnungen wurden aus optischen Gründen verborgen, indem der Schriftfarbe mit Hilfe der Schaltfläche **Schriftfarbe** dieselbe Farbe wie dem Zellhintergrund zugewiesen wurde.

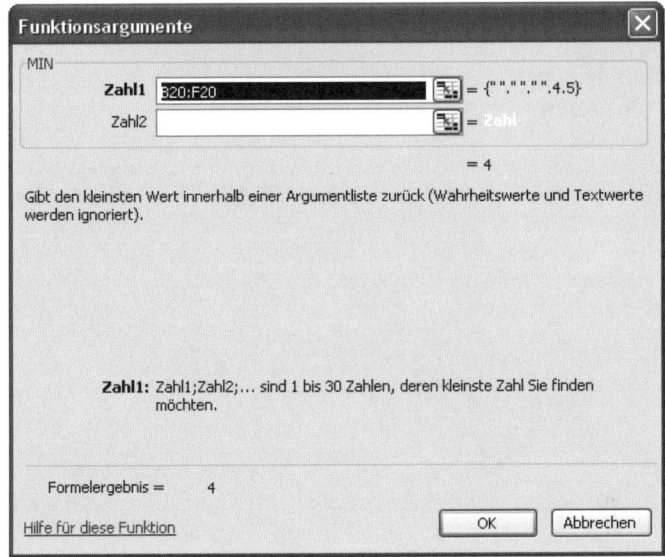

Abb. 87: Die Funktionsargumente von MIN()

Die Musterlösung finden Sie auf dem Excel-Sheet **Amortisation_dynamisch** der Datei **Investitionsrechnung.xls**.

Im Rahmen der Nebenrechnungen wird ermittelt, ob der Kapitalrückfluss für das aktuelle Jahr positiv ist. Für den Fall, dass der Kapitalrückfluss negativ ist, bleibt der Zellinhalt leer, ansonsten wird die Anzahl Jahre ab dem Investitionsjahr ermittelt. Die Formeln finden Sie in der folgenden Übersicht:

Zelle	Formel
B20	=WENN(B18>0;B7+1-$B$7;" „)
C20	=WENN(C18>0;C7+1-$B$7;" „)
D20	=WENN(D18>0;D7+1-$B$7;" „)
E20	=WENN(E18>0;E7+1-$B$7;" „)
F20	=WENN(E18>0;E7+1-$B$7;" „)

4 Kennzahlen

Kennzahlen bilden zum Teil komplexe betriebliche Sachverhalte ab und sind damit ein unerlässliches Instrument zur Steuerung und Führung eines Unternehmens. Eine wesentliche Aufgabe des Controllings ist es, Kennzahlen zur Verfügung zu stellen, effizient zu verwalten und entsprechend zu präsentieren.

Der Nutzen

Das Einsatzgebiet von Kennziffern ist vielfältig: Sie können z. B. Marktanteile, Werbeerfolge, Zusammenhänge zwischen Kosten und Erlösen, Vermögensstrukturen oder die Personalzusammensetzung verdeutlichen. Kennziffern bilden damit ein wichtiges Instrument zur Steuerung und Führung eines Unternehmens. Mit Hilfe von Kennziffern lassen sich Ziele konkret definieren und vor allem messbar machen: „Unser Ziel war eine Eigenkapitalrentabilität von 12 %. Dieses Ziel konnte mit 12,5 % sogar geringfügig überschritten werden."

Kennzahlen geben u. a. Auskunft darüber, ob Ziele erfüllt wurden oder nicht. Sie zeigen schnell und prägnant

- Erfolg und Misserfolg wirtschaftlichen Handelns
- Auffälligkeiten und Veränderungen
- wichtige Einzelinformationen

Unterscheidungskriterien

In der Praxis gibt es Unterscheidungsmerkmale für Kennzahlen. Dabei werden in erster Linie absolute und relative Kennzahlen unterschieden. Weiter wird wie folgt differenziert:

- zwischen strategischen und operativen Kennzahlen
- nach betrieblichen Bereichen

Absolute und relative Kennzahlen

Absolute Kennzahlen geben absolute Daten, zum Beispiel den durchschnittlichen Deckungsbeitrag wieder. Relative Kennzahlen werden weiter untergliedert in:

- **Gliederungskennzahlen** setzen wesensgleiche Zahlengrößen in ein Verhältnis zueinander (Beispiel: Verhältnis von Personalkosten zu Deckungsbeitrag)

- **Beziehungskennzahlen** bilden das Verhältnis zweier Größen, die in einem sachlichen Zusammenhang zueinander stehen (Beispiel: Deckungsbeitrag zu Artikelgruppe)

- **Indexkennzahlen** zeigen die durchschnittliche Veränderung im Zeitablauf (Beispiel: Entwicklung des Umsatzes)

- **Zielbezogene Kennzahlen** zielen auf die Differenzierung von Erfolgs- oder Rentabilitätskennzahlen ab

- **Objektbezogene Kennzahlen** sind Kennzahlen eines bestimmten Betriebsbereiches

Strategische und operative Kennzahlen

Außerdem wird bei den Kennzahlen zwischen strategischen und operativen Kennzahlen unterschieden.

Strategische Kennzahlen

Eine strategische Kennzahl ist zum Beispiel der absolute oder relative Marktanteil. Hier wird das eigene Unternehmen an der Konkurrenz gemessen. Strategische Kennzahlen entsprechen aber auch Potenzialprofilen, z. B. in Form einer Punktesumme, die mit einem Mitbewerber in Verbindung gebracht wird. Hierbei werden Noten, ähnlich wie Schulnoten erarbeitet.

Operative Kennzahlen

Bei den operativen Kennzahlen geht es um die Beantwortung operativer Fragestellungen, z. B. zum täglichen Output. Sobald die Kennzahl bekannt ist, kann das Unternehmen nach Verbesserungen streben, beispielsweise durch Überlegungen wie „Können wir die tägliche Produktionsmenge erhöhen?".

Unterscheidung nach betrieblichen Bereichen

Ein weiteres wichtiges Unterscheidungsmerkmal ist die Differenzierung nach betrieblichen Bereichen:

- Kennzahlen im Rechnungswesen

- Kennzahlen für Vertrieb, Marketing und Verkauf

- Personalkennzahlen

- Lagerkennzahlen

- Einkaufskennzahlen

- Produktionskennzahlen

Kennzahlen im Rechnungswesen

Klassische betriebswirtschaftliche Kennzahlen werden seit je her im Rechnungswesen eingesetzt. Sie erhöhen die Aussagekraft von Jahresabschlüssen und geben Auskunft über die Liquidität und Rentabilität von Unternehmen.

Bilanzkennzahlen

Die Bilanzanalyse ist für Bonitätsprüfungen und zur Selbsteinschätzung ein wesentliches Hilfsmittel. Im Rahmen einer Bilanzanalyse werden die einzelnen Bilanzpositionen zur Beurteilung der wirtschaftlichen Situation eines Unternehmens mit Hilfe von Kennzahlen untersucht. Grundlage der Bilanzanalyse ist der Jahresabschluss, zu dem die Bilanz und die Gewinn- und Verlustrechnung gehören. Die Kunst der Bilanzanalyse besteht darin, zweckmäßige Kennzahlen auszuwerten.

Wichtige Bilanzkennzahlen sind u. a.:

Anlagenquote = Anlagevermögen / Gesamtvermögen × 100
Umlaufquote = Umlaufvermögen / Gesamtvermögen × 100
Eigenkapitalquote = Eigenkapital / Gesamtkapital × 100
Fremdkapitalquote = Fremdkapital / Gesamtkapital × 100

Das Gesamtkapital setzt sich aus Anlage- und Umlaufvermögen zusammen.

Gesamtkapital (Kapitaleinsatz) =
Anlagevermögen + Umlaufvermögen

Rentabilitätskennzahlen

Auch Rentabilitätskennzahlen gehören zu den Bilanzkennzahlen Sie bilden die Wirtschaftlichkeit des Unternehmens ab. Ziel eines Unternehmens ist es, Gewinne zu erzielen. Der Gewinn alleine hat aber nur eine beschränkte Aussagekraft im Hinblick auf die Ertragslage eines Unternehmens. Während für ein Zwei-Mann-Unternehmen ein Gewinn von einer Million Euro recht passabel ist, sieht das bei dem gleichen Betrag für einen Konzern von 10.000 Mitarbeiten schon anders aus.

Rentabilitätskennzahlen zeigen das Verhältnis von Gewinn zum Eigen-, Gesamtkapital oder Umsatz und messen die Ertragskraft des Unternehmens.

Die wichtigsten Rentabilitätskennzahlen sind:

Eigenkapitalrentabilität = Gewinn / Eigenkapital × 100
Gesamtrentabilität =
(Gewinn + Fremdkapitalzinsen) / Gesamtkapital × 100
Umsatzrentabilität = Gewinn / Umsatz × 100

Bei der Eigenkapitalrentabilität wird der Gewinn ins Verhältnis zum Eigenkapital gesetzt. Bei einem Gewinn von z. B. 2.000.000 Euro und einem Eigenkapital von 20.000.000,00 Euro liegt die Eigenkapitalrentabilität bei 10 %. Den Wert erhalten Sie über folgende Formel: 1.000.000 / 10.000.000 × 100.
Die Gesamtrentabilität gibt die Verzinsung des Eigen- und Fremdkapitals an. Die Umsatzrentabilität analysiert das Verhältnis von Umsatz und Gewinn.

Return on Investment

Return on Investment, kurz ROI, ist eine wichtige Kennzahl für die Steuerung eines Unternehmens. Der Begriff stammt aus dem Amerikanischen und umschreibt die relative Größe der Gesamtkapitalrentabilität und den Rückfluss des investierten Kapitals.

Der ROI spielt im Rahmen der Rentabilitätsanalyse eine besondere Bedeutung und sollte in kleinen und mittleren Unternehmen 10 % bis 12 % betragen.

Bei der Beurteilung des ROI spielen Umsatz-Rentabilität und Kapitalumschlagshäufigkeit eine große Rolle. Die Formel lautet:

ROI = Kapitalumschlag × Umsatzrentabilität

Der Kapitalumschlag ergibt sich aus der Division von Umsatz und Ka-

Kapitalumschlag = Umsatzvolumen / Kapitaleinsatz

Das Umlaufvermögen wiederum ist die Summe der Vorräte, Forderungen und liquiden Mitteln.

Umlaufvermögen = Vorräte + Forderungen + liquide Mittel

Vorräte und Forderungen ergeben sich wie folgt:

Vorräte = Werkstoffe + Halberzeugnisse + Fertigerzeugnisse
Forderungen = Debitoren + Sonstige Forderungen

Die Rendite des gesamten Kapitaleinsatzes wird demnach durch die Umsatz-Rentabilität und die Kapitalumschlagshäufigkeit bestimmt. Eine niedrige Umsatz-Rentabilität kann in Verbindung mit einer höheren Kapitalumschlagshäufigkeit zu exakt dem gleichen Ergebnis führen, wie eine hohe Umsatz-Rentabilität und eine niedrige Kapitalumschlagshäufigkeit.

Liquiditätskennzahlen

Eine weitere Gruppe im Rahmen der Bilanzkennzahlen bilden die Liquiditätskennzahlen. Sie haben eine besonders hohe Bedeutung, da ein Unternehmen ohne Liquidität auf Dauer nicht existieren kann. Die Beurteilung der Liquidität erfolgt u. a. an Hand der folgenden Kennzahlen:

> Liquidität ersten Grades =
> Flüssige Mittel / Kurzfristige Verbindlichkeiten × 100
>
> Liquidität zweiten Grades = Kurzfristiges Umlaufvermögen /
> Kurzfristige Verbindlichkeiten × 100
>
> Liquidität dritten Grades =
> Umlaufvermögen / Kurzfristige Verbindlichkeiten × 100

Die flüssigen Mittel umfassen Kassenbestand, Bankguthaben und Schecks. Im Rahmen der kurzfristigen Verbindlichkeiten müssen Sie u. a. die Verbindlichkeiten aus Lieferung und Leistungen sowie sonstige Verbindlichkeiten berücksichtigen.

Kennzahlen zur Beurteilung der langfristigen Liquidität sind: *Anlagen-deckung*

> Anlagendeckung I = Eigenkapital / Anlagevermögen × 100
>
> Anlagendeckung II = Eigenkapital + langfristiges Fremdkapital /
> Anlagevermögen × 100

Die Musterlösung „KennzahlenRechnungswesen"

Formeln zur Bildung von Bilanzkennzahlen finden Sie in der Datei **KennzahlenRechnungswesen.xls** in der Tabelle **Kennzahlen**. Das Datenmaterial zur Bildung der Kennzahlen wird der Tabelle **Bilanz** erfasst.

Darüber hinaus sind folgende Angaben erforderlich:

• Gewinn

• Fremdkapitalzinsen

• Umsatz

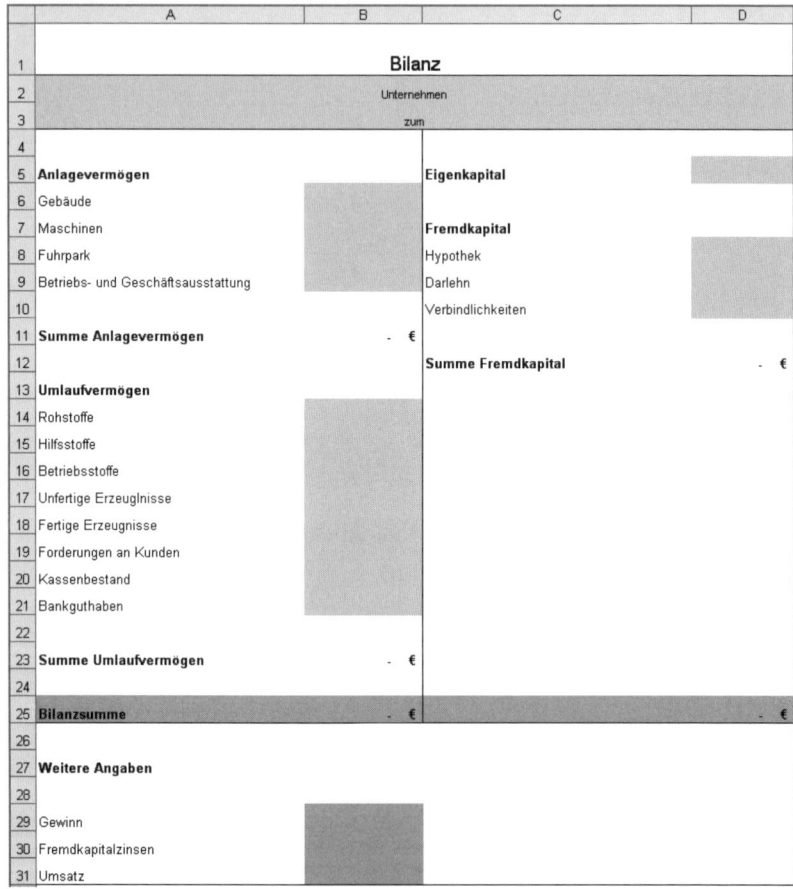

Abb. 88: Tabellenmodell für die Bilanz

Die Formelansicht zeigt Abb. 89.

Excel-Tipp Schalten Sie über die Tastenkombination **Strg**+# in die Formelansicht, wenn Sie die einzelnen Berechnungsformeln prüfen möchten.

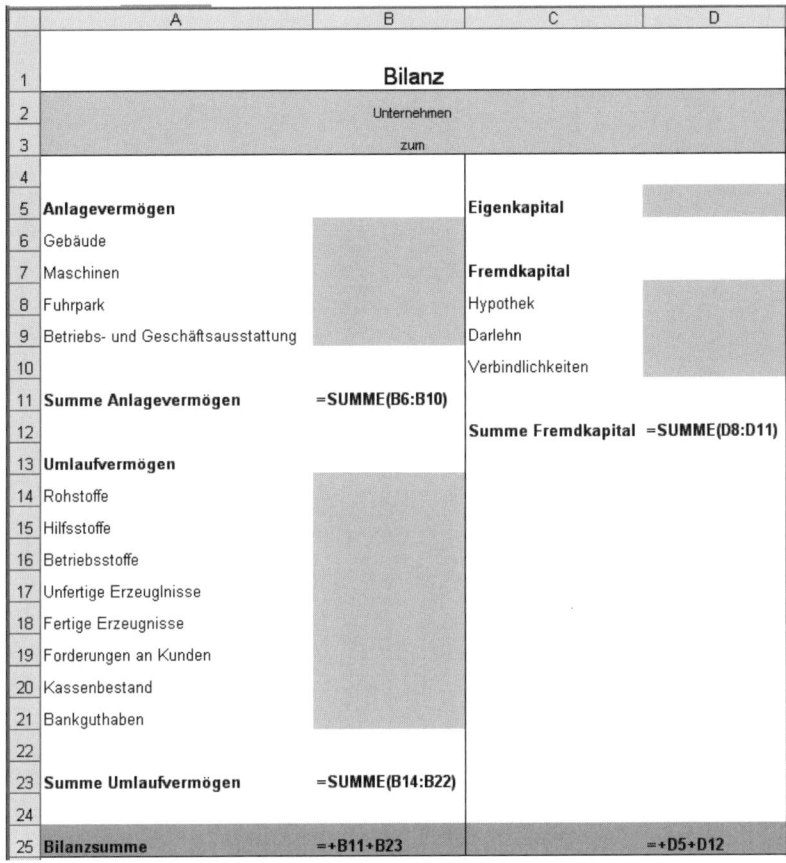

Abb. 89: Die Formelansicht zur Bilanz

Die Kennzahlen selber finden Sie in der Tabelle **Kennzahlen**, nachfolgend ebenfalls in der Formelansicht (s. Abb. 90).

	A	B
1	**Bilanzkennzahlen**	
2		
3	Anlagenquote	=WENN(Bilanz!B25=0;0;Bilanz!B11/Bilanz!B25)
4	Umlaufquote	=WENN(Bilanz!B25=0;0;Bilanz!B23/Bilanz!B25)
5		
6	Liquidität 1. Grades	=WENN(Bilanz!D10=0;0;(Bilanz!B20+Bilanz!B21)/Bilanz!D10)
7	Liquidität 2. Grades	=WENN(Bilanz!D10=0;0;(Bilanz!B19+Bilanz!B20+Bilanz!B21)/Bilanz!D10)
8	Liquidität 3. Grades	=WENN(Bilanz!D10=0;0;Bilanz!B23/Bilanz!D10)
9		
10	Eigenkapitalquote	=WENN(Bilanz!$D$25=0;0;Bilanz!D5/Bilanz!$D$25)
11	Fremdkapitalquote	=WENN(Bilanz!$D$25=0;0;Bilanz!D12/Bilanz!$D$25)
12	Verschuldungsgrad	=WENN(Bilanz!D5=0;0;Bilanz!D12/Bilanz!D5)
13		
14	Anlagendeckungsgrad I	=WENN(Bilanz!B11=0;0;Bilanz!D5/Bilanz!B11)
15	Anlagendeckungsgrad II	=WENN(Bilanz!B11=0;0;(Bilanz!D5+Bilanz!D8)/Bilanz!B11)
16		
17	Eigenkapitalrendite	=WENN(Bilanz!D5=0;0;Bilanz!B29/Bilanz!D5)
18	Gesamtkapitalrendite	=WENN(Bilanz!D25=0;0;(Bilanz!B29+Bilanz!B30)/Bilanz!D25)
19	Umsatzrendite	=WENN(Bilanz!D31=0;0;Bilanz!B29/Bilanz!B31)
20		
21	Return on Investment / ROI	=WENN(ODER(Bilanz!B31=0;Bilanz!D25=0);0;(Bilanz!B29+Bilanz!B30)/Bilanz!B31*Bilanz!B31/Bilanz!D25)

Abb. 90: Die Formelansicht der Tabelle „Kennzahlen"

Exkurs: Verknüpfungen

Die Daten zur Bildung der Kennzahlen werden aus der Tabelle *Bilanz* übernommen. Das wird über so genannte Verknüpfungen erreicht und hat folgenden Hintergrund: Mit Hilfe von Excel Formeln können Sie Bezug auf andere Tabellenarbeitsblätter und Arbeitsmappen nehmen. Das ist eine sehr nützliche Funktion, da damit mühevolles und zeitaufwendiges Erfassen von Datenmaterial erheblich reduziert werden kann.

Eine einfache Verknüpfung zu einem anderen Tabellenblatt derselben Arbeitsmappe richten Sie wie folgt ein:

Verknüpfungen

- Setzen Sie die Eingabemarkierung in die Zelle, in der der gewünschte Wert angezeigt werden soll.

- Geben Sie ein Gleichheitszeichen ein.

- Wechseln Sie in die Tabelle, aus der Sie die Information holen wollen und setzen Sie die Eingabemarkierung in die Zelle, deren Wert Sie übernehmen wollen.

- Drücken Sie die **Return**-Taste. Sie erhalten das Ergebnis. Die Verknüpfung hat Excel von sich aus eingefügt. Sie erkennen die Verknüpfung anhand des Ausrufezeichens hinter dem Tabellennamen.

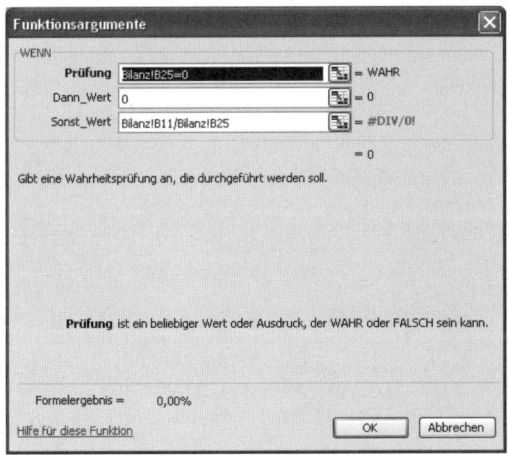

Abb. 91: Der Dialog „Funktionsargumente" kombiniert mit einer Verknüpfung

Der Cashflow

Der Cashflow nimmt im Rahmen der Kennzahlen eine Sonderstellung ein. Er wird ebenfalls aus den Zahlen des Jahresabschlusses ermittelt und soll zeigen, wie viel Geld in einer Abrechnungsperiode in die Kasse eines Unternehmens fließt. In der Literatur gibt es unterschiedliche Cashflow-Begriffe, die sich durch die Zusammensetzung der Komponenten unterscheiden. Das rührt daher, dass es in der Betriebswirtschaftslehre diverse Auffassungen darüber gibt, welche Positionen finanzwirksam sind und welche nicht.

Praxis-Hinweis

Aufgrund der international geltenden Rechnungslegungsgrundsätze wurde der Cashflow auch in Deutschland immer wichtiger. Für die Konzernabschlüsse börsennotierter Unternehmen ist die Cashflow-Rechnung Pflicht. Immer mehr Unternehmen integrieren sie freiwillig in ihren Jahresabschluss.

Dreiteilung des Cashflow

In der Praxis hat sich eine Dreiteilung des Cashflows herausgebildet:

- Cashflow aus laufender Geschäftstätigkeit
- Cashflow aus Investitionstätigkeit
- Cashflow aus Finanzierungstätigkeit

Die drei Bereiche werden in einer Summe zum Netto-Cashflow zusammengefasst und zeigen die Veränderungen des Finanzmittelfonds (s. Abb. 92).

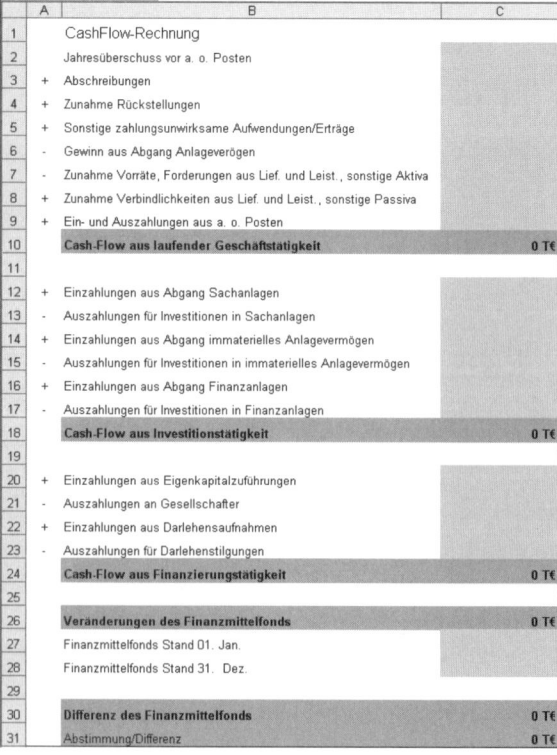

Abb. 92: Cashflow Rechnung

Ausgangspunkt ist der Jahresüberschuss, bereinigt um die außerordentlichen Posten. Zum Jahresüberschuss werden Aufwendungen addiert, denen keine operativen Zahlungen gegenüber stehen. Dabei handelt es sich u. a. um Abschreibungen, Zunahme der Rückstellungen sowie sonstige zahlungsunwirksame Aufwendungen und Erträge wie beispielsweise Disagio.

Im Falle der Veräußerung von Anlagevermögen ist der Gewinn bzw. der Verlust im Jahresergebnis enthalten. Die Position muss in der Höhe aus der Rechnung entfernt werden, in der der Verkauf der Gegenstände zu Einzahlungen geführt hat.

Weiter ist der Jahresüberschuss um die Zunahme von Vorräten, Forderungen aus Lieferung und Leistung sowie sonstigen Aktiva zu reduzieren, es sei denn, letztere gehören zum Investitions- oder Finanzierungsbereich. Entsprechend wird der Jahresüberschuss um die Zunahmen an Verbindlichkeiten aus Lieferung und Leistung sowie sonstigen Passiva, die nicht den Investitions- oder Finanzierungsbereich betreffen, erhöht.

Abschließend muss der Jahresüberschuss um Ein- und Auszahlungen aus a. o. Posten korrigiert werden. Auf diese Weise ergibt sich der Cashflow aus laufender Geschäftstätigkeit.

Beim Cashflow aus Investitionstätigkeit werden die Verwendung von Zahlungsmitteln für Investitionen sowie die Vereinnahmung aus Anlageverkäufen zusammengefasst.

Um den Cashflow aus Finanzierungstätigkeit zu ermitteln, saldieren Sie folgende Positionen:

- Eigenkapitalzuführungen
- Auszahlungen an Gesellschafter
- Einzahlungen aus Darlehnsaufnahmen
- Auszahlungen für Darlehenstilgungen

Das Rechenschema zeigt die Abb. 93 in der Formelansicht.

Die Daten der Cashflow-Rechnung werden auf der Buch-CD in der Musterlösung **Cashflow.xls** umgesetzt.

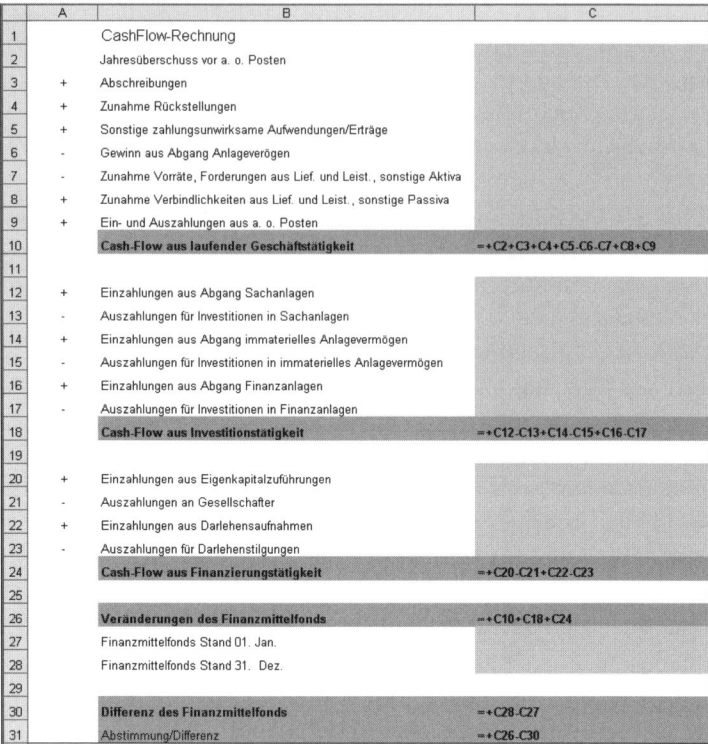

Abb. 93: Formeln der Cashflow-Rechnung

Weitere Kennzahlen

Kennzahlen werden nicht nur im Bereich des Rechnungswesens benötigt, sondern darüber hinaus auch für die übrigen betriebliche Bereiche wie Verkauf, Produktion, Lager, Material- und Personalwesen benötigt. Auch hier gilt es, die betriebswirtschaftlichen Formeln in Excel umzusetzen, um auf möglichst einfache Weise zum gewünschten Ergebnis zu gelangen.

Kennzahlen für Vertrieb, Marketing und Verkauf

Was die Marketing und Vertriebsarbeit anbelangt, besteht in jedem Unternehmen Analysebedarf. Spezielle Kennzahlen zu diesem Bereich verschaffen einen Überblick über Umsatzstrukturen, Erfolge und Misserfolge.

Der Marktanteil

Mit Marktanteil wird der Absatz- bzw. Umsatzanteil eines Unternehmens am Absatz bzw. Umsatz seiner Branche bezeichnet. Unterschieden werden Marktanteile nach Menge und nach Wert:

> **Marktanteil nach Menge =**
> **Absatzmenge / Absatzvolumen der Branche × 100**
> **Marktanteil nach Wert = Umsatz / Branchenumsatz × 100**

Bei Bedarf können Sie den Marktanteil weiter differenzieren:

- Absatz/Marktanteil und ihre spezifischen Kennzahlen
- Marktanteil je Region/Kundengruppe/Zielgruppe
- Marktanteil nach Vertriebswegen
- Marktanteil nach Produkt-/Sortimentgruppen
- Mengen und wertmäßige Entwicklung des Marktanteils

Zur Ermittlung des Marktanteils arbeiten Sie mit der Musterlösung **Marketingkennzahlen.xls**: Die beiden Tabellen **Marktanteil_Menge** und **Marktanteil_Wert** arbeiten nach dem gleichen Schema. Zunächst wird der Marktanteil am Gesamtmarkt ausgewiesen. In der folgenden Spalte wird der Anteil im Vergleich zum Branchenbesten gezeigt (s. Abb. 94).

	A	B	C	D
1	Absoluter und relativer Marktanteil nach Wert			
2				
3	**Wettbewerb**	**Marktanteil in TEuro**	**Prozentualer Marktanteil**	**Relativer Marktanteil**
4	Eigenes Untermehmen	250.000	13%	0,37
5	A	490.000	25%	0,73
6	B	675.000	34%	1,00
7	C	220.000	11%	0,33
8	Sonstige	360.000	18%	0,53
9	**Gesamt**	**1.995.000**	**100%**	

Abb. 94: Berechnung von Marktanteilen

Die Formelansicht zeigt Abb. 95.

Die Funktion MAX() gehört zu den Statistikfunktionen und liefert den höchsten Wert einer Zahlenreihe. Die Syntax der Funktion lautet:

Funktion MAX()

MAX(Zahl1;Zahl2;...)

	A	B	C	D
1	Absoluter und relativer Marktanteil nach Wert			
2				
3	**Wettbewerb**	**Marktanteil in TEuro**	**Prozentualer Marktanteil**	**Relativer Marktanteil**
4	Eigenes Untermehmen	250000	=WENN($B$9=0;0;B4/$B$9)	=WENN(MAX($C$4:$C$8)=0;0;C4/MAX($C$4:$C$8))
5	A	490000	=WENN($B$9=0;0;B5/$B$9)	=WENN(MAX($C$4:$C$8)=0;0;C5/MAX($C$4:$C$8))
6	B	675000	=WENN($B$9=0;0;B6/$B$9)	=WENN(MAX($C$4:$C$8)=0;0;C6/MAX($C$4:$C$8))
7	C	220000	=WENN($B$9=0;0;B7/$B$9)	=WENN(MAX($C$4:$C$8)=0;0;C7/MAX($C$4:$C$8))
8	Sonstige	360000	=WENN($B$9=0;0;B8/$B$9)	=WENN(MAX($C$4:$C$8)=0;0;C8/MAX($C$4:$C$8))
9	**Gesamt**	=SUMME(B4:B8)	=SUMME(C4:C8)	

Abb. 95: Mit Hilfe der Funktion Max() wird der branchenhöchste Umsatz herausgefiltert

Die Argumente **Zahl1; Zahl2;...** sind die Zahlen, von denen Sie die Größte suchen.

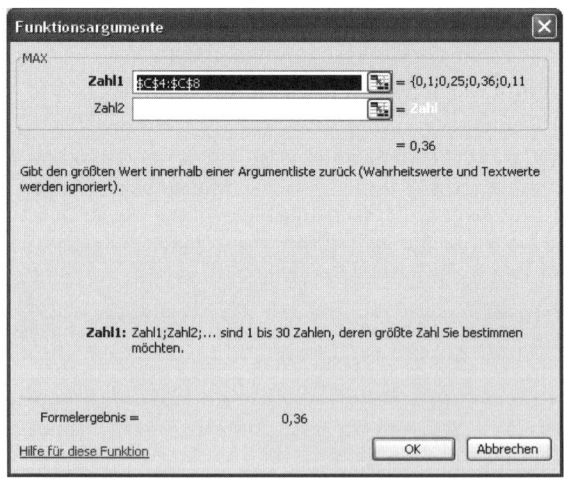

Abb. 96: Der Dialog Funktionsargumente von MAX()

Umsatzkennzahlen

Eine Umsatzanalyse verschafft einen allgemeinen Überblick über Umsatzstrukturen (s. Abb. 97). Umsatzkennzahlen sind u. a.:

> **Pro-Kopf-Umsatz = Umsatz/Anzahl der Mitarbeiter × 100**
>
> **Umsatz je qm-Verkaufsfläche =**
> **Umsatz / Verkaufsfläche in Quadratmetern × 100**
>
> **Umsatzrentabilität = Gewinn / Umsatz × 100**

Aufschlussreich im Zusammenhang mit dem Umsatz können auch folgende Zahlen sein:

- Umsatzdurchschnitt pro Produktgruppe
- Umsatzdurchschnitt pro Kundengruppe
- Umsatz nach Gebieten/Regionen
- Umsatz der einzelnen Außendienstorganisationen/Außendienstmitarbeiter
- Umsatz nach Vertriebswegen gegliedert
- Umsatz/durchschnittlicher Lagerbestand
- Umsatz/durchschnittlicher Debitorenbestand
- Kapitalumschlagshäufigkeit

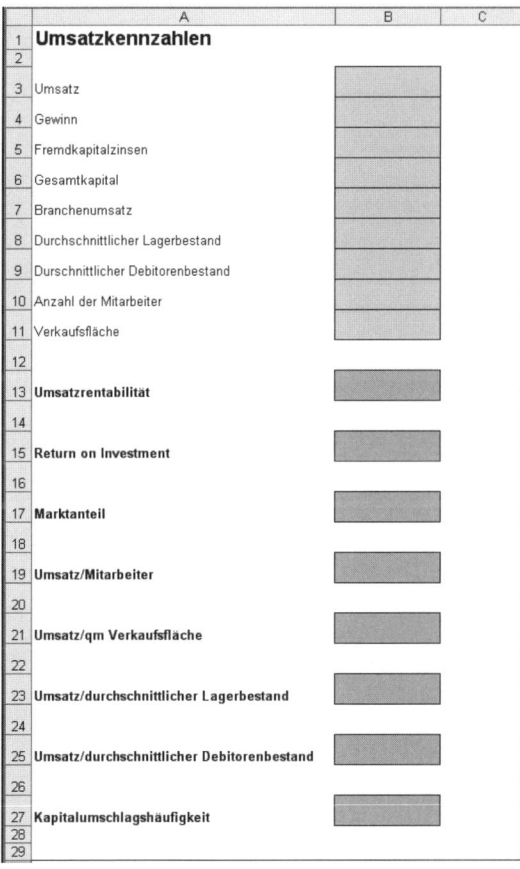

Abb. 97: Auswahl an Umsatzkennzahlen

129

Die einzelnen Formeln für die Umsatzkennzahlen entnehmen Sie Abb. 98.

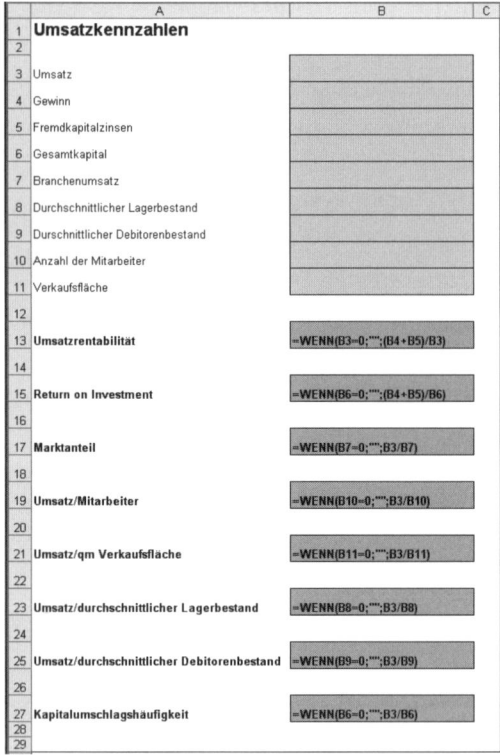

Abb. 98: Die Formeln der Umsatzkennzahlen

 Arbeitshilfen zu den Umsatzkennzahlen finden Sie auch in der Musterlösung **Marketingkennzahlen.xls** im Register **Umsatzkennzahlen**.

Auftragsanalyse

Im Zusammenhang mit der Analyse von Aufträgen sind folgende Kennziffern praxisrelevant:

- Erfolgsquote für erhalten Aufträge
- Durchschnittliche Auftragsgröße
- Auftragsfluss
- Verhältnis Kunden/Auftrag
- Reklamationsquote

Die Erfolgsquote zeigt das Verhältnis der Anzahl der Angebote zu der Anzahl der Aufträge (s. Abb. 99). Mit einer Erfolgsquo- **Erfolgsquote** te die gegen 100 % tendiert, darf man in jedem Fall zufrieden sein. Niedrige Erfolgsquoten können zwar branchengebunden üblich sein, sollten jedoch kritisch analysiert werden. In diesem Zusammenhang muss geklärt werden, warum nur wenige Aufträge letztendlich zum Vertragsabschluss führen.

Die Formel zur Ermittlung der Erfolgsquote lautet:

Erfolgsquote = Anzahl der Angebote / Anzahl der Aufträge

Die durchschnittliche Auftragsgröße ist von Unternehmen zu Unternehmen und von Branche zu Branche sehr unterschied- **Auftragsgröße** lich. Bedenklich ist, wenn der Wert immer weiter fällt.

Die Formel zur Berechnung der durchschnittlichen Auftragsgröße lautet wie folgt:

Durchschnittliche Auftragsgröße = Wert Auftragseingänge / Anzahl

Der Wert des Auftragsflusses zeigt das Verhältnis der Auftrags- **Auftragsfluss** eingänge zu den aktuellen Auftragswerten.

Auftragsfluss = Auftragseingänge / aktueller Auftragswert

Die Kennzahlen finden Sie in der Tabelle **Auftragskontrollzahlen** der Musterlösung **Marketingkennzahlen.xls**.

	A	B	C	D	E	F
1	Auftragskontrollzahlen					
2						
3				laufendes Jahr		
4		Vorjahr	1. Halbjahr	2. Halbjahr	Gesamt	Zielwert
5	Anzahl der Kunden					
6	Anzahl der Angebote					
7	Anzahl der Aufträge					
8	Wert Auftragseingänge				- €	
9	davon					
10	bis 1.000 Euro					
11	zwischen 1.000 und 10.000 Euro					
12	zwischen 10.001 und 100.000 Euro					
13	über 100.000 Euro					
14	Wert des aktuellen Auftragbestands				- €	
15	Anzahl der Reklamationen					
16	Erfolgsquote					
17	Auftragsfluss					
18	Verhältnis Kunden/Auftrag					
19	Durchschnittliche Auftragsgröße	- €	- €	- €	- €	
20	Reklamationsquote					

Abb. 99: Die Tabelle „Auftragskontrollzahlen" der Musterlösung

	A	B	C	D	E
1	Auftragskontrollzahlen				
2					
3			laufendes Jahr		
4		Vorjahr	1. Halbjahr	2. Halbjahr	Gesamt
5	Anzahl der Kunden				=+C5+D5
6	Anzahl der Angebote				=+C6+D6
7	Anzahl der Aufträge				=+C7+D7
8	Wert Auftragseingänge				=+C8+D8
9	davon				
10	bis 1.000 Euro				=+C10+D10
11	zwischen 1.000 und 10.000 Euro				=+C11+D11
12	zwischen 10.001 und 100.000 Euro				=+C12+D12
13	über 100.000 Euro				=+C13+D13
14	Wert des aktuellen Auftragbestands				=+C14+D14
15	Anzahl der Reklamationen				=+C15+D15
16	Erfolgsquote	=WENN(B6=0;0;B7/B6)	=WENN(C6=0;0;C7/C6)	=WENN(D6=0;0;D7/D6)	=WENN(E6=0;0;E7/E6)
17	Auftragsfluss	=WENN(B14=0;0;B8/B14)	=WENN(C14=0;0;C8/C14)	=WENN(D14=0;0;D8/D14)	=WENN(E14=0;0;E8/E14)
18	Verhältnis Kunden/Auftrag	=WENN(B5=0;0;B7/B5)	=WENN(C5=0;0;C7/C5)	=WENN(D5=0;0;D7/D5)	=WENN(E5=0;0;E7/E5)
19	Durchschnittliche Auftragsgröße	=WENN(B7=0;0;B8/B7)	=WENN(C7=0;0;C8/C7)	=WENN(D7=0;0;D8/D7)	=WENN(E7=0;0;E8/E7)
20	Reklamationsquote	=WENN(B7=0;0;B15/B7)	=WENN(C7=0;0;C15/C7)	=WENN(D7=0;0;D15/D7)	=WENN(E7=0;0;E15/E7)

Abb. 100: Die Formelansicht

Verkaufsmesszahlen

Verkaufsmesszahlen beschäftigen sich mit der Intensität der Kundenbetreuung (s. Abb. 101). Dazu sind folgende Angaben notwendig:

- Anzahl Aufträge
- Anzahl Kunden
- Anzahl Kundenbesuche
- Anzahl Außendienstmitarbeiter
- Gefahrene Kilometer Außendienstmitarbeiter

Aus den Angaben können Sie folgende Kenzahlen bilden:

Verhältnis Kundenbesuche zu Aufträge =
Anzahl Kundenbesuche / Anzahl Aufträge

Verhältnis gefahrene Kilometer zu Kunden =
Gefahrene Kilometer / Anzahl Kunden

Verhältnis gefahrene Kilometer zu Aufträge =
Gefahrene Kilometer / Anzahl Aufträge

 Bei der Ermittlung der Kennziffern unterstützt Sie die Excel-Tabelle **Verkaufsmesszahlen** aus der Datei **Marketingkennzahlen.xls**.

	A	B	C	D	E	F	G	H
1	Allgemeine Verkaufsmesszahlen							
2								
3		Vorjahr	1. Halbjahr lfd. Jahr	2. Halbjahr lfd. Jahr	Gesamt lfd. Jahr	Zielwert	Branchen- durchschnitt	Branchen- bester
4	Aufträge							
5	Kunden							
6	Kundenbesuche							
7	Außendienstmitarbeiter							
8	Gefahrene Kilometer Außendienstmitarbeiter							
9	Intensität Kundenbetreuung							
10	Verhältnis Kundenbesuche/Aufträge							
11	Verhältnis gefahrene Kilometer/Kunden							
12	Verhältnis gefahrene Kilometer/Aufträge							

Abb. 101: Verkaufsmesszahlen sind nur im Vergleich zur Branche aussagekräftig

	A	B	C	D	E
1	Allgemeine Verkaufsmesszahlen				
2					
3		Vorjahr	1. Halbjahr lfd. Jahr	2. Halbjahr lfd. Jahr	Gesamt lfd. Jahr
4	Aufträge				=C4+D4
5	Kunden				=C5+D5
6	Kundenbesuche				=C6+D6
7	Außendienstmitarbeiter				=C7+D7
8	Gefahrene Kilometer Außendienstmitarbeiter				=C8+D8
9	Intensität Kundenbetreuung	=WENN(B5=0;0;B6/B5)	=WENN(C5=0;0;C6/C5)	=WENN(D5=0;0;D6/D5)	=+C9+D9
10	Verhältnis Kundenbesuche/Aufträge	=WENN(B4=0;0;B6/B4)	=WENN(C4=0;0;C6/C4)	=WENN(D4=0;0;D6/D4)	=+C10+D10
11	Verhältnis gefahrene Kilometer/Kunden	=WENN(B5=0;0;B8/B5)	=WENN(C5=0;0;C8/C5)	=WENN(D5=0;0;D8/D5)	=+C11+D11
12	Verhältnis gefahrene Kilometer/Aufträge	=WENN(B4=0;0;B8/B4)	=WENN(C4=0;0;C8/C4)	=WENN(D4=0;0;D8/D4)	=+C12+D12

Abb. 102: Die Formelansicht

Wie Sie die Ergebnisse bewerten müssen, hängt stark von den Branchen-gegebenheiten ab. Ob Ihre Kennzahlen gut oder schlecht sind lässt sich letztendlich nur beurteilen, wenn Sie die Zahlen der Branche zugrunde legen. Diese liefern Maßstäbe, an denen Sie Ihre individuellen Zahlen messen können. Auch Vergangenheitswerte zeigen Ihnen, ob sich Ihre Zahlenbasis verbessert oder verschlechtert hat.

Lagerkennzahlen

Die Lagervorräte eines Unternehmens müssen so umfangreich sein, dass eine ständige Produktions- und Lieferbereitschaft zu jedem beliebigen

Zeitpunkt gewährleistet ist. Jedoch darf die bevorratete Menge nicht höher sein, als es der wirtschaftliche Ablauf des Betriebs erfordert. Im Zusammenhang mit den Risiken und Kosten einer wirtschaftlichen Lagerhaltung müssen verschiedene Faktoren berücksichtigt und analysiert werden. Mit Hilfe von Lagerkennzahlen erhalten Sie einen Überblick über die Kosten für die Lagerhaltung. Damit bekommen Sie die Kosten für Kapitaldienst, Schwund oder Verwaltung in den Griff und steigern gleichzeitig die Wirtschaftlichkeit Ihres Unternehmens.

Lagerkennziffern, basieren auf empirische Erhebungen. Im Wesentlichen werden folgende Lagerkennziffern unterschieden (s. Abb. 103):

- Jahresdurchschnitt
- Monatsdurchschnitt
- Lagerumschlagshäufigkeit
- durchschnittliche Lagerdauer
- Lagerzinssatz
- Lagerkostensatz
- Lagerbestand/Umsatzprognose
- Lagerbestand/tatsächlicher Umsatz
- Wert Lagerabgang/Lagerbestand
- Durchschnittliche Abweichungen von Liefer- oder Soll-Termin
- Durchschnittliche Reichweite von Produkten bzw. Artikeln
- Anteil von Produkten/Artikeln mit Überreichweiten
- Durchschnittlich genutzte Lagerkapazität
- Anwesenheitsquote der Lagermitarbeiter
- Überstundenquote der Lagermitarbeiter
- Ladeeinheit pro Tag
- Zugriffshäufigkeit

Lagerkennziffern

Einige dieser Kennziffern können sowohl für Mengen als auch für Werte gebildet werden.

Durchschnitts-
werte

Im Rahmen der durchschnittlichen Lagerbestände werden Jahres- und Monatsdurchschnitt unterschieden. Der Jahresdurchschnitt ergibt sich durch die allgemeine Formel:

Jahresdurchschnitt =
(Jahresanfangsbestand + Jahresendbestand) / 2

Genauere Ergebnisse liefert der Monatsdurchschnitt. Hier werden die Monatswerte und der Jahresanfangsbestand berücksichtigt. Die Werte werden addiert und durch 13 dividiert.

Monatsdurchschnitt =
(Anfangsbestand + 12 Monatsendbestände) / 13

Die Lagerumschlagshäufigkeit gibt an, wie oft in einem Jahr der Lagerbestand verbraucht und ersetzt wurde. Sie ergibt sich durch Division des Jahresverbrauchs durch den Monatsdurchschnitt. — Lagerumschlagshäufigkeit

Lagerumschlagshäufigkeit = Jahresverbrauch / Monatsdurchschnitt

Je höher die Umschlagshäufigkeit des Lagerbestandes ist, desto kürzer ist die Lagerdauer. Dies bedingt einen geringeren Kapitaleinsatz. Ein niedrigerer Kapitaleinsatz wiederum reduziert das Lagerrisiko. Wichtig ist jedoch, den richtigen Lagerbestand zu bevorraten. Sowohl zu hohe als auch zu niedrige Lagerbestände sind mit Nachteilen verbunden. Zu hohe Bestände haben folgende Nachteile:

• dem Unternehmen werden flüssige Mittel entzogen

• binden Kapital

• verursachen Kosten für die Lagerung

Kosten für die Lagerhaltung entstehen beispielsweise durch Raumkosten, aber auch durch Personalkosten, die im Zusammenhang mit der Verwaltung des Materials anfallen. Auf der anderen Seite gefährden zu niedrige Lagerbestände die Produktions- und Absatzbereitschaft. Sie erfordern unter Umständen eilige Bestellungen und erhöhen die Transportkosten.

Weiterhin werden folgende Kennziffern ermittelt:

Die Lagerdauer ist die Zeit zwischen Ein- und Ausgang der Lagergüter. Diese Kennziffer errechnen Sie aus dem Verhältnis — Lagerdauer
zwischen Zeit und Umschlagshäufigkeit. Dabei wird das Jahr der Einfachheit halber mit 360 Tagen veranschlagt. Bei einer Lagerumschlagshäufigkeit von 12 beträgt die durchschnittliche Lagerdauer 30 Tage.

135

	A	B	C
1	Lagerkennzahlen		
2			
3		Mengenangaben	Wertangaben
4	Jahresanfangsbestand		
5	Jahresendbestand		
6	Bestand im Monat:		
7	Januar		
8	Februar		
9	März		
10	April		
11	Mai		
12	Juni		
13	Juli		
14	August		
15	September		
16	Oktober		
17	November		
18	Dezember		
19			
20	Jahresverbrauch		
21	Jahreszinssatz		
22	Lagerkosten		
23			
24	Lagerkennzahlen	Mengendaten	Wertdaten
25	Jahresdurchschnitt		
26	Monatsdurchschnitt		
27	Lagerumschlagshäufigkeit		
28	durchschnittl. Lagerdauer		
29	Lagerzinssatz		
30	Lagerkostensatz		

Abb. 103: Mit Hilfe dieser Tabelle können Sie Lagerkennzahlen bilden

Durchschnittliche Lagerdauer = 360 / Lagerumschlagshäufigkeit

Praxis-Hinweis

Je höher die Umschlagshäufigkeit des Lagerbestandes ist, umso kürzer ist die Lagerdauer. Das hat den Vorteil, dass der Kapitaleinsatz geringer wird. Ein niedriger Kapitaleinsatz wirkt sich positiv auf Zinsen und Lagerkosten aus.

Der Lagerzins wird in der Praxis häufig zu Branchen- und Periodenvergleichen herangezogen. Der Lagerzins spiegelt die kalkulatorischen Kosten des in den Lagerbeständen gebundenen Kapitals wider. Dabei wird der aktuelle Jahreszinssatz auf die durchschnittliche Lagerdauer des Kapitals bezogen.

Lagerzinssatz = Lagerzins × Durchschnittliche Lagerdauer / 360

Aus der Summe der Lagerkosten und dem Wert des durch-
schnittlichen Lagerbestandes ergibt sich der Lagerkostensatz. **Lagerkostensatz**
Er weist den prozentualen Anteil der Lagerkosten am durchschnittlichen
Lagerbestand aus:

Lagerkostensatz = Lagerkosten / Jahresdurchschnitt

Zur Ermittlung von Lagerkennzahlen muss das Datenmaterial zunächst in
einer leeren Excel-Tabelle erfasst werden. Eine entsprechende Musterlösung finden Sie unter der Bezeichnung **Lagerkennzahlen.xls**.

In Abb. 104 sehen Sie alle zur Berechnung der Lagerkennzahlen verwendeten Formeln.

	A	B	C
1	Lagerkennzahlen		
2			
3		Mengenangaben	Wertangaben
4	Jahresanfangsbestand		
5	Jahresendbestand		
6	Bestand im Monat:		
7	Januar		
8	Februar		
9	März		
10	April		
11	Mai		
12	Juni		
13	Juli		
14	August		
15	September		
16	Oktober		
17	November		
18	Dezember		
19			
20	Jahresverbrauch		
21	Jahreszinssatz		
22	Lagerkosten		
23			
24	Lagerkennzahlen	Mengendaten	Wertdaten
25	Jahresdurchschnitt	=(B4+B5)/2	=(C4+C5)/2
26	Monatsdurchschnitt	=(SUMME(B7:B18)+B4)/13	=(SUMME(C7:C18)+C4)/13
27	Lagerumschlagshäufigkeit	=WENN(ODER(B26="";B26=0);"";RUNDEN(B20/B26;1))	
28	durchschnittl. Lagerdauer	=WENN(B20="";"";RUNDEN(360/B27;1))	
29	Lagerzinssatz	=WENN(B21="";"";B21*B28/360)	
30	Lagerkostensatz	=WENN(B4="";"";B22/B25)	

Abb. 104: Die Formelansicht

Optimale Bestellmenge und Meldebestand

Die Menge, bei der die Kosten pro beschaffte Mengeneinheit ein Minimum erreichen, heißt in der Fachsprache „Optimale Bestellmenge". Die Berechnung wird mit Hilfe der Andlerschen Formel, die folgende Einflussgrößen berücksichtigt, durchgeführt:

• Jahresbedarf

• Bestellfixe Kosten

• Einstandspreis

• Zinskosten

• Lagerkostensatz

Die Formel lautet:

> **Optimale Bestellmenge = √(2 x Jahresbedarf x bestellfixe Kosten / (Einstandspreis x Zins- + Lagerkostensatz))**

Die Formel arbeitet mit folgenden Prämissen bzw. Einschränkungen:

• Veränderungen der Beschaffungszeit werden nicht berücksichtigt.

• Die Lagerfähigkeit von Materialien oder die Leistungsfähigkeit von Lieferanten wird nicht einbezogen.

• Der für die optimale Bestellmenge notwendige Lagerraum steht zur Verfügung.

• Einstandspreis, fixe Bestellkosten und Lagerkosten sind konstant.

• Der Jahresbedarf ist bekannt und verteilt sich gleichmäßig auf die Zwischenperioden.

• Die einzelnen Größen der Andlerschen Formel sind voneinander unabhängig.

• Die gewünschte Qualität kann vom Lieferanten zur Verfügung gestellt werden.

 In der Musterlösung **Lagerkennzahlen** finden Sie auch ein Excel-Sheet, um die **OptimaleBestellmenge** zu berechnen – aktivieren Sie die gleichnamige Tabelle.

Die Formelansicht zeigt Abb. 106.

	A	B
2	Optimale Bestellmenge	
3		
4	**Optimale Bestellmenge**	**17.357**
5		
6	Jahresbedarf	40.000,00 €
7	bestellfixe Kosten	6.200,00 €
8	Einstandspreis	17,33 €
9	Zins- und Lagerkostensatz	9,5%

Abb. 105: Beispiel zur Berechnung der optimalen Bestellmenge

	A	B
2	Optimale Bestellmenge	
3		
4	**Optimale Bestellmenge**	**=WURZEL(2*B6*B7/(B8*B9))**
5		
6	Jahresbedarf	40000
7	bestellfixe Kosten	6200
8	Einstandspreis	17,33
9	Zins- und Lagerkostensatz	0,095

Abb. 106: Die Formelansicht für die Berechnung der optimalen Bestellmenge

Die Funktion Wurzel()

Zur Berechnung der optimalen Bestellmenge arbeiten Sie in Excel mit der Funktion WURZEL() aus der Kategorie der Wurzel() **Math. & Trigonom. Funktionen**. Die Funktion gibt die Quadratwurzel einer Zahl zurück. Die Syntax lautet (s. Abb. 107):

WURZEL(Zahl)

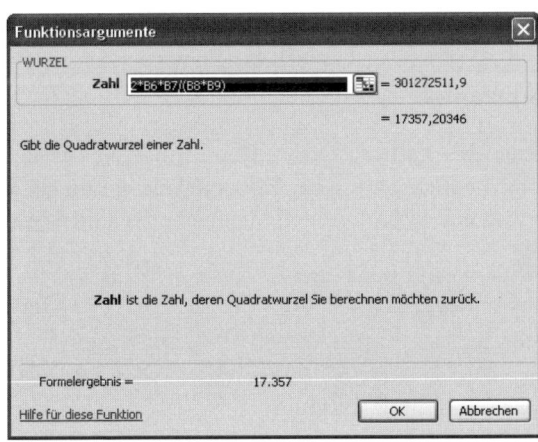

Abb. 107: Das Funktionsargument der Funktion WURZEL()

139

Zahl ist der Wert, dessen Quadratwurzel Sie berechnen möchten. Wenn das Argument **Zahl** negativ ist, gibt WURZEL() den Fehlerwert #ZAHL! zurück.

Meldebestand

Der Meldebestand gibt an, wann das Lager aufgefüllt werden muss. Somit bestimmt der Meldebestand den Bestellzeitpunkt. Folgende Faktoren beeinflussen den Meldebestand:

- Produktions- und Absatzmengen
- Fertigungslosgrößen
- Verpackungs- und Ladeeinheiten
- betrieblicher Bestelldurchlauf
- Lieferzeit

Die Formel zur Ermittlung des Meldebestandes lautet:

Meldebestand =
(Tagesbedarf × Lieferzeit in Tagen) + Mindestbestand

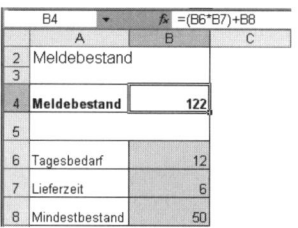

Abb. 108: Tabelle mit Formel in B4

Bei der Berechnung des Meldebestands unterstützt Sie auch die Musterlösung **Lagerkennzahlen**. Aktivieren Sie hier das Excel-Sheet **Meldebestand**.

Einkaufskennzahlen

Im Rahmen der Beschaffung spielen Kennzahlen eine Rolle, die sich als Vergleichszahl zur Beurteilung der Einkaufskosten und als Branchenvergleichszahlen eignen (s. Abb. 109). Bedeutende Einkaufskennzahlen sind.

Durchschnittlicher Einkaufswert =
Wareneinsatz / Anzahl Lieferanten
Bezugskostenquote = Bezugskosten / Wareneinsatz
Kreditorenumschlag = (Materialeinsatz + Fremdleistungen +
Umsatzsteuer) / Verbindlichkeiten
Durchschnittliches Kreditorenziel = 360 / Kreditorenziel

Um das durchschnittliche Kreditorenziel in Tagen zu berechnen, müssen Sie zunächst den Kreditorenumschlag ermitteln. Der Kreditorenumschlag zeigt das Verhältnis von Warenwert, Fremdleistungen, Umsatzsteuer und Verbindlichkeiten.

Zur Ermittlung der Einkaufskennzahlen arbeiten Sie in der Datei **Einkaufskennzahlen.xls** mit der Tabelle **Einkaufskennzahlen**.

	A	B	C	D
1	Einkaufskennzahlen			
2				
3	Wareneinsatz	50.000,00 €		
4	Fremdleistungen	50.000,00 €		
5	Umsatzsteuer	19.000,00 €		
6	Bezugskosten	5.000,00 €		
7	Anzahl Lieferanten	6		
8	Verbindlichkeiten	100.000,00 €		
9	Kreditorenziel	60		
10				
11		Eigenes Unternehmen	Branchen-durchschnitt	Branchen-bester
12				
13	Durchschnittlicher Einkaufswert	8.333,33 €		
14				
15	Bezugskostenquote	10%		
16				
17	Kreditorenumschlag	119%		
18				
19	Durchschnittliches Kreditorenziel	6%		

Abb. 109: Einkaufskennzahlen mit Branchenvergleich

	A	B	C	D
1	Einkaufskennzahlen			
2				
3	Wareneinsatz	50000		
4	Fremdleistungen	50000		
5	Umsatzsteuer	19000		
6	Bezugskosten	5000		
7	Anzahl Lieferanten	6		
8	Verbindlichkeiten	100000		
9	Kreditorenziel	60		
10				
11		Eigenes Unternehmen	Branchen-durchschnitt	Branchen-bester
12				
13	Durchschnittlicher Einkaufswert	=WENN(B7=0;0;B3/B7)		
14				
15	Bezugskostenquote	=WENN(B3=0;0;B6/B3)		
16				
17	Kreditorenumschlag	=WENN(B8=0;0;((B3+B4+B5)/B8))		
18				
19	Durchschnittliches Kreditorenziel	=WENN(B9=0;0;360/B9/100)		

Abb. 110: Die Formelansicht

Personalkennzahlen

Personalkennziffern ermöglichen eine zielorientierte Bewertung personalwirtschaftlicher Maßnahmen. Sie bieten folgende Informationen:

*   Beziehung zwischen Belegschaft und Betrieb
*   Zusammensetzung der Mitarbeiterstruktur

Mit ihrer Hilfe können Sie sicherstellen, dass personalwirtschaftliche Entscheidungen entsprechend den Unternehmenszielen bzw. personalwirtschaftlichen Zielen getroffen werden und der Einsatz des personalwirtschaftlichen Instrumentariums zu positiven Erfolgsbeiträgen führt.

Personalkennzahlen ergeben sich zum Teil aus Personalstatistiken. Die wichtigsten betrieblichen Personalstatistiken sind mit ihrer Aussage im Folgenden aufgeführt:

*   **Personalstrukturstatistik** informiert über die Zusammensetzung der Belegschaft
*   **Personalbewegungsstatistik** trifft Aussagen über die Zu- und Abgänge der Mitarbeiter
*   **Arbeitszeitstatistik** zeigt die Zahl der geleisteten Normalarbeitsstunden und Überstunden, sowie Daten über Urlaub, Krankheit und Betriebsstörungen
*   **Lohn- und Gehaltsstatistik** gliedert Löhne und Gehälter nach Betriebsabteilungen, Lohnformen, Art der Verrechnung u. s. w.
*   **Sozialstatistik** gibt Auskunft über soziale Leistungen wie Gratifikationen oder Altersversorgung.

Liegen entsprechende Statistiken vor, lassen sich Personalkennziffern schnell herleiten. Wichtige Personalkenzahlen sind (s. Abb. 111):

Durchschnittliche Pro-Kopf-Umsatz =
Umsatz / durchschnittliche Beschäftigte

Personalkosten je Mitarbeiter =
Personalkosten einer Periode / durchschnittliche Beschäftigte

Lohnquote = Personalaufwand / Leistung (Umsatz) × 100

Fluktuationsquote =
Anzahl Austritte / durchschnittliche Beschäftigungszahl × 100

Die wichtigsten Personalkennzahlen stehen Ihnen in der Excel-Datei **Personalkennzahlen** in der Tabelle **Personalkennzahlen** übersichtlich zur Verfügung.

	A	B	C	D
1	**Personalkennzahlen**			
2				
3	Durchschnittliche Beschäftigtenzahl	100		
4	Personalkosten per anno	100.000,00 €		
5	Anzahl Kündigungen	3		
6	Umsatz	100000000%		
7				
8		Eigenes Unternehmen	Branchen-durchschnitt	Branchen-bester
9				
10	Durchschnittlicher Pro-Kopf-Umsatz	10.000,00 €		
11				
12	Personalkosten je Mitarbeiter	1.000,00 €		
13				
14	Lohnquote	10%		
15				
16	Fluktuationsquote	3%		

Abb. 111: Die wichtigsten Personalkennzahlen im Überblick

	A	B
1	**Personalkennzahlen**	
2		
3	Durchschnittliche Beschäftigtenzahl	100
4	Personalkosten per anno	100000
5	Anzahl Kündigungen	3
6	Umsatz	1000000
7		
8		Eigenes Unternehmen
9		
10	Durchschnittlicher Pro-Kopf-Umsatz	=WENN(B3=0;0;B6/B3)
11		
12	Personalkosten je Mitarbeiter	=WENN(B3=0;0;B4/B3)
13		
14	Lohnquote	=WENN(B6=0;0;B4/B6)
15		
16	Fluktuationsquote	=WENN(B3=0;0;B5/B3)

Abb. 112: Die Formelansicht zur Ermittlung der Personalkennzahlen

Weitere Kennzahlen, insbesondere für größere Unternehmen, aus dem Personalbereich sind:

- Frauenanteil
- Verhältnis angelernte Arbeiter/ungelernte Arbeiter
- Verhältnis Angestellte zu Arbeiter

- Verhältnis Personal in der Produktion/Verwaltung
- Verhältnis Kündigungen zu Beschäftigte
- Verhältnis Entlassungen zu Beschäftigte
- Ausländeranteil
- Durchschnittsalter der Belegschaft
- Durchschnittsdauer der Betriebszugehörigkeit
- Bewerber pro Ausbildungsplatz
- Vorstellungsquote
- Personalbeschaffungskosten je Eintritt
- Grad der Personaldeckung
- Fluktuationsrate und -kosten
- Anzahl der Versetzungswünsche nach kurzer Dienstdauer
- Leistungsgrad
- Überstundenquote
- Durchschnittskosten je Überstunde
- Krankheitsquote
- Unfallhäufigkeit
- Kosten von Arbeitsunfällen
- Lohn-/Gehaltsstruktur
- Ausbildungsquote
- Jährliche Weiterbildungszeit pro Mitarbeiter
- Abfindungsaufwand pro Mitarbeiter
- Personalkosten je Mitarbeiter

Benutzerdefinierte Funktionen als Kennzahlen

Microsoft Excel stellt zwar einen enormen Umfang an Funktionen zur Verfügung, spezielle betriebswirtschaftliche Funktionen für den Bereich Controlling sind jedoch nur in sehr geringem Umfang vorhanden. Abhilfe schaffen so genannte benutzerdefinierte Funktionen.

Eine benutzerdefinierte Funktion unterscheidet sich in Ihrer Verwendung nicht von den integrierten Excel-Funktionen. Das heißt, sie wird genauso angewendet wie eine bereits integrierte Tabellenfunktion zum Beispiel PRODUKT() oder SUMME(). Der Unterschied besteht lediglich darin, dass der Name, die Argumente und der Rückgabewert vom Anwender selbst festlegt wird.

In den vorangegangenen Abschnitten haben Sie bereits verschiedene betriebswirtschaftliche Kennzahlen kennen gelernt. In der Datei **BenutzerdefinerteKennziffern.xls** finden Sie folgende betriebswirtschaftliche Kennzahlen in Form von benutzerdefinierten Funktionen:

- Liquidität 1. Grades
- Liquidität 2. Grades
- Liquidität 3. Grades
- Eigenkapital-Rentabilität
- Gesamt-Rentabilität
- Umsatz-Rentabilität
- Lagerumschlagshäufigkeit
- Lagerdauer
- Lagerzinsen
- Umschlagshäufigkeit der Forderungen
- Durchschnittliche Kreditdauer
- Umschlagshäufigkeit des Eigenkapitals
- Umschlagshäufigkeit des Gesamtkapitals
- Durchschnittliche Kapitalumschlagshäufigkeit
- Marktanteil

Als Erweiterung hierzu, erfahren Sie nachfolgend, wie Sie selbst benutzerdefinierte Funktionen einrichten.

In der Musterlösung **BenutzterdenfinierteKennziffern.xls** stehen diese Kennzahlen in Form von benutzerdefinierten Funktionen zur Verfügung. Wenn Sie sich den Funktionscode ansehen wollen, wählen Sie **Extras > Makro > Visual Basic-Editor** oder betätigen Sie die Tastenkombination **Alt + F11** (s. Abb. 113). Excel-Tipp

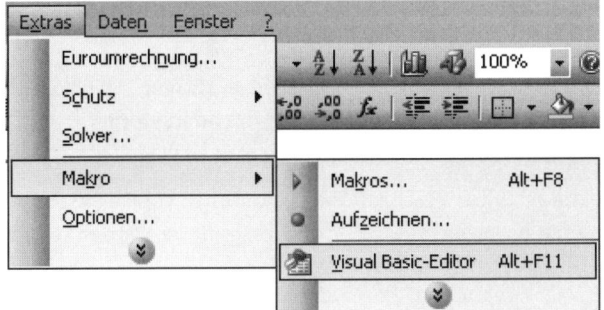

Abb. 113: Über das Menü „Extras" gelangen Sie in den Visual Basic Editor

Eigene benutzerdefinierte Funktionen einrichten

Benutzerdefinierte Funktionen werden in einem Visual Basic-Modul erstellt. Sie sind zwar vergleichbar mit einem Makro, jedoch unterscheiden sie sich von Makros dadurch, dass Makros im Gegensatz zu benutzerdefinierten Funktionen Aktionen ausführen. Letztere liefern lediglich ein Ergebnis. Am Beispiel der Stammkundenquote erfahren Sie nachfolgend, wie Sie eine benutzerdefinierte Funktion einrichten.

Die allgemeine Formel lautet:

Stammkundenquote =
Gesamtkundenzahl / Stammkundenzahl × 100%

- Wählen Sie **Extras** > **Makro** > **Visual Basic Editor** um in den Visual Basic Editor zu gelangen. Dort richten Sie über **Einfügen** > **Modul** ein Modulblatt ein.

- Tragen Sie den Begriff **Function** gefolgt von einem Leerzeichen und dem Begriff **Stammkundenquote** ein. Setzen Sie ein weiteres Leerzeichen und tippen Sie eine sich öffnende Klammer ein.

- In Klammern erscheinen die Argumente, mit denen Sie Excel mitteilen, welche Werte zu berechnen sind. Die Argumente werden durch ein Komma getrennt eingegeben. Die Beispielfunktion verlangt die Argumente **Gesamtkundenzahl** und **Stammkundenzahl**.

- Geben Sie die Begriffe, getrennt durch ein Komma und ein Leerzeichen, ein. Schließen Sie die Klammer und bestätigen Sie Ihre Eingaben mit der **Return**-Taste.

- Excel trägt automatisch das Ende der Funktion - die Anweisung **End Function** - ein. Der Cursor wird automatisch an der Eingabeposition gesetzt.

- Dort müssen Sie die Rechenvorschrift eintragen. Drücken Sie die Tabulatortaste und schreiben Sie den folgenden Code:

Stammkundenquote = Gesamtkundenzahl / Stammkundenzahl × 100

Damit ist die erste benutzerdefinierte Funktion vollständig und kann ab sofort wie eine integrierte Excel-Funktion genutzt werden (s. Abb. 114).

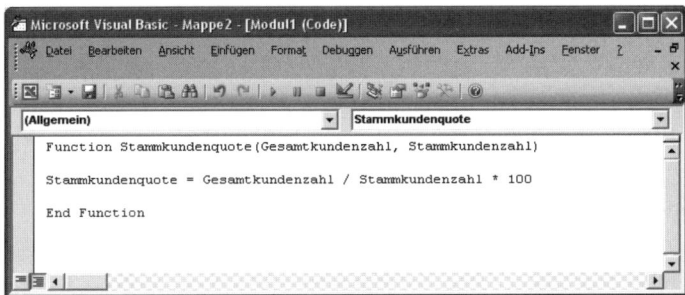

Abb. 114: Der Code einer benutzerdefinierten Funktion im Visual Basic Editor

Im Funktionsassistenten, den Sie in der Tabelle über **Einfügen** > **Funktion** erreichen, finden Sie benutzerdefinierte Funktionen in der Kategorie **Benutzerdefiniert** (s. Abb. 115 und Abb. 116).

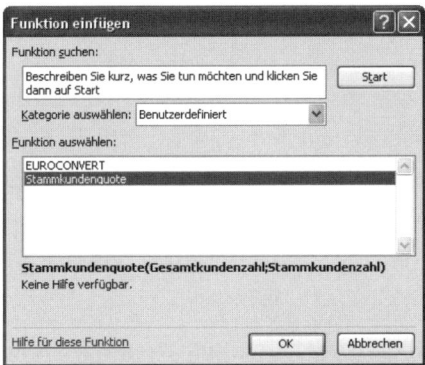

Abb. 115: Wählen Sie eine benutzerdefinierte Funktion aus

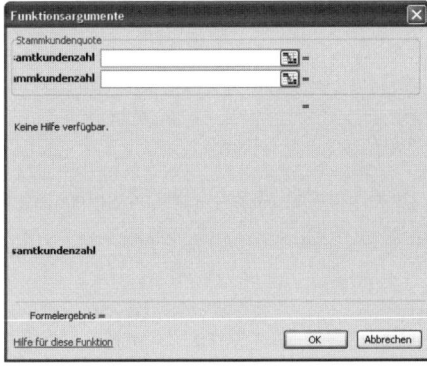

Abb. 116: Funktionsassistent für die benutzerdefinierte Funktion
„Stammkundenquote"

Praxis-Hinweis

Für den Fall, dass die Argumente einen langen Namen haben, werden die Bezeichnungen nicht vollständig angezeigt.

Der Code der benutzerdefinierten Funktionen

Nachfolgend der Code der benutzerdefinierten Funktionen aus der Musterlösung:

Liquidität 1. Grades

Function LiquiditätErstenGrades(FlüssigeMittel, KVerb)
LiquiditätErstenGrades = FlüssigeMittel / KVerb × 100
End Function

Liquidität 2. Grades

Function LiquiditätZweitenGrades(FlüssigeMittel, Forderungen, KVerb)
LiquiditätZweitenGrades = (FlüssigeMittel + Forderungen) / KVerb × 100
End Function

Liquidität 3. Grades

Function LiquiditätDrittenGrades(FlüssigeMittel, Forderungen, Vorräte, KVerb)
LiquiditätDrittenGrades = (FlüssigeMittel + Forderungen + Vorräte) / KVerb × 100
End Function

Eigenkapitalrentabilität

Function Eigenkapitalrentabilität(Gewinn, Eigenkapital)
Eigenkapitalrentabilität = Gewinn / Eigenkapital × 100
End Function

Gesamtrentabilität

Function Gesamtkapitalrentabilität(Gewinn, Fremdkapitalzinsen, Gesamtkapital)
Gesamtkapitalrentabilität = (Gewinn + Fremdkapitalzinsen) / Gesamtkapital × 100
End Function

Umsatzrentabilität

Function Umsatzrentabilität(Gewinn, Fremdkapitalzinsen, Umsatz)
Umsatzrentabilität = (Gewinn + Fremdkapitalzinsen) / Umsatz
End Function

WorkingCapital

Function WorkingCapital(Umlaufvermögen, KVerb)
WorkingCapital = Umlaufvermögen – KVerb
End Function

Lagerumschlagshäufigkeit

Function Lagerumschlagshäufigkeit(Jahresverbrauch, Monatsdurchschnitt)
Lagerumschlagshäufigkeit = Jahresverbrauch / Monatsdurchschnitt
End Function

Lagerdauer

Function Lagerdauer(Lagerumschlagshäufigkeit)
Lagerdauer = 360 / Lagerumschlagshäufigkeit
End Function

Lagerzinsen

Function Lagerzinsen(Jahreszinssatz, durchschnittlLagerdauer)
Lagerzinsen = Jahreszinssatz × durchschnittlLagerdauer / 100
End Function

Forderungsumschlag

Function UmschlagForderungen(Umsatzerlöse, Forderungsbestand)
UmschlagForderungen = Umsatzerlöse / Forderungsbestand
End Function

Durchschnittliche Kreditorendauer

Function DurchschnittKreditdauer(UmschlagshäufigkeitFord)
DurchschnittKreditdauer = 360 / UmschlagshäufigkeitFord
End Function

Umschlag Eigenkapital

Function UmschlagEigenkapital(Umsatzerlöse, Eigenkapital)
UmschlagEigenkapital = Umsatzerlöse / Eigenkapital
End Function

Umschlag Gesamtkapital

Function UmschlagGesamt(Umsatzerlöse, Gesamtkapital)
UmschlagGesamt = Umsatzerlöse / Gesamtkapital
End Function

Durchschnittlicher Kapitalumschlag

Function DurchschnittlKapitalumschlag(Kapitalumschlagshäufigkeit)
DurchschnittlKapitalumschlag = 360 / Kapitalumschlagshäufigkeit
End Function

Marktanteil

Function Marktanteil(Umsatz, Branchenumsatz)
Marktanteil = Umsatz / Branchenumsatz × 100
End Function

Grafische Darstellung von Kennzahlen

Ein Diagramm ist häufig aussagekräftiger und besser zu verstehen als reine Zahlen. Aus diesem Grunde ist ein Diagramm ein wichtiges Werkzeug, um Zahlenmaterial auf den Punkt zu bringen und darin enthaltene Entwicklungen aufzuzeigen bzw. zu verdeutlichen.

Im Zusammenhang mit Marktanteilen empfiehlt sich, z. B. eine Visualisierung des Datenmaterials in Diagrammform.

Marktanteile im Kreisdiagramm darstellen

Um Anteile eines Ganzen aufzuzeigen, ist ein Kreisdiagramm die richtige Wahl. Dieser Diagrammtyp stellt die relativen Größen einzelner Elemente einer Datenreihe im Verhältnis zur Gesamtheit dar. Dabei werden die einzelnen Werte einer Datenreihe addiert und die Summe wird von dem Tabellenkalkulationsprogramm gleich 100 % gesetzt. Die einzelnen Anteile der Datenreihe werden dann als Anteil von 100 % gezeigt.

Praxis-Beispiel

Grafisch dargestellt werden sollen die Daten aus Abb. 117.

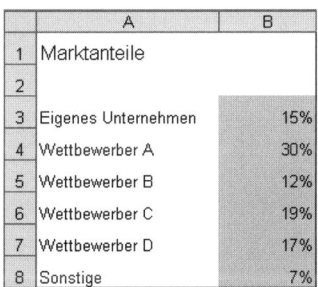

	A	B
1	Marktanteile	
2		
3	Eigenes Unternehmen	15%
4	Wettbewerber A	30%
5	Wettbewerber B	12%
6	Wettbewerber C	19%
7	Wettbewerber D	17%
8	Sonstige	7%

Abb. 117: Die Beispieldaten

- Markieren Sie zuerst den Zellbereich A3:B8 und klicken Sie anschließend auf die Schaltfläche **Diagramm** der Standard-Symbolleiste.

- Sie erreichen den ersten von vier Schritten des Diagramm-Assistenten. Dort entscheiden Sie sich für den Diagrammtyp **Kreis** und für einen Diagrammuntertyp Ihrer Wahl (s. Abb. 118).

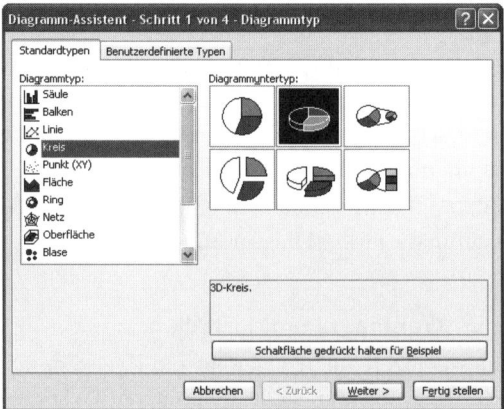

Abb. 118: Der erste Schritt des Diagramm-Assistenten

- Über die Schaltfläche **Weiter** gelangen Sie zum nächsten Schritt des Assistenten. Dort geben Sie den Tabellenbereich an, den Sie grafisch auswerten wollen. Wenn Sie nicht im Vorfeld bereits den Tabellenbereich markiert haben, müssten Sie unter **Datenbereich** den entsprechenden Bereich angeben. Excel zeigt Ihnen in diesem Feld den markierten Tabellenbereich an (s. Abb. 119). Verlassen Sie diesen Schritt des Assistenten durch einen Klick auf **Weiter**.

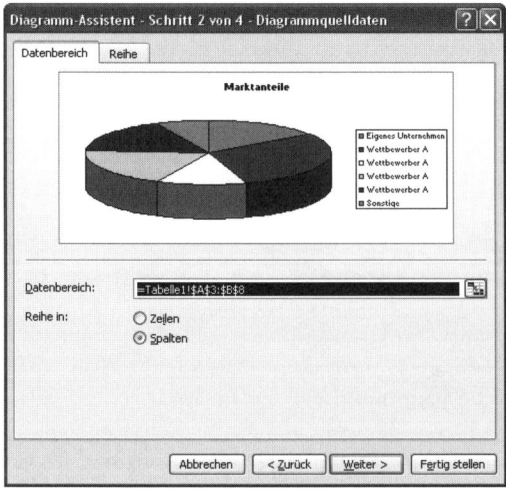

Abb. 119: Der zweite Schritt

- Im dritten Schritt des Assistenten legen Sie einen Titel für das Diagramm fest (s. Abb. 120). Über weitere Register können Sie hier Einfluss auf die **Legende** und bei Bedarf auch auf die **Datenbeschriftungen** nehmen. Tippen Sie den Titel **Marktanteile** ein und verlassen Sie den Dialog durch einen Klick auf die Schaltfläche **Weiter**.

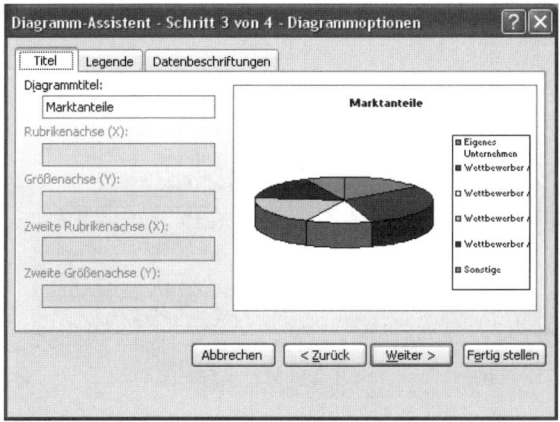

Abb. 120: Der dritte Schritt des Diagramm-Assistenten

- Im vierten und letzten Schritt des Assistenten entscheiden Sie, an welcher Stelle das Diagramm eingefügt werden soll (s. Abb. 121): Zur Auswahl stehen das **aktuelle Tabellenblatt** und ein **neues Diagrammblatt**. Damit das Diagramm auf einem eigenen Register angezeigt wird, wählen Sie die Option **Als neues Blatt**.

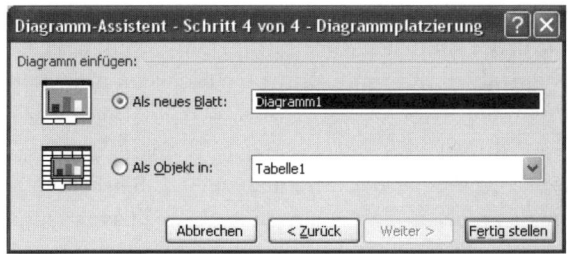

Abb. 121: Der vierte und gleichzeitig letzte Schritt des Diagramm-Assistenten

Nach einem Klick auf die Schaltfläche **Fertig stellen** wird das Diagramm auf einem separaten Tabellenblatt eingeblendet (s. Abb. 122).

Die grafische Darstellung der Marktanteile finden Sie in der Musterlösung **MarktanteileDarstellung.xls**.

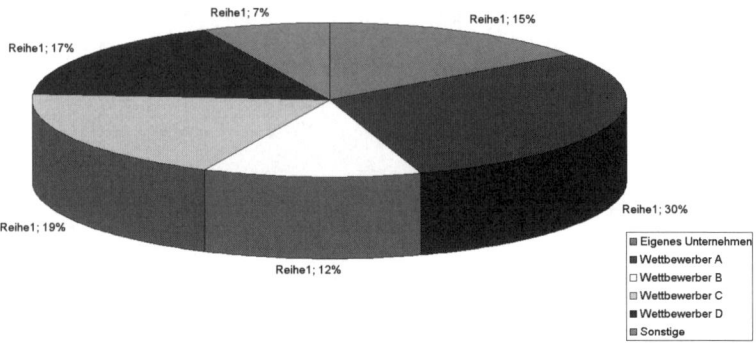

Abb. 122: Grafische Darstellung der Marktanteile

Ausblick

Das Bilden von Kennzahlen ist arbeitsintensiv und nimmt häufig viel Zeit in Anspruch. Damit sich diese Arbeit lohnt, sollten Sie berücksichtigen, dass Kennzahlen nur dann sinnvoll sind, wenn man Konsequenzen aus ihnen zieht, das heißt auf die Kennzahlen auch reagiert.

Ob eine Kennzahl Positives oder Negatives bedeutet, können Sie nur beurteilen, wenn Sie Vergleichswerte hinzuziehen. Betrachten Sie einzelne Kennzahlen also nicht isoliert, sondern stets im Zusammenhang mit anderen Erkenntnissen.

Praxis-Beispiel

Bei einem Gewinn von 600.000 Euro und einem Eigenkapital von 6.000.000,00 Euro liegt die Eigenkapitalrentabilität bei 10 %. Vergleichen können Sie die Eigenkapitalrentabilität mit den Zinsen, die eine Bank bei einer entsprechenden Geldanlage zahlen würde. Um eine Eigenkapitalrentabilität von 10 % zu erreichen, müsste die Bank 10 % Zinsen zahlen. Nach diesem Vergleich scheint die Eigenkapitalrentabilität auf den ersten Blick sehr gut zu sein.

Die Aussagekraft der Zahl wird deutlich erhöht, wenn Sie neben dem Vergleich mit den Bankzinsen noch Vergangenheitswerte hinzuziehen. Lag die Eigenkapitalrentabilität im vergangenen Jahr bei 13 % und vor zwei Jahren bei 14 %, ist die Rentabilität rückläufig und im Vergleich zu den vorangegangenen Jahren nicht positiv zu bewerten.

Allgemeingültige Aussagen, wann welche Vergleichsbasis hinzuzuziehen ist, können jedoch nicht getroffen werden. Hier ist Fingerspitzengefühl gefragt. Grundsätzlich sind Sie auf der sicheren Seite, wenn Sie sowohl mit Branchenzahlen als auch mit Vergangenheitswerten arbeiten. Im Zusammenhang mit einer Analyse und Ursachenforschung kann es darüber hinaus notwendig sein, weitere Kennzahlen zu bilden.

Eine gute Orientierungshilfe zur Beurteilung der eigenen Zahlen sind die Kennziffern des Wettbewerbs. Sollten Sie gravierende Abweichungen aufdecken, können Sie gezielt nach Gründen suchen und haben Anhaltspunkte, wo in Ihrem Unternehmen möglicherweise etwas im Argen liegt. Beachten Sie im Zusammenhang mit den Branchenzahlen aber folgenden Sachverhalt: Der Durchschnitt beinhaltet sowohl die Besten als auch die Schlechtesten der Branche. Geeigneter sind in der Regel Benchmarking-Methoden, also Vergleiche mit den Leistungsmerkmalen besonders erfolgreicher Wettbewerber.

Informationsquellen zu Vergleichzwecken mit dem Wettbewerb finden Sie zum Teil kostenlos bei Ämtern, Registern, Kammern, Berufs- und Branchenverbänden, deren Stärken im Zusammentragen von Zahlenmaterial liegt. Veröffentlichte Jahresabschlüsse, Pressemitteilungen, Kataloge, Firmenzeitschriften sowie -prospekte liefern ebenfalls wichtige und interessante Informationen.

Informationsquellen

Bei der Recherche nach Konkurrenzzahlen können u. U. auch die Creditreform, Berufs- und Branchenfachverbände der Sparkassen sowie Volks- und Raiffeisenbanken hilfreich sein.

5 Strategie und Planung

Planung bedeutet einen Blick in die Zukunft zu werfen. Und das ist nicht immer ganz einfach. Sie müssen dazu Annahmen zu komplexen wirtschaftlichen Daten treffen und Risiken soweit wie möglich im Vorfeld erkennen. Für eine erfolgreiche Unternehmensführung benötigt die Geschäftsführung eine zuverlässige Datenbasis, auf deren Grundlage Sie planen und entscheiden kann.

Ergebnisplanung

Planungsinstrumente helfen Ziele zu definieren und diese in Zahlen auszudrücken. Eine gut durchdachte Ergebnisplanung ist die Voraussetzung für eine erfolgreiche Steuerung Ihres Unternehmens. Sie ermöglicht Ihnen für das kommende Geschäftsjahr vorgesehene Maßnahmen zu präzisieren und potentielle Auswirkungen vorhersehbar zu machen. Darüber hinaus ist der Ergebnisplan ein wichtiger Bestandteil der von Banken möglicherweise geforderten Ratingunterlagen im Falle einer Kreditaufnahme.

Der Gesamtplan wird dabei aus zahlreichen Einzelplänen zusammengestellt. Er setzt sich aus folgenden Einzelplänen zusammen:

* Umsatzplan
* Kostenplan
* Hilfspläne (Abschreibungsplanung, Investitionsplanung)
* Neutrales Ergebnis
* Gewinn- und Verlustrechnung, kurz GuV

Jeder einzelne Plan zeigt dabei nur ein Segment des umfassenden Gesamtgefüges. Im Rahmen der Ergebnisplanung werden die Einzelpläne so in Beziehung zueinander gesetzt, dass letztendlich das zu erwartende Ergebnis unter Berücksichtigung der neutralen Positionen bekannt wird.

Umsatzplan

Ein wesentlicher Bestandteil der Unternehmensplanung ist eine fundierte Umsatzplanung. Dazu orientiert man sich in der Praxis gerne an den früheren Vertriebs- und Absatzzahlen, in dem Vergangenheitsdaten in die Zukunft projiziert werden.

In jedem Fall sollten Sie prüfen, ob die Beziehung der Zahlen zueinander in der Zukunft genauso bleiben wird, wie sie in der Vergangenheit war. Das heißt, es geht darum, Zusammenhänge zwischen dem Absatz und den Größen, die ihn beeinflussen, zu ermitteln. Analysieren Sie z. B., ob es bestimmte Faktoren am Markt gibt, wie einen neuen Konkurrenten, die sich auf das Markt- beziehungsweise Absatzvolumen des eigenen Unternehmens auswirken.

Neben der Absatzmengenplanung muss eine Preisplanung für die einzelnen Waren bzw. Dienstleistungen durchgeführt werden. Der Umsatzplan ergibt sich dann als Produkt von Mengen und Preisen.

Praxis-Hinweis

Oft werden in der täglichen Geschäftspraxis Absatzzahlen im Rahmen einer intuitiven Methode geschätzt. Es soll keineswegs in Abrede gestellt werden, dass diese Möglichkeit durchaus zu akzeptablen Ergebnissen führen kann und über ihre eigenen Vorteile verfügt. Wenn es allerdings darum geht, Sondereinflüsse einzuschätzen, kommen Sie mit mathematischen Modellen allein oft nicht weit und die Schätzung durch einen fachkundigen Mitarbeiter kann gute Dienste leisten. Allerdings hängt eine intuitive Voraussage stark vom Einfühlungsvermögen des „Schätzers", dessen Fingerspitzengefühl, Erfahrung und Marktkenntnis ab.

Mathematische Methoden

Im Rahmen der mathematischen Methoden stellt Excel verschiedene Funktionen zur Trendberechnung zur Verfügung. Um die mathematischen Methoden anzuwenden, sind folgende Schritte notwendig:

- Erhebung von Daten
- Auswertung und Interpretation der Daten
- Übertragung der Regelmäßigkeit von der Vergangenheit in die Zukunft mit Hilfe von Funktionen
- Ableitung der Prognose

Mit Hilfe von Trendberechnungen können Absatzmengen unter der Prämisse unveränderter Rahmenbedingungen in die Zukunft projiziert werden. In Excel stehen statistische Funktionen zur Verfügung, die auf der Grundlage von bekannten Werten eine Gerade, beziehungsweise eine Kurve für die verlängerte Zeitachse berechnen. Dabei werden die bekannten Werte von Excel quasi analysiert und mittels Formel fortgeschrieben.

Der Grundgedanke von Trendverfahren ist der, dass man quasi Beobachtungswerte mit der Zeit verknüpft. Dabei unterstellt man eine Gesetzmäßigkeit zwischen Vergangenheits- und Zukunftswerten.

Excel stellt folgende Trendverfahren im Rahmen der Statistikfunktionen zur Verfügung:

- linearer Trend

- logarithmischer Trend

- gleitender Durchschnitt

Praxisrelevant ist in erster Linie der lineare Trend, der mit Hilfe der Funktion TREND() ermittelt wird. Diese Funktion wird in Kapitel 7 „Die wichtigsten Excel-Funktionen für Controller" ausführlich beschrieben.

Absatzplanung auf der Basis der Marktentwicklung

In vielen Unternehmen basiert die Absatzplanung auf der Entwicklung des Marktes. Bei dieser Methode muss man immer die Konkurrenz im Visier haben. Hier die einzelnen Schritte im Überblick.

- Das Marktpotential bildet die Gesamtheit möglicher Absatzmengen. Sammeln Sie Zahlen zu Marktpotential und einem möglichen Marktwachstum. Stellen Sie die Zahlen zusammen.

- Ermitteln Sie den Anteil Ihres Unternehmens am Marktpotential. Berechnen Sie das maximale Absatzvolumen, das Ihr Unternehmen ermöglichen kann.

- Errechnen Sie den Marktanteil als Verhältniszahl aus Absatz- und Markvolumen.

Praxis-Hinweis

Angaben zum Marktvolumen sind unter anderem amtliche Statistiken, Branchen- und Verbandsstatistiken, das Statistische Jahrbuch und Zeitschriften wie Wirtschaft und Statistik. Unter Umständen können Ihnen auch Absatz-Kennziffern (Kaufkraftkennziffern) der Gesellschaft für Konsumforschung, Unternehmensberater oder Zeitungsartikel weiterhelfen.

Um eine Absatzplanung auf Basis der Marktentwicklung durchzuführen, arbeiten Sie mit der Datei **Umsatzplan.xls** (s. Abb. 123):

- Beginnen Sie mit der Eingabe des Startjahres. Ausgangspunkt der weiteren Betrachtungen ist das Marktvolumen. Tragen Sie die Marktentwicklung der vergangenen Jahre vollständig in die Eingabezellen ein. Aufgrund dieser Angaben wird von Excel das voraussichtliche Marktvolumen auf Basis des linearen Trends ermittelt.

- Erfassen Sie Ihre eigenen Absatzmengen in dem dafür vorgesehenen Bereich. Der Marktanteil der vergangenen zehn Jahre wird automatisch von Excel errechnet.
- Für das Planjahr tippen Sie den für Ihr Unternehmen angestrebten Marktanteil in die dafür vorgesehene Spalte ein. Excel errechnet aufgrund dieser Angaben die Planmengen für Ihre Produktgruppen.

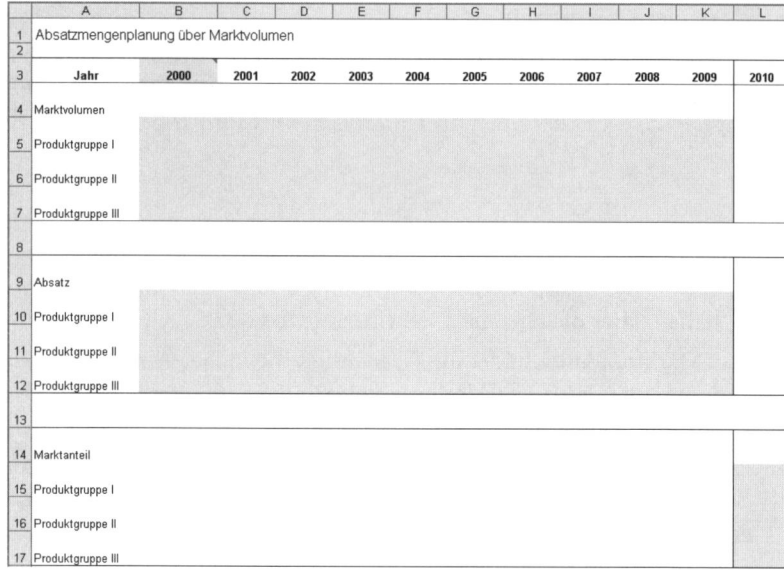

Abb. 123: Die Musterlösung ermöglicht die Absatzmengenplanung für drei Produktgruppen

Die Formelansicht zeigt Abb. 124.

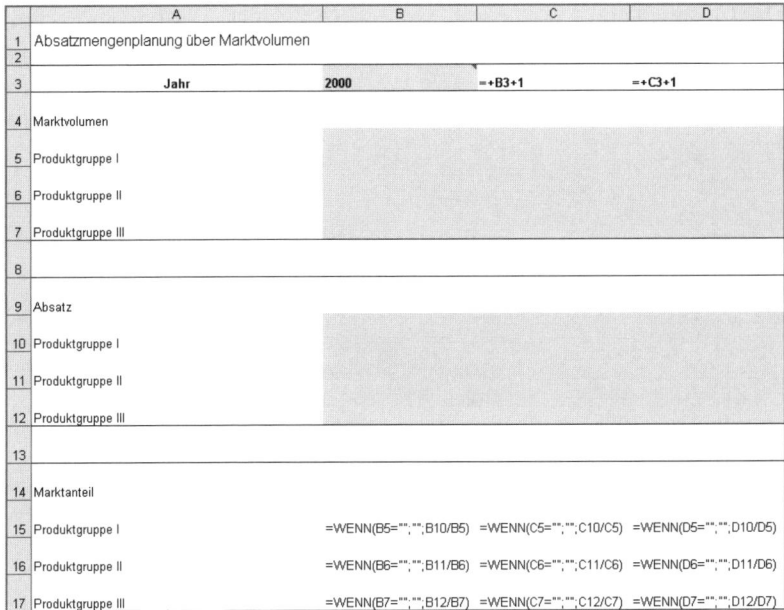

	A	B	C	D
1	Absatzmengenplanung über Marktvolumen			
2				
3	**Jahr**	**2000**	=+B3+1	=+C3+1
4	Marktvolumen			
5	Produktgruppe I			
6	Produktgruppe II			
7	Produktgruppe III			
8				
9	Absatz			
10	Produktgruppe I			
11	Produktgruppe II			
12	Produktgruppe III			
13				
14	Marktanteil			
15	Produktgruppe I	=WENN(B5="";"";B10/B5)	=WENN(C5="";"";C10/C5)	=WENN(D5="";"";D10/D5)
16	Produktgruppe II	=WENN(B6="";"";B11/B6)	=WENN(C6="";"";C11/C6)	=WENN(D6="";"";D11/D6)
17	Produktgruppe III	=WENN(B7="";"";B12/B7)	=WENN(C7="";"";C12/C7)	=WENN(D7="";"";D12/D7)

Abb. 124: Ausschnitt aus der Formelansicht

Preise und Umsätze planen

Die Vorgehensweise bei der **Preisplanung** erfolgt ähnlich wie die **Absatz-mengenplanung**. Die Preise können im Rahmen der Musterlösung **Umsatz-plan.xls** ebenfalls mit Hilfe der Trend-Funktion ermittelt werden (s. Abb. 125).

	A	B	C	D	E	F	G	H	I	J	K	L
1	Preisplanung											
2												Planjahr
3	Jahr	2000	2001	2002	2003	2004	2005	2006	2007	2008	2009	2010
4												
5	Produktgruppe I											
6	Produktgruppe II											
7	Produktgruppe III											

Abb. 125: Die Preisplanung

Die Formelansicht zeigt die folgende Abbildung.

	A	B	C	D	E	F	G	H	I	J	K	L
1	Preisplanung											Planjahr
2												
3	Jahr	=Marktvolumen!B3	=+B3+1	=+C3+1	=+D3+1	=+E3+1	=+F3+1	=+G3+1	=+H3+1	=+I3+1	=+J3+1	=+K3+1
4												
5	Produktgruppe I						=WENN(ODER(B5="";C5=""; D5="";E5="";F5="";G5="";H5="";I5="";J5="";K5="");"";TREND(B5:K5,$B$3:$K$3,$L$3))						
6	Produktgruppe II						=WENN(ODER(B6="";C6=""; D6="";E6="";F6="";G6="";H6="";I6="";J6="";K6="");"";TREND(B6:K6,$B$3:$K$3,$L$3))						
7	Produktgruppe III						=WENN(ODER(B7="";C7=""; D7="";E7="";F7="";G7="";H7="";I7="";J7="";K7="");"";TREND(B7:K7,$B$3:$K$3,$L$3))						

Abb. 126: Die Formelansicht

161

Die Umsatzplanung ergibt sich rechnerisch aus der Absatzmengen- und Preisplanung. Aus diesem Grund müssen Sie in der Tabelle **Umsatzplan** keine Eingaben tätigen. Umsätze ergeben sich als Produkt aus Menge und Preis (s. Abb. 127).

	A	B	C	D
1	Absoluter und relativer Marktanteil nach Wert			
2				
3	**Wettbewerb**	**Marktanteil in TEuro**	**Prozentualer Marktanteil**	**Relativer Marktanteil**
4	Eigenes Unternehmen	250000	=WENN($B$9=0;0;B4/$B$9)	=WENN(MAX($C$4:$C$8)=0;0;C4/MAX($C$4:$C$8))
5	A	490000	=WENN($B$9=0;0;B5/$B$9)	=WENN(MAX($C$4:$C$8)=0;0;C5/MAX($C$4:$C$8))
6	B	675000	=WENN($B$9=0;0;B6/$B$9)	=WENN(MAX($C$4:$C$8)=0;0;C6/MAX($C$4:$C$8))
7	C	220000	=WENN($B$9=0;0;B7/$B$9)	=WENN(MAX($C$4:$C$8)=0;0;C7/MAX($C$4:$C$8))
8	Sonstige	360000	=WENN($B$9=0;0;B8/$B$9)	=WENN(MAX($C$4:$C$8)=0;0;C8/MAX($C$4:$C$8))
9	**Gesamt**	=SUMME(B4:B8)	=SUMME(C4:C8)	

Abb. 127: Die Tabelle Umsatzplan

In der folgenden Abbildung sehen Sie die zugehörigen Formeln:

	A	B	C	D
1	Umsatzplanung			
2		Planpreis	Menge	Umsatz
3	Produktgruppe I	=Preisplanung!L5	=Marktvolumen!L15	=B3*C3
4	Produktgruppe II	=Preisplanung!L6	=Marktvolumen!L16	=B4*C4
5	Produktgruppe III	=Preisplanung!L7	=Marktvolumen!L17	=B5*C5

Abb. 128: Die Formelansicht

Kostenplanung

Die Kosten des Unternehmens werden je nach Organisation des Rechnungswesens entweder nach Kostenstellen bzw. Kostenarten oder als Kombination beider Möglichkeiten geplant. Dabei kann die Kostenplanung wie die Mengen- und Preisplanung im Absatzbereich mit Hilfe von Trendanalysen durchgeführt werden. Alternativ können in vielen Fällen auch die allgemeinen Preissteigerungsraten herangezogen werden. In der Praxis müssen allerdings Markt- und sonstige wirtschaftliche Einflüsse wie Tariferhöhungen im Rahmen der Personal- oder Energiekosten sowie Änderungen von Steuergesetzen etc. ins Kalkül gezogen werden, so sich die voraussichtlichen Kosten nicht immer auf der Basis von Trendberechnungen voraussagen lassen.

Im Rahmen der Planung empfiehlt es sich deshalb, in die Tiefe zu gehen und zu analysieren, ob die aktuelle Kostenstellenstruktur noch zeitgemäß ist. Prüfen Sie außerdem, ob Sie ggf. neue Kostenstellen einrichten müssen oder bereits vorhandene Kostenstellen wegfallen können.

Die Musterlösung **Kostenplan.xls** berücksichtigt folgende Kostenarten bei der Planung der Kosten auf Kostenstellenbasis:

- Personalkosten
- Materialkosten
- Energiekosten
- Fuhrparkkosten
- Verwaltungskosten

- Versicherungen
- Mieten
- Fort-/Weiterbildung
- Reisekosten
- Sonstiges

Die Datei kann jederzeit um weitere Kostenarten ergänzt werden.

Auf den einzelnen Kostenartenblättern werden die Kosten nach Kostenstellen erfasst. Neben den Sollwerten werden als Orientierungshilfe die Vorjahreskosten eingetragen. Die Musterlösung sieht vor, sowohl die Kostenstellenbezeichnungen als auch die Kostenstellen zunächst in der Tabelle **Kostenstellen** zu definieren Diese Informationen werden automatisch mit Hilfe von Verknüpfungen in die folgenden Kostenblätter übernommen.

	A	B
1	**Kostenstellenübersicht**	
2		
3	**Kostenstellenbezeichnung**	**Kostenstelle**
4		
5	Kst-Bezeichnung 1	1
6	Kst-Bezeichnung 2	2
7	Kst-Bezeichnung 3	3
8	Kst-Bezeichnung 4	4
9	Kst-Bezeichnung 5	5
10	Kst-Bezeichnung 6	6
11	Kst-Bezeichnung 7	7
12	Kst-Bezeichnung 8	8
13	Kst-Bezeichnung 9	9
14	Kst-Bezeichnung 10	10
15	Kst-Bezeichnung 11	11
16	Kst-Bezeichnung 12	12
17	Kst-Bezeichnung 13	13
18	Kst-Bezeichnung 14	14
19	Kst-Bezeichnung 15	15
20	Kst-Bezeichnung 16	16
21	Kst-Bezeichnung 17	17
22	Kst-Bezeichnung 18	18
23	Kst-Bezeichnung 19	19
24	Kst-Bezeichnung 20	20
25	Kst-Bezeichnung 21	21
26	Kst-Bezeichnung 22	22
27	Kst-Bezeichnung 23	23
28	Kst-Bezeichnung 24	24
29	Kst-Bezeichnung 25	25

Abb. 129: Die erweiterungsfähige Musterlösung sieht zunächst 25 Kostenstellen vor

Im Rahmen der Personalkosten werden Löhne und Gehälter unterschieden. Die zugehörige Plantabelle sowie die Formelansicht zeigen die folgenden Abbildungen.

	A	B	C	D	E	F	G	H
1	Personalkosten							
2								
3	Kostenstellenbezeichnung	Kostenstelle	Löhne		Gehälter		Gesamt	
4			Vorjahr	Soll	Vorjahr	Soll	Vorjahr	Soll
5	Kst-Bezeichnung 1	1					0,00 €	0,00 €
6	Kst-Bezeichnung 2	2					0,00 €	0,00 €
7	Kst-Bezeichnung 3	3					0,00 €	0,00 €
8	Kst-Bezeichnung 4	4					0,00 €	0,00 €
9	Kst-Bezeichnung 5	5					0,00 €	0,00 €
10	Kst-Bezeichnung 6	6					0,00 €	0,00 €
11	Kst-Bezeichnung 7	7					0,00 €	0,00 €
12	Kst-Bezeichnung 8	8					0,00 €	0,00 €
13	Kst-Bezeichnung 9	9					0,00 €	0,00 €
14	Kst-Bezeichnung 10	10					0,00 €	0,00 €
15	Kst-Bezeichnung 11	11					0,00 €	0,00 €
16	Kst-Bezeichnung 12	12					0,00 €	0,00 €
17	Kst-Bezeichnung 13	13					0,00 €	0,00 €
18	Kst-Bezeichnung 14	14					0,00 €	0,00 €
19	Kst-Bezeichnung 15	15					0,00 €	0,00 €
20	Kst-Bezeichnung 16	16					0,00 €	0,00 €
21	Kst-Bezeichnung 17	17					0,00 €	0,00 €
22	Kst-Bezeichnung 18	18					0,00 €	0,00 €
23	Kst-Bezeichnung 19	19					0,00 €	0,00 €
24	Kst-Bezeichnung 20	20					0,00 €	0,00 €
25	Kst-Bezeichnung 21	21					0,00 €	0,00 €
26	Kst-Bezeichnung 22	22					0,00 €	0,00 €
27	Kst-Bezeichnung 23	23					0,00 €	0,00 €
28	Kst-Bezeichnung 24	24					0,00 €	0,00 €
29	Kst-Bezeichnung 25	25					0,00 €	0,00 €
30	Gesamt		0,00 €	0,00 €	0,00 €	0,00 €	0,00 €	0,00 €

Abb. 130: Aufbau der Tabelle Personalkosten

Die einzelnen Formeln zur Berechnung entnehmen Sie Abb. 131.

Die weiteren Kostenblätter sind ähnlich aufgebaut:

- Die Tabelle **Materialkosten** ermöglicht die Planung von insgesamt fünf Materialarten.

- Die Tabelle **Energiekosten** stellt fünf Rubriken (Energie 1 bis Energie 5) zur Verfügung.

- Im Register **Fuhrpark** werden Planspalten für LKW und PKW unterschieden.

- Das Tabellenblatt **Sonstiges** verfügt über die Plankategorien Verwaltung, Versicherungen, Mieten, Fort-/Weiterbildung, Reisekosten und Weiteres.

Auch im Zusammenhang mit den Kostenblättern sind Änderungen und Ergänzungen jederzeit möglich.

	A	B	C	D	E	F	G	H
1	Personalkosten							
2								
3	Kostenstellenbezeichnung	Kostenstelle	Löhne		Gehälter		Gesamt	
4			Vorjahr	Soll	Vorjahr	Soll	Vorjahr	Soll
5	=Kostenstellenübersicht!A5	=Kostenstellenübersicht!B5					=+C5+E5	=+D5+F5
6	=Kostenstellenübersicht!A6	=Kostenstellenübersicht!B6					=+C6+E6	=+D6+F6
7	=Kostenstellenübersicht!A7	=Kostenstellenübersicht!B7					=+C7+E7	=+D7+F7
8	=Kostenstellenübersicht!A8	=Kostenstellenübersicht!B8					=+C8+E8	=+D8+F8
9	=Kostenstellenübersicht!A9	=Kostenstellenübersicht!B9					=+C9+E9	=+D9+F9
10	=Kostenstellenübersicht!A10	=Kostenstellenübersicht!B10					=+C10+E10	=+D10+F10
11	=Kostenstellenübersicht!A11	=Kostenstellenübersicht!B11					=+C11+E11	=+D11+F11
12	=Kostenstellenübersicht!A12	=Kostenstellenübersicht!B12					=+C12+E12	=+D12+F12
13	=Kostenstellenübersicht!A13	=Kostenstellenübersicht!B13					=+C13+E13	=+D13+F13
14	=Kostenstellenübersicht!A14	=Kostenstellenübersicht!B14					=+C14+E14	=+D14+F14
15	=Kostenstellenübersicht!A15	=Kostenstellenübersicht!B15					=+C15+E15	=+D15+F15
16	=Kostenstellenübersicht!A16	=Kostenstellenübersicht!B16					=+C16+E16	=+D16+F16
17	=Kostenstellenübersicht!A17	=Kostenstellenübersicht!B17					=+C17+E17	=+D17+F17
18	=Kostenstellenübersicht!A18	=Kostenstellenübersicht!B18					=+C18+E18	=+D18+F18
19	=Kostenstellenübersicht!A19	=Kostenstellenübersicht!B19					=+C19+E19	=+D19+F19
20	=Kostenstellenübersicht!A20	=Kostenstellenübersicht!B20					=+C20+E20	=+D20+F20
21	=Kostenstellenübersicht!A21	=Kostenstellenübersicht!B21					=+C21+E21	=+D21+F21
22	=Kostenstellenübersicht!A22	=Kostenstellenübersicht!B22					=+C22+E22	=+D22+F22
23	=Kostenstellenübersicht!A23	=Kostenstellenübersicht!B23					=+C23+E23	=+D23+F23
24	=Kostenstellenübersicht!A24	=Kostenstellenübersicht!B24					=+C24+E24	=+D24+F24
25	=Kostenstellenübersicht!A25	=Kostenstellenübersicht!B25					=+C25+E25	=+D25+F25
26	=Kostenstellenübersicht!A26	=Kostenstellenübersicht!B26					=+C26+E26	=+D26+F26
27	=Kostenstellenübersicht!A27	=Kostenstellenübersicht!B27					=+C27+E27	=+D27+F27
28	=Kostenstellenübersicht!A28	=Kostenstellenübersicht!B28					=+C28+E28	=+D28+F28
29	=Kostenstellenübersicht!A29	=Kostenstellenübersicht!B29					=+C29+E29	=+D29+F29
30	Gesamt		=SUMME(C5:C29)	=SUMME(D5:D29)	=SUMME(E5:E29)	=SUMME(F5:F29)	=SUMME(G5:G29)	=SUMME(H5:H29)

Abb. 131: Die Formelansicht

Der Ergebnisplan

Excel ermöglicht in Formeln nicht nur Bezug auf andere Tabellenarbeitsblätter, sondern darüber hinaus auch auf andere Arbeitsmappen zu nehmen. Diese Verknüpfungstechnik wird auch im Rahmen der Ergebnisplanung empfohlen. Das Grundgerüst des Ergebnisplans zeigt Abb. 132.

Die Ergebnisplanung finden Sie in der Musterlösung **Ergebnisplan.xls**. Die Datei enthält neben der Tabelle **Ergebnisplan** die Tabelle **Neutrales Ergebnis** (s. Abb. 133).

	A	B	C
1	Ergebnisplan		
2			
3		**Vorjahr**	**Planjahr**
4	Umsatzerlöse		
5	Bestandsveränderungen an Halb- und Fertigerzeugnissen		
6	aktivierte Eigenleistungen		
7	**Gesamtleistungen**	**0,00 €**	**0,00 €**
8	Materialaufwand		
9	**Rohertrag**	0,00 €	0,00 €
10	Neutrale Erträge	0,00 €	0,00 €
11	**erweiterer Rohertrag**	**0,00 €**	**0,00 €**
12	Personalaufwendungen		
13	Abschreibungen und Wertberichtigungen		
14	Steuern		
15	Sonstige Aufwendungen		
16	Neutrale Aufwendungen	0,00 €	0,00 €
17	Jahresüberschuss/-fehlbetrag	**0,00 €**	**0,00 €**

Abb. 132: Grundgerüst des Ergebnisplans

	A	B	C
1	Neutrales Ergebnis		
2			
3		Vorjahr	Planjahr
4	Zinsen		
5	Steuernachzahlungen		
6	Sonstiger neutraler Aufwand		
7	**Neutraler Aufwand Gesamt**	**0,00 €**	**0,00 €**
8	Beteiligungen		
9	Zinsen		
10	Sonstiger neutraler Ertrag		
11	**Neutraler Ertrag Gesamt**	**0,00 €**	**0,00 €**
12	**Neutrales Ergebnis**	**0,00 €**	**0,00 €**

Abb. 133: Hier können Sie ebenfalls neben den Vorjahresdaten Planzahlen erfassen

Exkurs: Verknüpfung

Excel macht es möglich, Informationen nicht nur aus anderen Tabellenarbeitsblättern, sondern auch aus anderen Arbeitsmappen zu holen. Diese Technik sollten Sie sich im Rahmen der Ergebnisplanung zu Nutze machen. Wenn Sie Informationen aus der Umsatz- oder Kostenplanung in die Ergebnisplanung übernehmen, sparen Sie nicht nur Erfassungszeiten, sondern reduzieren gleichzeitig Fehlerquellen.

Um einen Wert aus einer anderen Arbeitsmappe zu holen, führen Sie folgende Arbeitsschritte durch:

- Öffnen Sie sowohl die Arbeitsmappe in der Sie die Information benötigen als auch die Arbeitsmappe in der die Informationen erscheinen sollen.

- Wechseln Sie in die Arbeitsmappe, die die Information aufnehmen soll.

- Setzen Sie die Eingabemarkierung in die Zelle in der der gewünschte Wert erscheinen soll.

- Geben Sie ein Gleichheitszeichen ein und wechseln Sie in die gewünscht Tabelle der Datei, aus der Sie die Information nutzen wollen.

- Setzen Sie dort die Eingabemarkierung in die Zelle, deren Wert Sie übernehmen möchten.

- Drücken Sie die **Return**-Taste. Sie erhalten das Ergebnis. Die Formel hat Excel von sich aus gebildet.

Selbstverständlich können Sie auch hier die Formel manuell erfassen. Einfacher ist jedoch die vorangegangene Vorgehensweise. *Alternativen*

Eine weitere Möglichkeit eine Verknüpfung einzurichten, führt über die Befehlsfolge **Bearbeiten > Kopieren**. Auf diese Weise nehmen Sie die gewünschte Information zunächst in die Zwischenablage. In der Zieldatei holen Sie den Inhalt über **Bearbeiten > Inhalte einfügen** und durch einen Klick auf die Schaltfläche **Verknüpfen** an die gewünschte Position.

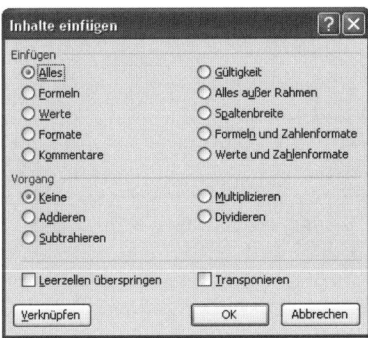

Abb. 134: Der Dialog „Inhalte" einfügen

Eine Verknüpfung kann beispielsweise folgendermaßen aussehen:

C:\Planung\Kostenplan.xls!Personalkosten!A1

Das Schema ist im Prinzip immer das Selbe: Neben dem Zellbezug am Ende der Formel sind folgende Informationen enthalten:

- Pfad

- Name der verknüpften Datei

- Tabellenarbeitsblatt, in dem sich die gewünschte Zelle befindet

Hinter dem Arbeitsmappennamen und der Tabellenbezeichnung folgt dabei jeweils ein Ausrufezeichen.

Excel-Tipp
Wenn Sie mit verknüpften Dateien arbeiten, werden Sie beim Öffnen dieser Datei automatisch gefragt, ob Sie die Verknüpfungen aktualisieren möchten. Das ist in der Regel sehr lästig und kann auch sehr zeitaufwendig sein. Die Meldung können Sie unterdrücken, in dem Sie unter **Extras > Optionen > Bearbeiten** das Kontrollkästchen **Aktualisieren von automatischen Verknüpfungen bestätigen** deaktivieren (s. Abb. 135). Die Daten werden danach weiterhin aktualisiert, Sie werden jedoch von der lästigen Abfrage verschont.

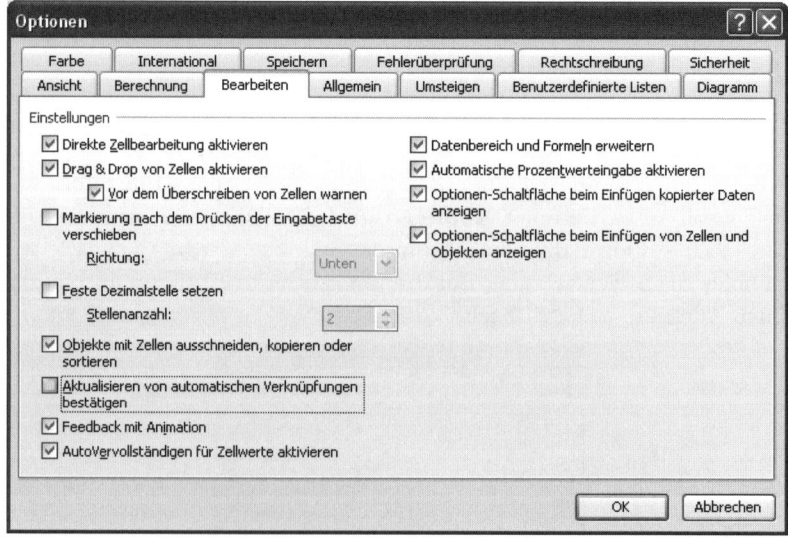

Abb. 135: Das Register „Bearbeiten" im Dialog „Optionen"

Wenn Sie eine Excel-Arbeitsmappe mit verschiedenen anderen Mappen verknüpft haben, können Sie über **Bearbeiten > Verknüpfungen** feststellen, zu welchen Dateien Verknüpfungen existieren. Über diesen Dialog haben Sie darüber hinaus die Möglichkeit, die verknüpfte Datei zu öffnen.

Liquiditätsplanung

Unter Liquidität versteht man die Fähigkeit eines Unternehmens, den zu einem bestimmten Zeitpunkt fälligen Zahlungsverpflichtungen nachkommen zu können. Ist diese Fähigkeit nicht gegeben, muss der Fortbestand des Unternehmens ernsthaft in Frage gestellt werden. Damit man die Situation eines Unternehmens stets im Blick hat, empfiehlt es sich, verschiedene Instrumente zur Liquiditätsüberwachung einzusetzen. Zu den bekanntesten Dokumentationen, Auswertungen und Analysen im Rahmen der Liquiditätssteuerung und -überwachung gehören:

- Liquiditätspläne für unterschiedliche Zeiträume
- Analyse der finanziellen Mobilität
- Liquiditätskennzahlen

Liquiditätssteuerung und -überwachung

Liquidität ist für den Fortbestand eines Unternehmens die absolute Grundvoraussetzung. Für den Fall, dass Unternehmen ihren Zahlungsverpflichtungen nicht mehr nachkommen können, droht möglicherweise sogar ein Insolvenzverfahren.

Instrumente zur Liquiditätssteuerung und -überwachung

Die notwendigen Auswertungen und Analysen zur Liquiditätssteuerung werden in der Datei **Liquidität.xls** umgesetzt. Sie enthält u. a. das Tabellenblatt **Monatsliquidität**, das Ihnen einen Überblick über die voraussichtliche Liquidität in monatlichen Zeitabständen. Mit Hilfe dieser Tabelle besteht die Möglichkeit, ein Jahr – also 12 Monate – zu planen.

Ausgangspunkt des Liquiditätsplans ist der Anfangsbestand der liquiden Mittel. Im Anschluss daran werden alle voraussichtlichen Einzahlungspositionen erfasst:

- Lieferung und Leistung
- Liquidation von Sachvermögen
- Sonstiges

- Neutraler Bereich
- Kapitalaufnahme
- Einzahlungen durch Beteiligungen
- staatliche Zuschüsse
- Einzahlungen durch Zinserträge

Anschließend werden die Ausgabenpositionen geplant.

- Material
- Personal
- Lieferungen und Leistungen
- Steuern und Abgaben
- Reisekosten
- Fuhrpark
- Werbekosten
- Kommunikation
- Versicherungen
- Gebühren
- Beratung
- Leasing
- Lizenzen, Patente etc.
- Tilgungen von Krediten bzw. Darlehen
- Fremdkapitalzinsen und weitere Kosten
- Sonstiges

Einnahmen und Ausgaben werden abschließend saldiert. Auf diese Weise zeigt der Liquiditätsplan die künftige Zahlungskraft als kumulierten Saldo von Einnahmen und Ausgaben unter Berücksichtigung der Anfangsbestände. Liquiditätsreserven bleiben unberücksichtigt und werden im Rahmen der finanziellen Mobilität analysiert.

Die zugehörigen Formeln finden Sie in Abb. 137.

	A	B	C	D	E	F	G	H	I	J	K	L	M
1	Liquiditätsplanung für einzelne Monate												
2		01.01.2009											
3	Datum	Januar	Februar	März	April	Mai	Juni	Juli	August	September	September	November	Dezember
4	Anfangsbestand												
5	Einzahlungen												
6	aus Lieferung und Leistung												
7	durch Liquidation von Sachvermögen												
8	für Sonstiges												
9	im Neutralen Bereich												
10	durch Kapitalaufnahme												
11	durch Beteiligungen												
12	durch staatliche Zuschüsse												
13	durch Zinserträge												
14	**Einnahmen Gesamt**												
15	Ausgaben												
16	für Material												
17	für Personal												
18	für Lieferungen und Leistungen												
19	für Steuern und Abgaben												
20	für Reisekosten												
21	für Fuhrpark												
22	für Werbekosten												
23	für Kommunikation												
24	für Versicherungen												
25	für Gebühren												
26	für Beratung												
27	für Leasing												
28	für Lizenzen, Patente etc.												
29	für Tilgungen von Krediten / Darlehen												
30	für Fremdkapitalzinsen												
31	für Sonstiges												
32	**Ausgaben Gesamt**												
33	**Endbestand**												

Abb. 136: Liquiditätsplan auf Monatsbasis

171

	A	B	C
1	Liquiditätsplanung für einzelne Monate		
2		39814	
3	Datum	=SVERWEIS(B5;$V$1:$W$13;2)	=SVERWEIS(C5;$V$1:$W$13;2)
4	Anfangsbestand		=B33
5	Einzahlungen		
6	aus Lieferung und Leistung		
7	durch Liquidation von Sachvermögen		
8	für Sonstiges		
9	im Neutralen Bereich		
10	durch Kapitalaufnahme		
11	durch Beteiligungen		
12	durch staatliche Zuschüsse		
13	durch Zinserträge		
14	Einnahmen Gesamt	=SUMME(B6:B13)	=SUMME(C6:C13)
15	Ausgaben		
16	für Material		
17	für Personal		
18	für Lieferungen und Leistungen		
19	für Steuern und Abgaben		
20	für Reisekosten		
21	für Fuhrpark		
22	für Werbekosten		
32	Ausgaben Gesamt	=SUMME(B16:B31)	=SUMME(C16:C31)
33	Endbestand	=+B4++B14-B32	=+B33+C14-C32

Abb. 137: Die Formelansicht der Liquiditätsplanung

Wenn Sie mit anderen Betrachtungszeiträumen arbeiten wollen, also z. B. eine Tages oder Quartalsplanung durchführen wollen, können Sie das Tabellenmodell jederzeit anpassen.

Liquiditätsstaffel

Eine Liquiditätsstaffel wird in der Praxis häufig zur Ergänzung der Liquiditätskennzahlen, die in Kapitel 4 behandelt wurden, erstellt. Die flüssigen Mittel abzüglich des kurzfristigen Fremdkapitals ergeben die Deckung der ersten Staffelstufe. Addieren Sie hierzu die Forderungen, ergibt das die Deckung der zweiten Stufe. Die dritte Stufe wird gebildet, in dem zur zweiten Stufe die Vorräte addiert werden.

Das Schema einer Liquiditätsstaffel und die zugehörigen Formeln zeigen die beiden Schaubilder von Abb. 138 und Abb. 139.

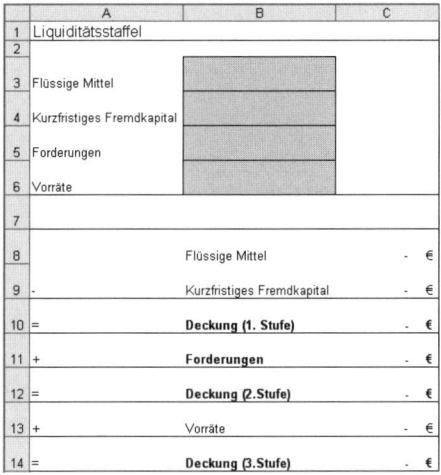

Abb. 138: Dreistufige Liquiditätsstaffel

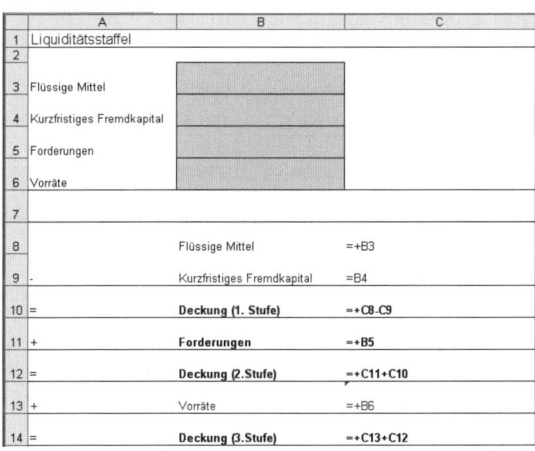

Abb. 139: Die Formelansicht der Liquiditätsplanung

Liquidität und finanzielle Mobilität

Wer seine Liquiditätsreserven konsequent ausschöpft, reduziert den Fremdkapitalbedarf. Finanzielle Mobilität gilt in der Literatur als Fähigkeit, sich an Veränderungen jederzeit so anzupassen, dass liquiditätsbezogene Ungleichgewichte vermieden und Störungen beseitigt werden können. Die Frage nach der finanziellen Mobilität soll eine Antwort darauf liefern, aus welchen Quellen zusätzliche finanzielle Mittel beschafft werden können.

173

Die Musterlösung **FinanzielleMobilitaet.xls** unterstützt Sie beim Aufdecken von Liquiditätsreserven. Auf diese Weise steht eine sinnvolle Ergänzung zum Liquiditätspan zur Verfügung. Damit sind Sie möglicherweise in der Lage, den Fremdkapitalbedarf herunterzuschrauben.

Im Zusammenhang mit der finanziellen Mobilität spielen u. a. die freien Liquiditätsreserven eine entscheidende Rolle. Dabei handelt es sich um unterschiedliche Faktoren:

- Kurzfristige Vermögens- und Finanzierungsreserven
- Einsparungen
- Kapitalfreisetzungen
- Begrenzte Vorratspolitik wie Abbau von Sicherheitsbeständen
- Kontrolle der Debitoren zum Beispiel durch intensiveres Mahnwesen
- Verlängerung der Kreditorendauer
- Reduzierung der Gemeinkosten

Den Abbau von Working Capital wird durch eine restriktive Vorratspolitik erreicht. Dies erreichen Sie u. a. durch folgende Maßnahmen:

- Drosselung der Produktionsrate
- Abbau von Sicherheitsbeständen
- Beschleunigung des Materialdurchflusses

Eine stärkere Kontrolle der Debitoren kann durch folgendes Vorgehen erreicht werden:

- Intensivierung des Mahnwesens
- Veränderung der Zahlungsbedingungen
- Kunden mit schlechter Zahlungsmoral werden nicht beliefert

Praxis-Hinweis

Auch die Verlängerung der Kreditorendauer kann den Mobilitätsstatus verbessern. Auf der anderen Seite hat eine volle Ausnutzung der Zahlungsziele unter Umständen den Verlust von Skonti zur Folge.

Die Reduzierung der Gemeinkosten lässt sich oft nicht durchführen und sollte nur in Betracht kommen, wenn keine Auswirkungen auf die laufenden Erträge zu befürchten sind.

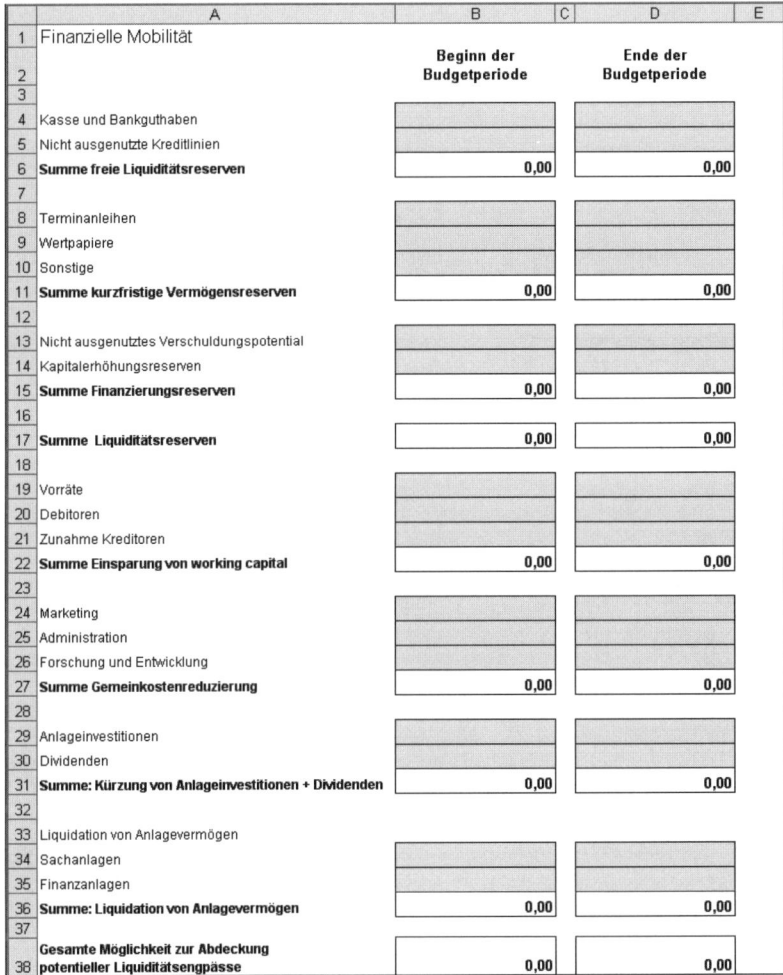

	A	B	C	D	E
1	Finanzielle Mobilität	**Beginn der**		**Ende der**	
2		**Budgetperiode**		**Budgetperiode**	
3					
4	Kasse und Bankguthaben				
5	Nicht ausgenutzte Kreditlinien				
6	**Summe freie Liquiditätsreserven**	0,00		0,00	
7					
8	Terminanleihen				
9	Wertpapiere				
10	Sonstige				
11	**Summe kurzfristige Vermögensreserven**	0,00		0,00	
12					
13	Nicht ausgenutztes Verschuldungspotential				
14	Kapitalerhöhungsreserven				
15	**Summe Finanzierungsreserven**	0,00		0,00	
16					
17	**Summe Liquiditätsreserven**	0,00		0,00	
18					
19	Vorräte				
20	Debitoren				
21	Zunahme Kreditoren				
22	**Summe Einsparung von working capital**	0,00		0,00	
23					
24	Marketing				
25	Administration				
26	Forschung und Entwicklung				
27	**Summe Gemeinkostenreduzierung**	0,00		0,00	
28					
29	Anlageinvestitionen				
30	Dividenden				
31	**Summe: Kürzung von Anlageinvestitionen + Dividenden**	0,00		0,00	
32					
33	Liquidation von Anlagevermögen				
34	Sachanlagen				
35	Finanzanlagen				
36	**Summe: Liquidation von Anlagevermögen**	0,00		0,00	
37					
38	**Gesamte Möglichkeit zur Abdeckung potentieller Liquiditätsengpässe**	0,00		0,00	

Abb. 140: Eine Datenerfassung erfolgt zu Beginn und zum Ende der Budgetperiode

Ausgangspunkt der Musterlösung sind die so genannten **freien Liquiditätsreserven** in Form von Kassenbeständen, Bankguthaben sowie nicht ausgenutzte Kreditlinien.

Kurzfristige Vermögensreserven sind u. a. Terminanleihen und Wertpapiere.

Nicht ausgenutztes Verschuldungspotential und Kapitalerhöhungsreserven bilden die Summe der **Finanzierungsreserven**.

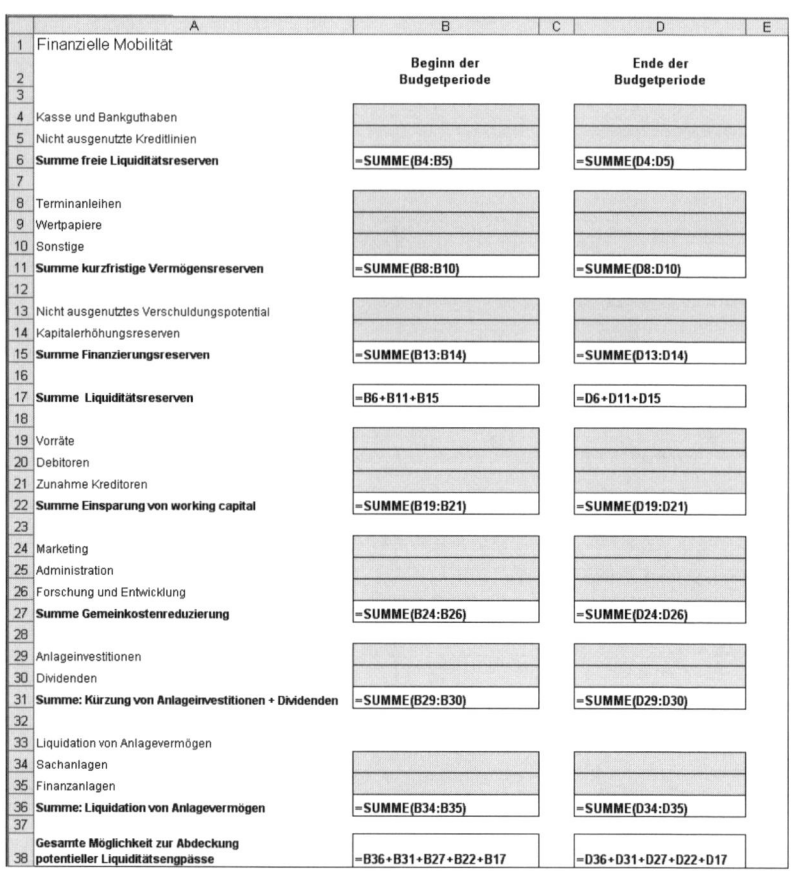

Abb. 141: Die Formelansicht

Liquiditäts-reserven

Die Summe der freien Liquiditätsreserven, kurzfristigen Vermögensreserven und Finanzierungsreserven ergeben die Liquiditätsreserven.

Working Capital

Anschließend geht es um den Abbau des Working Capital wie Vorräte, Debitoren bzw. der Zunahme der Kreditoren. Die Addition dieser Werte ergibt die Potentiale durch **Working Capital**.

Gemeinkosten-reduzierung

Im Zusammenhang mit der **Gemeinkostenreduzierung** müssen die Bereiche Marketing, Administration sowie Forschung und Entwicklung analysiert werden.

Kürzungen

Auch **Kürzungen** von Anlageinvestitionen und Dividenden können potentiellen Liquiditätsengpässen vorbeugen.

Als letzte Möglichkeit bleibt die **Liquidation** von Anlagever- Liquidation
mögen, also Sach- und Finanzanlagen.

Der Mobilitätsstatus zu Beginn der Budgetperiode zeigt in der Regel die
aktuellen Zahlen. Die voraussichtliche Mobilität am Ende der Budgetperiode ergibt sich unter Berücksichtigung aller geplanten Einzahlungen
und Ausgaben. Dabei wird mit der Prämisse gearbeitet, dass die Plan-
daten eingehalten werden. Die zum Ende der Budgetperiode ermittelte
Liquidität dient der Abdeckung möglicher Liquiditätsengpässe in der
Zukunft und soll rechtzeitig auf eventuell notwendige Maßnahmen aufmerksam machen.

Die Formelansicht der Musterlösung zeigt Abb. 141.

ABC-Analyse

Bei einer ABC-Analyse handelt es sich um ein Verfahren der Schwer-
punktbildung, das seinen Ursprung im Materialbereich hat. Dabei werden zunächst Klassen - in der Regel A, B und C - gebildet. A steht dabei
für die bedeutendste Klasse, C für die unwichtigste Klasse. Die Materi-
en werden den Klassen zugeordnet. Anstelle von Materialien, können Sie
mit Hilfe der ABC-Analyse auch andere Daten klassifizieren, beispielsweise Kundenumsätze oder Deckungsbeiträge. Auf diese Weise werden
wichtige von unbedeutenden Kunden unterschieden und folgende Fragestellungen geklärt:

- Wie viel Prozent der Kunden erwirtschaften wie viel Prozent der Um-
  sätze?
- Wie viel Prozent der Kunden erzielen welchen Prozentsatz am gesam-
  ten Deckungsbeitrag?
- Wie abhängig ist das Unternehme von welcher Kundengruppe?
- Wie homogen ist die Umsatzstruktur des Unternehmens?

Ausgangspunkt der ABC-Analyse ist eine Klasseneinteilung.
Anschließend muss gezählt werden, wie viele Kunden jeweils in Klassen-
die einzelnen Umsatz bzw. die Deckungsbeitragsklassen fallen. einteilung

In der der Musterlösung **ABC.xls** finden Sie Beispieldaten, für die eine
ABC-Analyse nach Umsätzen und Deckungsbeiträgen durchgeführt wird.

Die Datei enthält folgende Tabellenarbeitsblätter:

- Kundenliste (Daten können ausgetauscht werden)
- Klassen

- Auswertung
- Diagramm_Umsatz_Kunden
- Diagramm_Deckungsbeitrag_Kunden

Wenn Sie die Musterlösung einsetzen wollen, löschen Sie die Beispieldaten und tragen Sie Ihr Datenmaterial ein.

In die Tabelle können Sie folgende Informationen erfassen:

- Kunden-Nr.
- Kunden-Name
- Umsatz
- Deckungsbeitrag

Die Klassen für den Umsatz und Deckungsbeitrag werden mit Hilfe von Formeln gebildet (s. Abb. 142).

	A	B	C	D	E	F	G	H
1	Kunden-Nr.	Name	Kunde seit	Umsatz	Umsatzklasse	Deckungsbeitrag	Deckungsbeitragsklasse	Abweichung
2	1			133.545,00 €	B	25.401,75 €	B	
3	2			59.554,14 €	B	20.896,19 €	B	
4	4			87.120,00 €	B	1.568,42 €	C	Abweichung
5	5			164.209,22 €	A	27.617,27 €	B	Abweichung
6	6			11.386,58 €	B	3.995,29 €	C	Abweichung
7	7			5.955,74 €	C	2.089,73 €	C	
8	8			85.971,11 €	B	30.165,30 €	B	
9	9			1.346,00 €	C	472,28 €	C	
10	10			57.378,32 €	B	20.132,74 €	B	
11	11			4.975,64 €	C	1.745,84 €	C	
12	12			848.902,73 €	A	297.860,61 €	A	
13	13			99.900,92 €	B	13.017,87 €	B	
14	16			9.786,84 €	C	3.433,98 €	C	
15	17			32.395,57 €	B	11.366,87 €	B	
16	18			102.429,16 €	B	35.940,06 €	B	
17	19			415.426,28 €	A	145.763,61 €	A	
18	20			293.799,13 €	A	103.087,41 €	A	
19	21			411.883,51 €	A	40.169,65 €	B	Abweichung
20	22			134.659,21 €	B	47.248,84 €	B	
21	23			531.320,92 €	A	186.428,39 €	A	
22	24			22.869,00 €	B	8.024,21 €	B	
23	25			7.599,04 €	C	2.666,33 €	C	
24	26			27.225,00 €	B	9.552,63 €	B	
25	27			544,50 €	C	191,05 €	C	
26	28			1.633,50 €	C	573,16 €	C	
27	29			11.979,00 €	B	4.203,16 €	C	Abweichung
28	30			4.900,50 €	C	1.719,47 €	C	
29	31			354.795,11 €	A	124.489,51 €	A	
30	32			354.736,31 €	A	124.468,88 €	A	
31	35			15.872,18 €	B	5.569,18 €	B	

Abb. 142: Auszug aus den Beispieldaten der Kundenliste

Unter Umständen können sich im Hinblick auf die Einteilung nach Umsatz und Deckungsbeitrag unterschiedliche Klassen ergeben. Das liegt daran, dass Kunden zwar durchaus einen guten Umsatz machen können, der Deckungsbeitrag aber verhältnismäßig niedrig ist. Auf Abweichungen weist die Tabelle hin.

Die Formel zur Klassenbildung in E2 lautet wie folgt:

=WENN(D2="";"";WENN(D2≥Klassen!$C$3;"A";WENN(UND(D 2≥Klassen!$C$5;D2<Klassen!$C$3);"B";"C")))

In G2 wird folgende Formel verwendet:

=WENN(F2="";"";WENN(F2≥Klassen!$C$10;"A";WENN(UND(F2 ≥Klassen!$C$12;F2<Klassen!$C$10);"B";"C")))

Die Formeln zur Klassenbildung kombinieren die Funktionen WENN() und UND().

Die Funktion UND() liefert als Ergebnis Wahrheitswerte. Die Syntax der Funktion UND() lautet: Funktion UND()

UND(Wahrheitswert1;Wahrheitswert2; ...)

Das Argument **Wahrheitswert** verarbeitet bis zu 30 Argumente. Das heißt, es können 30 Bereiche in die Betrachtungen einbezogen werden. Wenn alle Argumente WAHR sind, liefert UND() das Resultat WAHR. Trifft dies auf eines oder mehrere Argumente nicht zu, wird FALSCH wiedergegeben (s. Abb. 143).

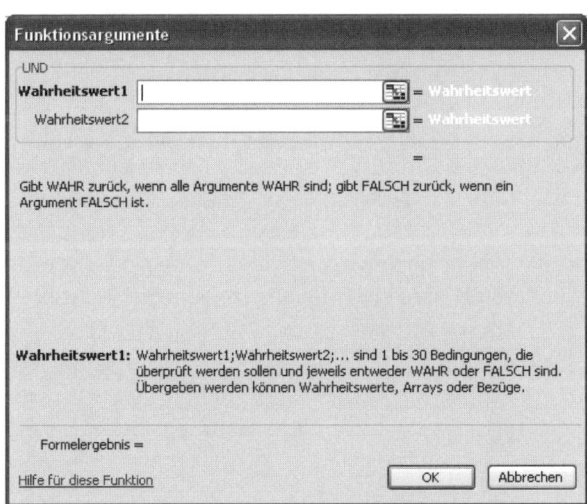

Abb. 143: Der Dialog Funktionsargumente von UND()

Die Abweichung in H2 ermitteln Sie mit Hilfe dieser Formel:

=WENN(E2<>G2;"Abweichung";"")

Alle Formeln, sowohl die zur Klassenbildung als auch die zur Bildung einer Abweichung, können in die nachfolgenden Zeilen kopiert werden. Wenn Sie nur nach Umsätzen bzw. Deckungsbeiträgen aus-

Excel-Tipp werten wollen, können Sie die überflüssige Spalte löschen. Dazu deaktivieren Sie den Blattschutz über **Extras** > **Schutz** > **Blattschutz aufheben**. Klicken Sie in den Spaltenkopf der überflüssigen Spalte die Sie löschen wollen und drücken Sie die Tastenkombination **Strg+Minus-Taste**. Aktivieren Sie den Blattschutz anschließend erneut.

In der Tabelle **Kundenliste** werden die Klassen durch Excel gebildet. Dazu geben Sie zunächst die Größenordnungen in der Tabelle **Klasse** in den grau markierten Eingabefeldern an. Festzulegen sind die folgenden Werte:

- Untergrenze der Klasse A
- Untergrenze der Klasse B

Dadurch ergeben sich automatisch die Obergrenze von B und C mit Hilfe von Formeln (s. Abb. 144).

	A	B	C
1	Klasseneinteilung Umsatz		
2			
3	A	Untergrenze	150.000,00 €
4	B	Obergrenze	149.999,99 €
5		Untergrenze	10.000,00 €
6	C	Obergrenze	9.999,99 €
7			
8	Klasseneinteilung Deckungsbeitrag		
9			
10	A	Untergrenze	75.000,00 €
11	B	Obergrenze	74.999,99 €
12		Untergrenze	5.000,00 €
13	C	Obergrenze	4.999,99 €

Abb. 144: Hier erfassen Sie die Werte für die Klassenbildung

Die zugehörige Obergrenze wird gebildet, in dem von der Untergrenze der nächst höheren Klasse ein Cent abgezogen wird (s. Abb. 145).

	A	B	C
1	Klasseneinteilung Umsatz		
2			
3	A	Untergrenze	150000
4	B	Obergrenze	=C3-0,01
5		Untergrenze	10000
6	C	Obergrenze	=C5-0,01
7			
8	Klasseneinteilung Deckungsbeitrag		
9			
10	A	Untergrenze	75000
11	B	Obergrenze	=C10-0,01
12		Untergrenze	5000
13	C	Obergrenze	=C12-0,01

Abb. 145: Die Formelansicht

Die Auswertung der Kundengruppe

Die Kundenliste zeigt lediglich, welche Kunden in welche Klasse gehören. Wie häufig die einzelnen Klassen vorkommen oder wie hoch der Gesamtumsatz bzw. -deckungsbeitrag der einzelnen Klassen sind, zeigt die Tabelle **Auswertung** (s. Abb. 146).

	A	B	C	D	E
1	ABC-Analyse nach Umsatz				
2					
3		Anzahl-Kunden %		Umsatz	%
4	A	11	15%	5.011.029,98 €	73%
5	B	35	47%	1.713.300,00 €	25%
6	C	28	38%	134.747,42 €	2%
7	Gesamt	74	100%	6.859.077,40 €	100%
8					
9	ABC-Analyse nach Deckungsbeitrag				
10					
11		Anzahl-Kunden	%	Deckungsbeitrag	%
12	A	9	12%	1.556.118,33 €	71%
13	B	29	39%	565.552,09 €	26%
14	C	36	49%	78.181,29 €	4%
15	Gesamt	74	100%	2.199.851,72 €	100%

Abb. 146: Die Auswertung der Kundenliste nach Umsatz und Deckungsbeitrag

Für jede der Klassen A, B und C werden jeweils die Anzahl der Kunden und der Betrag gebildet. Zunächst werden die Umsatz und Deckungsbeitragsdaten verdichtet.

Für das aktuelle Bespiel ergibt sich folgende Situation:

Die Analysedaten zeigen, dass 11 % der Kunden 73 % vom Umsatz tätigen, während in Klasse C 38 % der Kunden einen Anteil von lediglich 2 % erwirtschafteten. In Gruppe B ist das Verhältnis weitgehend ausgewogen. Die Anteile im Bereich der Deckungsbeiträge gestalten sich ähnlich.

Dreh- und Angelpunkt der Auswertung sind die Funktionen ZÄHLEN-WENN und SUMMEWENN (s. Abb. 147).

Die Funktion ZÄHLENWENN zählt das Vorkommen der einzelnen Klassen. Die Syntax der Funktion lautet: ZÄHLENWENN()

ZÄHLENWENN(Bereich;Kriterien)

	A	B	C	D	E
1	ABC-Analyse nach Umsatz				
2					
3		Anzahl-Kunden	%	Umsatz	%
4	A	=ZÄHLENWENN(Kundenliste!$E$2:$E$997;"A")	=WENN($B$7=0;0;B4/$B$7)	=SUMMEWENN(Kundenliste!$E$2:$E$996;"A";Kundenliste!$D$2:$D$996)	=WENN($D$7=0;0;D4/$D$7)
5	B	=ZÄHLENWENN(Kundenliste!$E$2:$E$997;"B")	=WENN($B$7=0;0;B5/$B$7)	=SUMMEWENN(Kundenliste!$E$2:$E$996;"b";Kundenliste!$D$2:$D$996)	=WENN($D$7=0;0;D5/$D$7)
6	C	=ZÄHLENWENN(Kundenliste!$E$2:$E$997;"C")	=WENN($B$7=0;0;B6/$B$7)	=SUMMEWENN(Kundenliste!$E$2:$E$996;"c";Kundenliste!$D$2:$D$996)	=WENN($D$7=0;0;D6/$D$7)
7	Gesamt	=SUMME(B4:B6)	=SUMME(C4:C6)	=SUMME(D4:D6)	=SUMME(E4:E6)
8					
9	ABC-Analyse nach Deckungsbeitrag				
10					
11		Anzahl-Kunden	%	Deckungsbeitrag	%
12	A	=ZÄHLENWENN(Kundenliste!$G$2:$G$997;"A")	=WENN($B$15=0;0;B12/$B$15)	=SUMMEWENN(Kundenliste!$G$2:$G$996;"A";Kundenliste!$F$2:$F$996)	=WENN($D$15=0;0;D12/$D$15)
13	B	=ZÄHLENWENN(Kundenliste!$G$2:$G$997;"B")	=WENN($B$15=0;0;B13/$B$15)	=SUMMEWENN(Kundenliste!$G$2:$G$996;"b";Kundenliste!$F$2:$F$996)	=WENN($D$15=0;0;D13/$D$15)
14	C	=ZÄHLENWENN(Kundenliste!$G$2:$G$997;"C")	=WENN($B$15=0;0;B14/$B$15)	=SUMMEWENN(Kundenliste!$G$2:$G$996;"c";Kundenliste!$F$2:$F$996)	=WENN($D$15=0;0;D14/$D$15)
15	Gesamt	=SUMME(B12:B14)	=SUMME(C12:C14)	=SUMME(D12:D14)	=SUMME(E12:E14)

Abb. 147: Die Formelansicht der Auswertung

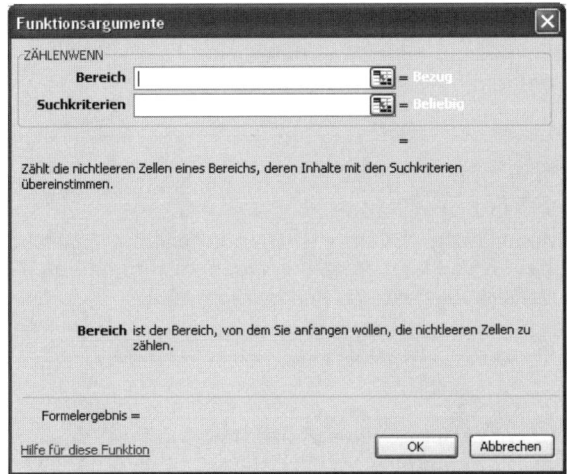

Abb. 148: Der Dialog Funktionsargumente von ZÄHLENWENN()

Das Argument **Bereich** ist der Zellbereich, von dem man wissen muss, wie viele seiner Zellen einen Inhalt haben, der mit den Suchkriterien übereinstimmt.

Mit Hilfe der Funktion SUMMEWENN besteht die Möglichkeit, Zahlen zu addieren, die mit bestimmten Suchkriterien übereinstimmen. Die Syntax der Funktion lautet: SUMMEWENN()

SUMMEWENN(Bereich; Suchkriterien; Summe_Bereich)

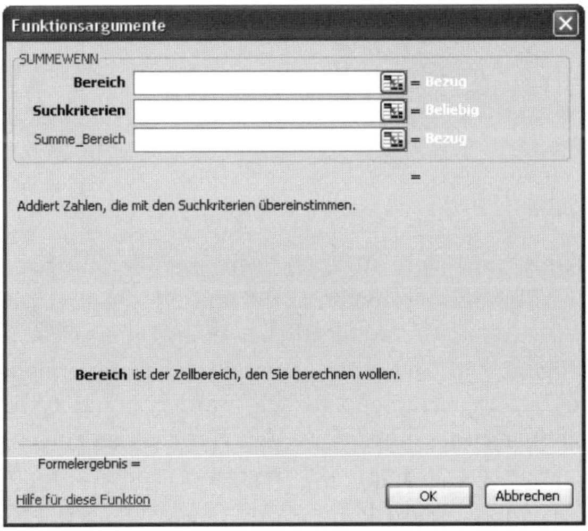

Abb. 149: Der Dialog Funktionsargumente von SUMMEWENN()

Auch bei SUMMEWENN() entspricht das Argument **Bereich** dem Zellbereich, von dem Sie wissen müssen, wie viele Bereichszellen einen Inhalt
haben, der mit den Suchkriterien übereinstimmt.

Grafische Darstellung

 Die Musterlösung **ABC.xls** enthält außerdem zwei grafische Darstellun-
gen, die das Verhältnis **Anzahl Kunden zu Umsatz** bzw. **Anzahl Kunden zu Deckungsbeitrag** zeigen (s. Abb. 150).

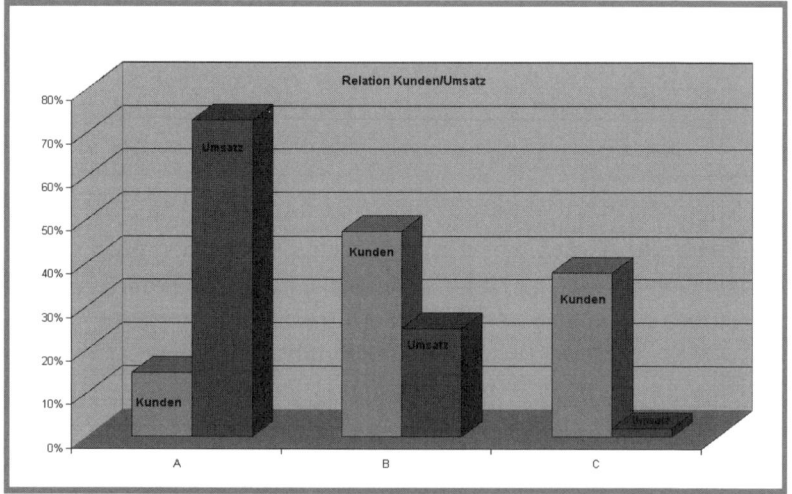

*Abb. 150: Mit den Diagrammfunktionen werden die Verhältnisse hier
grafisch dargestellt*

Balanced Score Card

Balanced Score Card steht für „ausgewogener Berichtsbogen" und ist
eine moderne Managementmethode die von Norten und Kaplan entwickelt wurde. Sie soll die Verantwortlichen eines Unternehmens dabei unterstützen, angestrebte Ziele eines Unternehmens im betrieblichen Alltag
umzusetzen. Zur Erreichung der Ziele werden konkrete Maßnahmen
festgelegt, zu Steuerungszwecken werden Kennzahlen eingesetzt.

Balanced   **Balanced** steht dafür für „Gleichgewicht" im Hinblick auf einen „ausgewogenen" sprich „balanced" Satz von Zielkennzah-
len. Dabei geht es nicht ausschließlich um finanzielle, so ge-

nannte harte Zielkennzahlen, sondern auch um weiche, nicht-finanzielle Faktoren wie Kundenzufriedenheit oder Kundentreue. In diesem Zusammenhang geht man davon aus, dass auch nicht-finanzielle Faktoren langfristig zum Unternehmenserfolg beitragen.

Score Card steht für das Formular, in dem Ziele und Ergebnis-   Score Card
se erfasst werden.

Im Rahmen von Balanced Score Card wird unterstellt, dass sich alle Kennzahlen gegenseitig bedingen. So beeinflusst die Qualität eines Produkts die Kundenzufriedenheit. Diese schlägt sich in der Kundentreue wieder. Letztere wiederum beeinflusst den Umsatz.

Excel-Lösung: Unternehmensstrategie in vier Dimensionen

Balanced Score Card bildet die Unternehmensstrategien in unterschiedlichen Dimensionen ab (s. Abb. 151).

Das Balanced Score Card Formular der Musterlösung zum Buch (**Balan-cedScoreCard.xls**) arbeitet auf Quartalsbasis mit folgenden vier Perspektiven:

*   Finanzwirtschaftliche Perspektive
*   Kundenperspektive Perspektive
*   Innovations- und Wissensperspektive Perspektive
*   Prozessperspektive

Für jede Perspektive werden Ziele in Form von Soll- bzw. Planvorgaben festgelegt und im Berichtsformular festgehalten. Die weitere Vorgehensweise ist Folgende:

*   Definition einer Messgröße pro Ziel, damit das Ziel in Form einer Kennzahl gemessen werden kann.
*   Festlegen einer Einheit je Messgröße.
*   Bestimmung des Zielwertes

Während des Jahres werden die zugehörigen Ist-Werte quartalsweise eingetragen und der aktuelle Zielerreichungsgrad gemessen.

Dazu wird das Berichtsformular wie folgt aufgeteilt:

*   Ist-Werte Quartal
*   Zielwert Jahr
*   erreicht

	A	B	C	D	E	F	G	H	I
1	Balanced Score Card								
2									
3									
4	**Finanzwirtschaftliche Pespektive**								
5	Ziel	Messgröße	Einheit	Ist-Werte Quartal				Zielwert Jahr	erreicht
6				1	2	3	4		
7	Umsatzsteigerung	Netto-Umsatz	Tausend Euro						
8	Gewinn	Brutto-Betriebsergebnis	Tausend Euro						
9	Rentabilität	Return on Sales	%						
10	Kapitalverzinsung	ROI	%						
11	Liquidität	Free Cash Flow	Tausend Euro						
12									
13	**Kundenperspektive**								
14	Ziel	Messgröße	Einheit	Ist-Werte Quartal				Zielwert Jahr	erreicht
15				1	2	3	4		
16	Markdurchdringung	Marktanteil	%						
17	Kundentreue	Stammkundenquote	%						
18	Kundenzufriedenheit	Index	Punkte						
19	Kundenverlässlichkeit	Stornos	Anzahl						
20	Fehlerfreie Produkte	Retouren	Stück						
21									
22	**Innovations- und Wissensperspektive**								
23	Ziel	Messgröße	Einheit	Ist-Werte Quartal				Zielwert Jahr	erreicht
24				1	2	3	4		
25	Neue Produkte	Umsatz Neu-/Gesamtprodukte	%						
26	Qualität	Änderungen/Nachbesserungen	Zahl						
27	Verbesserung von Leistung	Weiterbildungskosten /Mitarbeiter	%						
28									
29	**Prozessperspektive**								
30	Ziel	Messgröße	Einheit	Ist-Werte Quartal				Zielwert Jahr	erreicht
31				1	2	3	4		
32	Steuerungskompetenz	Produktions-Durchlaufzeit	Tage						
33	Prokuktionseffizienz	Anlagenverfügbarkeit/Fehlzeitquote	%						
34	Kreditmanagement	Zahlungsziel	Tage						

Abb. 151: So kann ein Berichtsbogen aussehen

Gearbeitet wird mit folgenden Messgrößen:

- **Tausend Euro** für finanzwirtschaftliche Perspektive (Umsatz, Ergebnis und Cashflow)

- Mit **prozentualen Werten** wird beim Return on Sales, ROI, Marktanteil, der Stammkundenquote, Anteil neuer Produkte, Qualifizierung der Mitarbeiter, Anteil der Mitarbeiter in Projekten, Ausschussanteil sowie der Anlagenverfügbarkeit gearbeitet.

- **Punkte**: Für die Kundenzufriedenheit werden Punkte vergeben. Dabei ist es weitaus schwieriger die Kundenzufriedenheit zu messen, als Kennziffern zum Umsatz oder Betriebsergebnis zu ermitteln. Ergebnisse können z. B.- durch Kundenbefragungen erzielt werden.

- **Anzahl/Stück**: In dieser Einheit werden Stornos und Retouren gemessen.

- **Zahl**: Diese Einheit eignet sich für das Messen von Nachbesserungen.

- **Tage**: Produktions-Durchlaufzeit und Zahlungsziel werden in Tagen gemessen.

In den Quartalsspalten werden die Daten der einzelnen Quartale erfasst. Daneben wird der Zielwert für das entsprechende Jahr geschrieben. Unter **erreicht** wird ausgewiesen, wie viel Prozent vom Jahressoll bis zum aktuellen Zeitpunkt erzielt wurden. Liegt das Ziel zum Beispiel bei zwei Million Euro Umsatz und wurden im ersten Quartal 600.000 Euro und im zweiten Quartal 560.000 Euro erreicht, liegt der Zielerreichungsgrad zum Ende des zweiten Quartals bei 55 %. Das heißt: Im zweiten Halbjahr müssen nur noch 45 % zur Zielerreichung realisiert werden.

Die Formelansicht des Berichtsformulars zeigt die folgende Abbildung.

	H	I
3		
4		
5	Zielwert Jahr	erreicht
6		
7		=WENN(H7="";;SUMME(D7:G7)/H7)
8		=WENN(H8="";;SUMME(D8:G8)/H8)
9		=SUMME(D9:G9)/4
10		=SUMME(D10:G10)/4
11		=WENN(H11="";;SUMME(D11:G11)/H11)
12		
13		
14	Zielwert Jahr	erreicht
15		
16		=SUMME(D16:G16)/4
17		=SUMME(D17:G17)/4
18		=WENN(H18="";;SUMME(D18:G18)/H18)
19		=WENN(H19="";;SUMME(D19:G19)/H19)
20		=WENN(H20="";;SUMME(D20:G20)/H20)
21		
22		
23	Zielwert Jahr	erreicht
24		
25		=SUMME(D25:G25)/4
26		=WENN(H26="";;SUMME(D26:G26)/H26)
27		=SUMME(D27:G27)/4
28		
29		
30	Zielwert Jahr	erreicht
31		
32		=WENN(H32="";;SUMME(D32:G32)/H32)
33		=SUMME(D33:G33)/4
34		=WENN(H34="";;SUMME(D34:G34)/H34)

Abb. 152: Die Formelansicht

Die Musterlösung finden Sie in der Datei **BalancedScorecard.xls** in der Tabelle **BSC_1**. Eine Erweiterung von **BSC_1** finden Sie auf dem Tabellen-arbeitsblatt **BSC_2**, das um folgende Spalten ergänzt wurde (s. Abb. 153):

- korrigierter Zielwert
- Zielwert erhöht um

	A	B	C	Ist-Werte Quartal				H	I	J	K
				1	2	3	4				
1	Balanced Score Card										
3	**Finanzwirtschaftliche Pespektive**										
5	Ziel	Messgröße	Einheit					Zielwert Jahr	erreicht	korrigierter Zielwert	Zielwert erhöht um
7	Umsatzsteigerung	Netto-Umsatz	Tausend Euro								
8	Gewinn	Brutto-Betriebsergebnis	Tausend Euro								
9	Rentabilität	Return on Sales	%								
10	Kapitalverzinsung	ROI	%								
11	Liquidität	Free Cash Flow	Tausend Euro								
13	**Kundenperspektive**										
14	Ziel	Messgröße	Einheit					Zielwert Jahr	erreicht		
16	Markdurchdringung	Marktanteil	%								
17	Kundentreue	Stammkundenquote	%								
18	Kundenzufriedenheit	Index	Punkte								
19	Kundenverlasslichkeit	Stornos	Anzahl								
20	Fehlerfreie Produkte	Retouren	Stück								
22	**Innovations- und Wissensperspektive**										
23	Ziel	Messgröße	Einheit					Zielwert Jahr	erreicht		
25	Neue Produkte	Umsatz Neu-/Gesamtprodukte	%								
26	Qualität	Änderungen/Nachbesserungen	Zahl								
27	Verbesserung von Leitung	Weiterbildungskosten./Mitarbeiter	%								
29	**Prozessperspektive**										
30	Ziel	Messgröße	Einheit					Zielwert Jahr	erreicht		
32	Steuerungskompetenz	Produktions-Durchlaufzeit	Tage								
33	Produktionseffizienz	Anlagenverfügbarkeit/Fehlzeitquote	%								
34	Kredit Management	Zahlungsziel	Tage								

Abb. 153: Das erweiterte Berichtsformular Balanced Score Card

Damit haben Sie in dieser Tabelle die Möglichkeit, den Zielwert im Laufe des Jahres zu berichtigen. Angenommen der Nettoumsatz würde für das komplette Jahr auf zwei Mio. Euro veranschlagt. Bereits nach dem zweiten Quartal wurden 1.200.000 Euro erreicht. Falls es sich um keine saisonalen Produkte handelt, kann das Ziel für die zweite Hälfte des Geschäftsjahres durchaus höher gesteckt und unter **korrigierter Zielwert** eingetragen werden.

Zielwert erhöht um gibt an, um wie viel % der Zielwert im Laufe des Jahres korrigiert wurde. Ansonsten gibt es keine Unterschiede zum einfachen Berichtsbogen.

Die Formelansicht zeigt die folgende Abbildung:

	H	I	J	K
4			korrigierter	Zielwert
5	Zielwert Jahr	erreicht	Zielwert	erhöht um
6				
7		=WENN(H7="";;SUMME(D7:G7)/H7)		=WENN(J7="";"";WENN(H7="";"";(J7-H7)/H7))
8		=WENN(H8="";;SUMME(D8:G8)/H8)		=WENN(J8="";"";WENN(H8="";"";(J8-H8)/H8))
9		=SUMME(D9:G9)/4		=WENN(J9="";"";J9-H9)
10		=SUMME(D10:G10)/4		=WENN(J10="";"";J10-H10)
11		=WENN(H11="";;SUMME(D11:G11)/H11)		=WENN(J11="";"";WENN(H11="";"";(J11-H11)/H11))
12				
13				
14	Zielwert Jahr	erreicht		
15				
16		=SUMME(D16:G16)/4		=WENN(J16="";"";J16-H16)
17		=SUMME(D17:G17)/4		=WENN(J17="";"";J17-H17)
18		=WENN(H18="";;SUMME(D18:G18)/H18)		=WENN(J18="";"";WENN(H18="";"";(J18-H18)/H18))
19		=WENN(H19="";;SUMME(D19:G19)/H19)		=WENN(J19="";"";WENN(H19="";"";(J19-H19)/H19))
20		=WENN(H20="";;SUMME(D20:G20)/H20)		=WENN(J20="";"";WENN(H20="";"";(J20-H20)/H20))
21				
22				
23	Zielwert Jahr	erreicht		
24				
25		=SUMME(D25:G25)/4		=WENN(J25="";"";J25-H25)
26		=WENN(H26="";;SUMME(D26:G26)/H26)		=WENN(J26="";"";WENN(H26="";"";(J26-H26)/H26))
27		=SUMME(D27:G27)/4		=WENN(J27="";"";J27-H27)
28				
29				
30	Zielwert Jahr	erreicht		
31				
32		=WENN(H32="";;SUMME(D32:G32)/H32)		=WENN(J32="";"";WENN(H32="";"";(J32-H32)/H32))
33		=SUMME(D33:G33)/4		=WENN(J33="";"";J33-H33)
34		=WENN(H34="";;SUMME(D34:G34)/H34)		=WENN(J34="";"";WENN(H34="";"";(J34-H34)/H34))

Abb. 154: Die Formelansicht

189

6 Die wichtigsten Excel-Techniken für Controller

Für die Durchführung von Berechnungen und Analysen, die für den Controller zum Arbeitsalltag gehören, stellt Excel ganz besondere Techniken zur Verfügung. Die in diesem Kapitel vorgestellten Funktionen und Instrumente unterstützen Sie in der täglichen Arbeitspraxis.

Berechnungen in Excel durchführen

Zwar kann Excel mehr als nur rechnen, Berechnungen werden dennoch in den meisten Tabellenarbeitsblättern durchgeführt, egal, ob es geht um die Ermittlung von Zinsen, Abweichungen oder die Vorteilhaftigkeit von Investitionen. Excel stellt hierfür Formeln und Funktionen zur Verfügung.

Formeln

Eine Formel ist eine Anweisung, eine bestimmte Berechnung durchzuführen. Sie wird in der Regel mit einem Gleichheitszeichen eingeleitet und liefert in der Regel ein Ergebnis.

Bestandteile einer Formel

Eine Formel kann folgende Bestandteile aufweisen:

* Zellbezüge
* Werte
* Operatoren
* Namen
* Bereiche
* Funktionen
* Klammern

Häufig werden Kombinationen dieser Elemente verwendet. Eine Formel wird immer mit einem Gleichheitszeichen eingeleitet.

Operatoren

Ein wesentlicher Bestandteil einer Formel sind die Operatoren. Diese legen den Rechenweg fest, der mit den Elementen einer Formel durchgeführt werden soll. Excel unterscheidet folgende Arten von Operatoren:

- **Arithmetische Operatoren** wie Plus- oder Minuszeichen führen elementare mathematische Operationen, wie z. B. eine Addition oder eine Subtraktion, durch.

- **Vergleichsoperatoren** vergleichen zwei Werte und liefern den Wahrheitswert WAHR oder FALSCH zurück. Dieser Rückgabewert wird abgefragt und dementsprechend die weitere Berechnung durchgeführt.

- **Bezugsoperatoren** stellen eine Verbindung zu anderen Zellen her. Bezüge können eine Zelle oder Gruppen von Zellen in einem Tabellenblatt bezeichnen. In der Praxis ist der Doppelpunkt als Bezugsoperator für einen Bereich von größter Bedeutung.

Hier eine Übersicht über die wichtigsten Operatoren:

Operator	Kategorie	Bedeutung
-	Arithmetischer Operator	Negatives Vorzeichen
%	Arithmetischer Operator	Prozent
^	Arithmetischer Operator	Potenz
×	Arithmetischer Operator	Multiplikation
/	Arithmetischer Operator	Division
+	Arithmetischer Operator	Addition
-	Arithmetischer Operator	Subtraktion
=	Vergleichsoperator	Gleich
>	Vergleichsoperator	Größer als
<	Vergleichsoperator	Kleiner als
≥	Vergleichsoperator	Großer oder gleich
≤	Vergleichsoperator	Kleiner oder gleich
<>	Vergleichsoperator	Ungleich
& (Kaufmännisches Und)	Textoperator	Textverknüpfung (Verbindet zwei Textwerte zu einem zusammenhängenden Text)
: (Doppelpunkt)	Bezugsoperator	Bezug eines Zellbereichs
; (Semikolon)	Bezugsoperator	Vereinigung
(Leerzeichen)	Bezugsoperator	Schnittmenge

Tab. 3: Wichtige Operatoren für den Einsatz in Excel-Formeln

Absolute und relative Zellbezüge

Excel unterscheidet absolute und relative Zellbezüge. Die Unterschiede zwischen absoluten und relativen Zellbezügen zeigen sich beim Kopieren und Verschieben von Formeln in andere Zellen.

• Beim Verschieben oder Kopieren einer Formel mit einem absoluten Bezug, wird die Formel exakt so wiedergegeben, wie sie in der Ausgangsformel steht.

• Beim Verschieben oder Kopieren einer Formel mit einem relativen Bezug, passt sich die Formel der aktuellen Situation an.

Darüber hinaus ist es in Excel möglich, mit so genannten gemischten Bezügen zu arbeiten.

Zum besseren Verständnis nachfolgend einige Beispiele:

Die Abb. 155 zeigt eine Umsatzstatistik. Zunächst soll in Zelle B16 der Umsatz von Produktgruppe 1 gebildet werden. Dazu wird mit der folgenden Formel gearbeitet:

Relative Zellbezüge

=Summe(B4:B15)

Diese Formel können Sie in die Spalten C und D kopieren. Auf diese Weise wird der Gesamtumsatz der Produktgruppen 2 und 3 gebildet. Die Formel in C16 lautet:

=Summe(C4:C15)

Excel hat automatisch die Zellbezüge an die neue Spalte angepasst. Entsprechend ergibt sich durch Kopieren in D16 die Formel:

=Summe(D4:D15)

Das ist möglich, weil Excel standardmäßig mit so genannten relativen Zellbezügen arbeitet.

Auch wenn Sie in Spalte E die Gesamtumsätze der einzelnen Monate bilden möchten, funktioniert dieses Verfahren. Die Formel in E4 lautet: =SUMME(B4:D4). Entsprechend ergibt sich für E5 die Formel: =SUMME(B5:D5). In diesem Fall hat Excel die Formel automatisch an die neuen Zeilen angepasst. Vergleichen Sie dazu auch die Formelansicht der Abb. 156.

UND	▼ X √ *f*	=SUMME(B4:B15)		
	A	B	C	D	E
1	Umsätze				
2					
3	**Zeitraum**	**Produktgruppe 1**	**Produktgruppe 2**	**Produktgruppe 3**	**Gesamt**
4	Januar	122.113,00 €	123.564,00 €	123.687,00 €	
5	Februar	124.564,00 €	124.687,00 €	125.849,00 €	
6	März	134.511,00 €	135.962,00 €	136.085,00 €	
7	April	128.123,00 €	128.246,00 €	129.408,00 €	
8	Mai	134.322,00 €	135.773,00 €	135.896,00 €	
9	Juni	137.119,70 €	137.242,70 €	138.404,70 €	
10	Juli	139.917,40 €	141.368,40 €	141.491,40 €	
11	August	142.715,10 €	142.838,10 €	144.000,10 €	
12	September	145.512,80 €	146.963,80 €	147.086,80 €	
13	Oktober	148.310,50 €	148.433,50 €	149.595,50 €	
14	November	151.108,20 €	152.559,20 €	152.682,20 €	
15	Dezember	153.905,90 €	154.028,90 €	155.190,90 €	
16	**Gesamt**	**=SUMME(B4:B15)**			
17		SUMME(**Zahl1**; [Zahl2]; ...)			
18					
19					

Abb. 155: Arbeit mit relativen Zellbezügen

	A	B	C	D	E
1	Umsätze				
2					
3	**Zeitraum**	**Produktgruppe 1**	**Produktgruppe 2**	**Produktgruppe 3**	**Gesamt**
4	Januar	122113	123564	123687	=SUMME(B4:D4)
5	Februar	124564	124687	125849	=SUMME(B5:D5)
6	März	134511	135962	136085	=SUMME(B6:D6)
7	April	128123	128246	129408	=SUMME(B7:D7)
8	Mai	134322	135773	135896	=SUMME(B8:D8)
9	Juni	137119,7	137242,7	138404,7	=SUMME(B9:D9)
10	Juli	139917,4	141368,4	141491,4	=SUMME(B10:D10)
11	August	142715,1	142838,1	144000,1	=SUMME(B11:D11)
12	September	145512,8	146963,8	147086,8	=SUMME(B12:D12)
13	Oktober	148310,5	148433,5	149595,5	=SUMME(B13:D13)
14	November	151108,2	152559,2	152682,2	=SUMME(B14:D14)
15	Dezember	153905,9	154028,9	155190,9	=SUMME(B15:D15)
16	**Gesamt**	=SUMME(B4:B15)	=SUMME(C4:C15)	=SUMME(D4:D15)	=SUMME(B16:D16)

Abb. 156: Hier wurde ausschließlich mit relativen Zellbezügen gearbeitet

Die Ergebnisse sehen wie folgt aus:

	A	B	C	D	E
1	Umsätze				
2					
3	Zeitraum	Produktgruppe 1	Produktgruppe 2	Produktgruppe 3	Gesamt
4	Januar	122.113,00 €	123.564,00 €	123.687,00 €	369.364,00 €
5	Februar	124.564,00 €	124.687,00 €	125.849,00 €	375.100,00 €
6	März	134.511,00 €	135.962,00 €	136.085,00 €	406.558,00 €
7	April	128.123,00 €	128.246,00 €	129.408,00 €	385.777,00 €
8	Mai	134.322,00 €	135.773,00 €	135.896,00 €	405.991,00 €
9	Juni	137.119,70 €	137.242,70 €	138.404,70 €	412.767,10 €
10	Juli	139.917,40 €	141.368,40 €	141.491,40 €	422.777,20 €
11	August	142.715,10 €	142.838,10 €	144.000,10 €	429.553,30 €
12	September	145.512,80 €	146.963,80 €	147.086,80 €	439.563,40 €
13	Oktober	148.310,50 €	148.433,50 €	149.595,50 €	446.339,50 €
14	November	151.108,20 €	152.559,20 €	152.682,20 €	456.349,60 €
15	Dezember	153.905,90 €	154.028,90 €	155.190,90 €	463.125,70 €
16	Gesamt	1.662.222,60 €	1.671.666,60 €	1.679.376,60 €	5.013.265,80 €

Abb. 157: Die Ergebnisse ergeben sich durch Kopieren von Formeln mit relativen Zellbezügen

In der Praxis ist es jedoch nicht immer erwünscht, dass sich die Zellbezüge beim Kopieren oder Verschieben von Formeln anpassen. Dazu wird das Beispiel erweitert. In einem weiteren Rechenschritt sollen die Umsatzanteile der einzelnen Monate ermittelt werden (s. Abb. 158).

Absolute Zellbezüge

F4	▼	f_x =E4/E16				
	A	B	C	D	E	F
1	Umsätze					
2						
3	Zeitraum	Produktgruppe 1	Produktgruppe 2	Produktgruppe 3	Gesamt	Anteil
4	Januar	122.113,00 €	123.564,00 €	123.687,00 €	369.364,00 €	7,37%
5	Februar	124.564,00 €	124.687,00 €	125.849,00 €	375.100,00 €	
6	März	134.511,00 €	135.962,00 €	136.085,00 €	406.558,00 €	
7	April	128.123,00 €	128.246,00 €	129.408,00 €	385.777,00 €	
8	Mai	134.322,00 €	135.773,00 €	135.896,00 €	405.991,00 €	
9	Juni	137.119,70 €	137.242,70 €	138.404,70 €	412.767,10 €	
10	Juli	139.917,40 €	141.368,40 €	141.491,40 €	422.777,20 €	
11	August	142.715,10 €	142.838,10 €	144.000,10 €	429.553,30 €	
12	September	145.512,80 €	146.963,80 €	147.086,80 €	439.563,40 €	
13	Oktober	148.310,50 €	148.433,50 €	149.595,50 €	446.339,50 €	
14	November	151.108,20 €	152.559,20 €	152.682,20 €	456.349,60 €	
15	Dezember	153.905,90 €	154.028,90 €	155.190,90 €	463.125,70 €	
16	Gesamt	1.662.222,60 €	1.671.666,60 €	1.679.376,60 €	5.013.265,80 €	

Abb. 158: Erweiterung des Beispiels

Wenn Sie die Formel aus F4 in der Form =E4/E16 kopieren würden, ergäbe sich in F5 die Formel =E5/E17. Das ist natürlich ungewünscht und falsch. Es darf immer nur durch den Wert aus E16 dividiert werden. Deshalb sind die Koordinaten von E16 absolut zu setzen. Die Formel in F4 sieht dann folgendermaßen aus:

$$=E4/\$E\$16$$

Sie erkennen absolute Bezüge daran, dass sowohl vor die Spalten- als auch vor die Zeilenangabe ein Dollarzeichen steht.

Um Koordinaten absolut zu setzen, betätigen Sie die Funktionstaste F4: Führen Sie in der Bearbeitungsleiste genau auf der Zellbezeichnung einen Doppelklick aus, die Sie absolut setzten wollen. Auf diese Weise wird die Zellbezeichnung markiert. Drücken Sie die Taste F4. Dadurch werden die Koordinaten absolut gesetzt.

Wenn Sie die Taste F4 erneut drücken, erhalten Sie einen so genannten gemischten Zellbezug. Gemischte Zellbezüge sind immer dann erforderlich, wenn entweder eine bestimmte Spalte oder eine bestimmte Zeile nicht geändert werden darf.

Anschließend werden Sie feststellen, dass die Zelle, durch die dividiert wird durch zwei Dollarzeichen gekennzeichnet ist. Das erste Dollarzeichen befindet sich vor der Spaltenbezeichnung, das zweite Dollarzeichen befindet sich vor der Zeilenbezeichnung. Die Formel können Sie nun in die nachfolgenden Zeilen kopieren. Die Formeln und Ergebnisse sehen wie in Abb. 159 dargestellt aus.

	A	B	C	D	E	F
1	Umsätze					
2						
3	Zeitraum	Produktgruppe 1	Produktgruppe 2	Produktgruppe 3	Gesamt	Anteil
4	Januar	122113	123564	123687	=SUMME(B4:D4)	=E4/$E$16
5	Februar	124564	124687	125849	=SUMME(B5:D5)	=E5/$E$16
6	März	134511	135962	136085	=SUMME(B6:D6)	=E6/$E$16
7	April	128123	128246	129408	=SUMME(B7:D7)	=E7/$E$16
8	Mai	134322	135773	135896	=SUMME(B8:D8)	=E8/$E$16
9	Juni	137119,7	137242,7	138404,7	=SUMME(B9:D9)	=E9/$E$16
10	Juli	139917,4	141368,4	141491,4	=SUMME(B10:D10)	=E10/$E$16
11	August	142715,1	142838,1	144000,1	=SUMME(B11:D11)	=E11/$E$16
12	September	145512,8	146963,8	147086,8	=SUMME(B12:D12)	=E12/$E$16
13	Oktober	148310,5	148433,5	149595,5	=SUMME(B13:D13)	=E13/$E$16
14	November	151108,2	152559,2	152682,2	=SUMME(B14:D14)	=E14/$E$16
15	Dezember	153905,9	154028,9	155190,9	=SUMME(B15:D15)	=E15/$E$16
16	Gesamt	=SUMME(B4:B15)	=SUMME(C4:C15)	=SUMME(D4:D15)	=SUMME(B16:D16)	=E16/$E$16

Abb. 159: Die Formeln zeigen absolute und relative Zellbezüge

Abb. 160 zeigt die Ergebnisse der Berechnungen.

	A	B	C	D	E	F
1	Umsätze					
2						
3	Zeitraum	Produktgruppe 1	Produktgruppe 2	Produktgruppe 3	Gesamt	Anteil
4	Januar	122.113,00 €	123.564,00 €	123.687,00 €	369.364,00 €	7,37%
5	Februar	124.564,00 €	124.687,00 €	125.849,00 €	375.100,00 €	7,48%
6	März	134.511,00 €	135.962,00 €	136.085,00 €	406.558,00 €	8,11%
7	April	128.123,00 €	128.246,00 €	129.408,00 €	385.777,00 €	7,70%
8	Mai	134.322,00 €	135.773,00 €	135.896,00 €	405.991,00 €	8,10%
9	Juni	137.119,70 €	137.242,70 €	138.404,70 €	412.767,10 €	8,23%
10	Juli	139.917,40 €	141.368,40 €	141.491,40 €	422.777,20 €	8,43%
11	August	142.715,10 €	142.838,10 €	144.000,10 €	429.553,30 €	8,57%
12	September	145.512,80 €	146.963,80 €	147.086,80 €	439.563,40 €	8,77%
13	Oktober	148.310,50 €	148.433,50 €	149.595,50 €	446.339,50 €	8,90%
14	November	151.108,20 €	152.559,20 €	152.682,20 €	456.349,60 €	9,10%
15	Dezember	153.905,90 €	154.028,90 €	155.190,90 €	463.125,70 €	9,24%
16	Gesamt	1.662.222,60 €	1.671.666,60 €	1.679.376,60 €	5.013.265,80 €	100,00%

Abb. 160: Die Ergebnisse

Die Formelansicht

Wollen Sie in sich auf Ihrem Excel-Sheet einen Überblick über die Formeln machen, erreichen Sie das über die Menüfolge **Extras** > **Optionen** auf der Registerkarte **Ansicht**. Kennzeichnen Sie das Kontrollkästchen **Formeln** mit einem Mausklick (s. Abb. 161). Nachdem Sie das Fenster über die Schaltfläche **OK** verlassen haben, präsentiert Excel die Formeln anstelle der Ergebnisse.

Noch schneller geht es mit der Tastenkombination **Strg**+**#** – mit dieser Tastenkombination schalten Sie zwischen der eigentlichen Ansicht und der Formelansicht hin und her. Die Tastenkombination können Sie in allen Excel-Versionen einsetzen.   Excel-Tipp

Anwender der Version Excel 2007 erhalten die Formelansicht über **Formeln**. Im Bereich **Formelüberwachung** klicken Sie auf die Schaltfläche **Formel anzeigen**.   Excel 2007

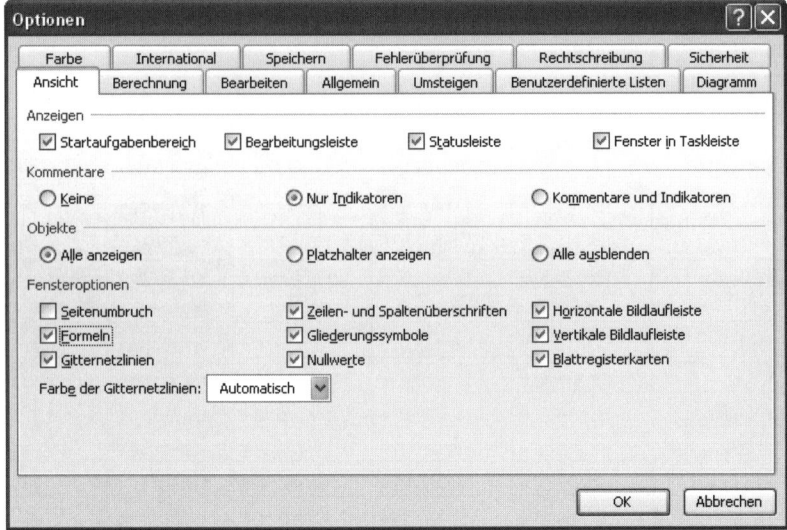

Abb. 161: Auf der Registerkarte „Ansicht" setzen Sie vor Formeln das Kennzeichen

Funktionen

Eine Funktion ist eine Rechenvorschrift und ein wichtiger Bestandteil einer Tabellenkalkulation. Sie sind quasi eine Sonderform der Formeln. Mit den integrierten Excel-Funktionen lassen sich Standardberechnungen der unterschiedlichsten Art und Weise durchführen. Die Excel-Funktionen werden ausführlich in Kapitel 7 „Die wichtigsten Excel-Funktionen für Controller" besprochen.

Excel bietet darüber hinaus die Möglichkeit, Funktionsaufrufe miteinander zu verschachteln und mit Formeln zu verknüpfen.

Häufige Fehler

Fehler können beispielsweise dadurch auftreten, wenn in einer Formel anstelle einer Zahl Text verwendet wird oder eine Zelle, auf die sich eine Formel bezieht, entfernt wird. Auch Divisionen durch Null führen zu Fehlern. Je nach Art des vorliegenden Fehlers, zeigt Excel Ihnen den speziellen Fehlertyp an. Nachfolgend ein Überblick über häufigsten Fehlermeldungen und deren Bedeutung (s. Tab. 4).

Fehler	Bedeutung
#####	Das Ergebnis kann in der Zelle nicht angezeigt werden, da es zu lang ist. *So beheben Sie den Fehler:* Um den Fehler zu beheben, müssen Sie lediglich einen Doppelklick auf der Spaltenbegrenzungslinie ausführen und die optimale Spaltenbreite einstellen. Außerdem kann diese Fehlermeldung bei der Subtraktion von Datums- und Zeitangaben auftreten.
#NULL	Dieser Fehlertyp tritt auf, wenn Sie einen Schnittpunkt für zwei Bereiche angeben, für den kein Schnittpunkt existiert. *So beheben Sie den Fehler:* Überprüfen Sie die Bereiche.
#DIV/0!	Dieser Fehler tritt auf, wenn durch Null dividiert wird oder die Eingabe in einer Zelle fehlt, durch deren Wert dividiert werden soll. *So beheben Sie den Fehler:* Überprüfen Sie den Divisor.
#WERT	Wenn für ein Argument oder einen Operanten der falsche Typ verwendet wird, kommt es zu diesem Fehlertyp. *So beheben Sie den Fehler:* Das ist u. a. der Fall, wenn Sie in einer Formel anstelle einer Zahl einen Text eingeben.
#BEZUG	Wenn Zellen gelöscht werden, die sich auf andere Formeln beziehen, bringt Excel diese Fehlermeldung. *So beheben Sie den Fehler:* Zur Korrektur müssen Sie entweder die fehlenden Zellen im Arbeitsblatt wieder herstellen oder die Formel ändern.
#NAME?	Die Fehlermeldung #Name? wird Ihnen angezeigt, wenn etwas mit einer Bezeichnung nicht stimmt. *So beheben Sie den Fehler:* Das kann auf einen falschen Zugriff auf Bereichsnamen oder Namen, die nicht korrekt geschrieben wurden, zurückzuführen sein.
#ZAHL!	Zu diesem Fehler kommt es, wenn eine Formel oder Funktion ungültige numerische Werte enthält. *So beheben Sie den Fehler:* Ändern Sie die Daten auf numerische Werte.
#NV	NV ist die Abkürzung für „Nicht vorhanden" und wird gemeldet, wenn ein Wert für eine Funktion oder Formel nicht verfügbar ist. *So beheben Sie den Fehler:* Eine mögliche Fehlerquelle ist ein ungültiger Wert für das Argument Suchkriterium im Zusammenhang mit einer der folgenden Funktionen: • WVERWEIS() • VERWEIS() • VERGLEICH() • SVERWEIS() Auch unsortierte Datenbereiche erweisen sich häufig als Fehlerquelle im Zusammenhang mit den zuvor genannten Funktionen.

Tab. 4: Die Bedeutung der verschiedenen Fehlermeldungen

Zirkelbezüge

Zirkelbezüge sind häufig die Ursache für Fehlermeldungen. In der Excel-Praxis wird zwischen irrtümlichen Zirkelbezügen und beabsichtigten Zirkelbezügen unterschieden.

Irrtümlicher Zirkelbezug
Sollten Sie in einer Formel versehentlich die Ergebniszelle einbeziehen, in der die Formel steht, handelt es sich um einen irrtümlicher Zirkelbezug. Excel blendet einen Dialog mit einem Hinweis ein. Ist der Zirkelbezug beabsichtigt, verlassen Sie das Hinweisfenster über **Abbrechen**, sonst klicken Sie auf **OK**.

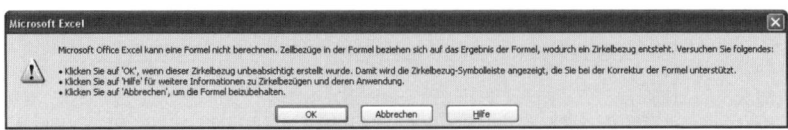

Abb. 162: Excel macht Sie umgehend auf einen Zirkelbezug aufmerksam

Nach einem Klick auf die Schaltfläche **OK** blendet die Symbolleiste **Zirkelverweis** (Excel 2000: **Zirkelbezug**) ein (s. Abb. 123). Auch in der Statusleiste weist Excel auf den Zirkelbezug hin. Dort finden Sie außerdem eine Information über den Bezug auf eine der Zellen, die im Zirkelbezug enthalten ist. Fehlt die Angabe der Zelle, befindet sich der Zirkelbezug nicht im aktiven Tabellenblatt.

Abb. 163: Die Symbolleiste „Zirkelverweis"

So korrigieren Sie einen Zirkelbezug

Ist der Zirkelbezug unbeabsichtigt, müssen Sie diesen ausfindig machen und die zugehörige Formel korrigieren:

- Klicken Sie in der Symbolleiste **Zirkelverweis** (Excel 2000: **Zirkelbezug**) auf die erste Zelle im Feld **Zirkelbezug analysieren**.

- Überprüfen Sie die Formel dieser Zelle und korrigieren Sie diese gegebenenfalls. Für den Fall, dass die markierte Zelle nicht die Ursache für den Zirkelbezug ist, klicken Sie auf die nächste Zelle im Feld **Zirkelbezug analysieren**.

- Fahren Sie fort, bis der Hinweis auf den Zirkelbezug in der Statusleiste verschwindet.

Beabsichtigte Zirkelbezüge

Zirkelbezüge werden in der Praxis manchmal ganz bewusst eingesetzt, beispielsweise bei einer iterativen Berechnung. Diese werden z. B. bei Gleichungen verwendet, bei denen sich lediglich Näherungswerte ermitteln lassen.

Bewusster
Zirkelbezug

Praxis-Beispiel

Die Kostenstellen A und B verrechnen untereinander Kosten. A übernimmt einen Kostenanteil von B und umgekehrt. In diesem Fall müssen Sie ganz konkret das Vorgehen von Excel steuern und Nährungswerte ermitteln:

• Wählen Sie **Extras > Optionen > Berechnung**. Aktivieren Sie auf der Registerkarte **Berechnung** das Kontrollkästchen **Iteration** (s. Abb. 164).

• Geben Sie die höchste Anzahl der Wiederholungen in dem dafür vorgesehenen Feld **Maximale Iterationszahl** ein. Der Wert entspricht der Anzahl der Iterationsschritte, die das Tabellenkalkulationsprogramm maximal durchführen soll.

• Mit Hilfe des Feldes **Maximale Änderung** definieren Sie, dass die Berechnungen gestoppt werden, wenn sie zu Ergebnissen führen, deren Differenz kleiner ist als der Änderungshöchstwert.

Abb. 164: Bei gewünschten Zirkelbezügen ist der Bereich Iteration von Bedeutung

Rechenergebnisse werden nicht aktualisiert

Standardmäßig aktualisiert Excel bei der Eingabe von Werten umgehend alle Ergebnisse, die auf diesen Werten basieren. Falls dies nicht der

201

Fall sein sollte, wurde die automatische Berechnung außer Kraft gesetzt. Ändern können Sie das unter **Extras** > **Optionen** > **Berechnung** im Bereich **Berechnung**. Wurde hier die Option **manuell** ausgewählt, stellen Sie diese auf **automatisch** um.

Excel 2007   Anwender der Version Excel 2007 gehen über **Formeln** > **Berechnung**. Klicken Sie auf **Berechnungsoptionen** und setzen Sie in der folgenden Liste vor dem Eintrag **Automatisch** einen Haken.

Der Detektiv als Pannenhelfer

Der Detektiv hilft Excel-Anwendern bei der Suche nach Fehlern. Gerade für den Controller, der es häufig mit komplexen Formeln zu tun hat, ist er häufig ein unverzichtbares Instrument. Der Detektiv arbeitet wie folgt: Er analysiert das Verhältnis zwischen Formel und Zellen, in dem er Spurenpfeile zeichnet und Bestandteile von Formeln einrahmt.

Detektiv   Beim Einsatz des Detektivs arbeiten Sie wahlweise mit dem Untermenü der Befehlsfolge **Extras** > **Formelüberwachung** oder Sie setzen die Detektivsymbolleiste ein, die Sie über **Extras** > **Formelüberwachung** > **Detektivsymbolleiste anzeigen** einblenden. Die Detektivsymbolleiste heißt seit der Version Excel 2003 **Formelüberwachung** und wurde seit dieser Version um Schaltflächen für weitere Befehle ergänzt (s. Abb. 165).

Abb. 165: Die Symbolleiste Formelüberwachung

Excel 2007   Anwender der Version Excel 2007 finden die Formelüberwachung unter **Formeln** > **Formelüberwachung**.

Excel-Hinweis   Im Gegensatz zur Formelüberwachung stehen die Detektivbefehle nur in ungeschützten Tabellen zur Verfügung.

Über die folgenden Symbole arbeiten Sie schnell und sicher mit der Symbolleiste **Formelüberwachung**:

* **Spur zum Vorgänger**: Mit Hilfe dieser Schaltfläche zeichnen Sie eine Linie zu allen Zellen, auf die sich eine Formel bezieht und lassen sie umranden. Um zu zeigen, von welchen Zellen eine Formel Werte bezieht, klicken Sie nacheinander die gewünschte Zelle und das Symbol **Spur zum Vorgänger** an. Ist die markierte Zelle von weiteren Zellen abhängig, zeichnet Excel automatisch eine blaue Pfeillinie zur aktiven Zelle. Die Vorgängerzelle selber wird durch einen Punkt markiert.

Existiert kein Vorgänger, erhalten Sie von Ihrer Tabellenkalkulation einen entsprechenden Hinweis. Hat der Vorgänger seinerseits einen Vorgänger, klicken Sie **Spur zum Vorgänger** erneut an.

- **Spur zum Nachfolger**: Diese Schaltfläche arbeitet wie **Spur zum Vorgänger**, jedoch in die andere Richtung. Das bedeutet, Sie erhalten Pfeile zwischen der aktiven Zelle und allen Zellen, die von ihr abhängig sind.

- **Spur zum Fehler**: Zeigt eine Zelle einen Fehlerwert an, hilft diese Schaltfläche. Das Tabellenkalkulationsprogramm sucht nach allen Zellen, auf die sich die Formel bezieht. Bei einer Fehlerspur erscheint eine durchgehend rote Linie.

- **Spur zum Vorgänger entfernen**: Bietet die Möglichkeit, von einer aktiven Zelle aus, alle Spuren zum Vorgänger wieder zu löschen.

- **Spur zum Nachfolger entfernen**: Wie Spur zum Vorgänger entfernen, jedoch analog in die andere Richtung.

- **Alle Spuren entfernen**: Löscht alle Spuren.

Die Genauigkeit von Ergebnissen

Bei sehr kleinen Werten kann es passieren, dass sich im Rahmen der Berechnungen Rundungsdifferenzen ergeben. Sollte dies bei Ihrem Zahlenmaterial zutreffen, gleichen Sie diese Rundungsdifferenzen wie folgt aus:

- Wählen Sie Menüfolge **Extras > Optionen** und öffnen Sie die Registerkarte **Berechnen** (s. Abb. 166).

- Aktivieren Sie das Kontrollkästchen **Genauigkeit wie angezeigt** und verlassen Sie den Dialog über **OK**.

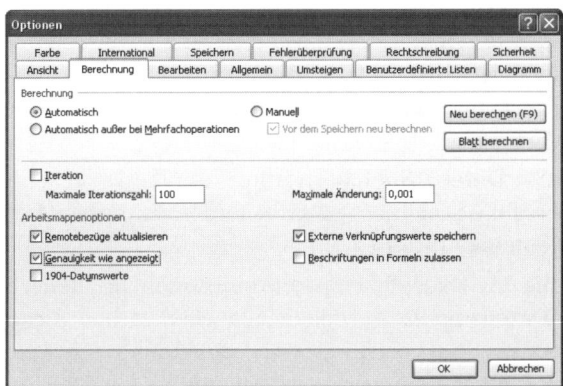

Abb. 166: In diesem Register bestimmen Sie, wie genau Excel rechnen soll

Allerdings ist bei dieser Vorgehensweise Vorsicht geboten! Wenn die Berechnungsgenauigkeit geändert wird, passt Excel alle konstanten Werte in den Tabellenblättern der Arbeitsmappe dauerhaft an. Wenn zu einem späteren Zeitpunkt eine Berechnung mit voller Genauigkeit durchgeführt werden soll, können die zugrunde liegenden Werte nicht wiederhergestellt werden.

Anwender der Version Excel 2007 finden die entsprechende Funktion wie folgt:

- Klicken Sie zunächst auf die Microsoft Office-Schaltfläche und anschließend auf die Schaltfläche **Excel-Optionen**.

- Klicken Sie auf **Erweitert**. Aktivieren Sie unter **Beim Berechnen dieser Arbeitsmappe** das Kontrollkästchen **Genauigkeit wie angezeigt festlegen** und klicken Sie auf **OK**.

Datei-, Arbeitsmappen- und Blattschutz

Wer im Controlling arbeitet, hat häufig mit vertraulichen und hoch sensiblen Daten zu tun. Dann ist es häufig notwendig, Arbeitsmappen vor den neugierigen Blicken Dritter zu schützen.

Eine Datei schützen

Eine einfache und wirkungsvolle Maßnahme, Excel Dateien zu schützen, ist die Arbeit mit Kennwörtern. In der Praxis sieht das so aus: Ein Anwender öffnet eine Datei und wird nach dem zugehörigen Kennwort gefragt. Ist dieses nicht bekannt oder wird sie falsch eingegeben, wird der Zugriff auf das Dokument verweigert. Excel bietet verschiedene Möglichkeiten, Dateien vor unberechtigtem Zugriff, den neugierigen Blicken Dritter bzw. unberechtigter Verarbeitung zu bewahren. Sie schieben Eindringlingen direkt im Speichern Dialog den Riegel vor. Um eine komplette Excel-Datei mit Hilfe eines Passwortes zu schützen gehen Sie folgendermaßen vor:

- Wählen Sie **Datei > Speichern unter**, um die Datei zu sichern. Klicken Sie auf die Schaltfläche **Extras** und im folgenden Auswahlmenü auf **Allgemeine Optionen**.

- Geben Sie im Dialogfeld **Speicheroptionen** im Bereich **Gemeinsamer Datenzugriff** in das Eingabefeld neben **Lese-/Schreibkennwort** ein Passwort Ihrer Wahl ein. Damit erreichen Sie, dass Dritte, denen das Kennwort nicht bekannt ist, die Datei nicht öffnen können (s. Abb. 167).

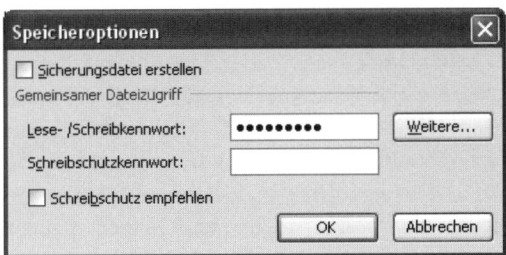

Abb. 167: Zu den Speicheroptionen gehört u. a. ein Kennwortschutz

Beachten Sie im Zusammenhang mit der Vergabe von Kennwörtern Folgendes:

* Ein Kennwort kann bis zu 15 Zeichen lang sein und Buchstaben, Zahlen und Sonderzeichen umfassen. Groß- und Kleinschreibung werden unterschieden.

* Über die Schaltfläche **Weitere** haben Sie die Wahl zwischen unterschiedlichen Verschlüsselungstypen.

* Nachdem Sie den Dialog über **OK** verlassen haben, erhalten Sie das Fenster **Kennwort bestätigen**. Dort müssen Sie das Passwort zur Bestätigung erneut eintragen (s. Abb. 168).

Abb. 168: Bestätigen Sie das eingegebene Kennwort.

Anwender der Version Excel 2007 finden die entsprechende Funktion wie folgt: **Excel 2007**

* Klicken Sie zunächst auf die Microsoft Office-Schaltfläche und anschließend auf die Schaltfläche **Speichern**.

* Im sich öffnenden Fenster klicken Sie auf die Schaltfläche **Extras**.

* Aktivieren Sie im Auswahlmenü den Eintrag **Allgemeine Optionen**.

Das Dialogfeld **Speicheroptionen** stellt noch weitere Möglichkeiten zur Verfügung. Wenn Sie das Passwort unter **Schreib-schutzkennwort** eingeben, können Dritte die Datei zwar öffnen, Änderungen allerdings nur durchführen, wenn das Kennwort bekannt ist. **Schreibschutz-kennwort**

205

So sieht das Ganze in der Praxis aus:

Beim Öffnen einer schreibgeschützten Datei, erscheint ein Dialogfeld. Kennt der Anwender die Zeichenfolge, die die Datei schützt, wird der Schreibschutz aufgehoben. Ansonsten, klickt der Anwender auf die Schaltfläche **Schreibschutz**. Die Datei wird mit dem Zusatz **Schreibgeschützt** in der Titelleiste geöffnet. Änderungen können zwar an der Datei durchgeführt werden, wenn Sie die Datei jedoch speichern wollen, erhalten Sie eine Mitteilung, dass dies nicht möglich ist.

Excel-Tipp

Aber mit einem kleinen Trick können Sie die Abweichungen doch sichern: Vergeben Sie einfach einen anderen Namen für die Datei. Auf diese Weise ist auf der einen Seite gewährleistet, dass die Originaldaten unverändert bleiben, auf der anderen Seite stehen auch die Änderungen zur Verfügung.

Schreibschutz empfehlen

Wenn Sie im Dialogfeld **Speicheroptionen** das Kontrollkästchen **Schreibschutz empfehlen** aktivieren, empfiehlt Excel beim Öffnen, diese Datei nur schreibgeschützt zu öffnen, selbst, wenn das Kennwort zum Aufheben des Schreibschutzes korrekt angegeben wurde. Sinnvoll ist diese Vorgehensweise, wenn Daten nicht mehr geändert werden sollen, zum Beispiel im Zusammenhang mit Vorjahresdaten.

Sicherungskopien

Außerdem können Sie über den Dialog **Speicheroptionen** veranlassen, dass Excel eine Sicherungskopie der Datei anlegt. Ist das Kontrollkästchen **Sicherungsdatei erstellen** gekennzeichnet, werden automatische Sicherungskopien von Ihren Arbeitsmappen angefertigt. Die Datei existiert in diesem Fall in zwei Versionen, wobei die zweite Variante lediglich eine andere Datei-Endung vorweist. Falls Sie von dieser Möglichkeit Gebrauch machen wollen, empfiehlt es sich, Sicherungskopie und Originaldatei auf unterschiedlichen Datenträgern abzuspeichern.

Schutzmaßnahmen für Arbeitsblätter

Eine weitere Sicherheitsmaßnahme, die Excel bietet, ist der Schutz von Arbeitsblättern. Diese Technik wird auch bei zahlreichen Musterlösungen zu diesem Praxis-Buch angewendet. Dadurch wird verhindert, dass Formeln und Texte nicht versehentlich überschrieben werden.

Sinnvoll ist der Schutz von Arbeitsblättern im Zusammenhang mit dem Zellschutz. Standardmäßig wird allen Zellen eines Arbeitsblattes der Status **Gesperrt** zugewiesen. Aus diesem Grund müssen Sie alle Zellen, in den Sie Eingaben erlauben möchten, von dieser Sperre ausnehmen. Auch von dieser Technik wurde in den Musterlösungen Gebrauch gemacht.

Eingaben in geschützten Arbeitsblättern erlauben Sie wie folgt:

- Markieren Sie die Eingabezellen und wählen Sie **Format** > **Zellen**. Mehrfachmarkierungen sind mit Hilfe der **Strg-Taste** möglich.
- Öffnen Sie die Registerkarte **Schutz**. Dort deaktivieren Sie im folgenden Dialogfeld das Kontrollkästchen **Gesperrt** (s. Abb. 169).

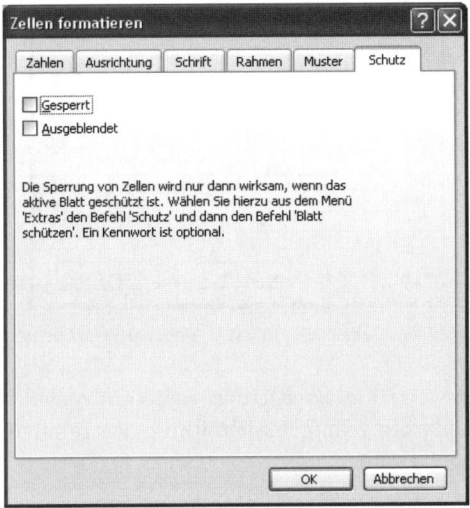

Abb. 169: Das Sperren und Entsperren von Tabellenzellen ist möglich

Unter Excel 2007 erreichen Sie das Fenster **Zellen formatieren** über die Tastenkombination **Strg+Shift+A**. Excel 2007

Das Sperren von Zellen ist nur im Zusammenhang mit dem Blattschutz wirksam. Diesen erhalten Sie wie folgt:

- Wählen Sie **Extras** > **Schutz** > **Blatt (schützen)**.
- Im Dialogfeld **Blatt schützen** arbeiten Sie bei Bedarf mit einem Kennwort, ansonsten verlassen Sie den Dialog direkt durch einen Klick auf die Schaltfläche **OK**.

Der Blattschutz unterscheidet sich ab der Version Excel 2002 erheblich von seinen Vorgängerversionen. Neuere Excel-Versionen verfügen über differenziertere Schutzmechanismen beim Blattschutz als die Vorgängerversionen. Sie können je nach Bedarf Werte und Formeln schützen, aber Gestaltungsvarianten wie beispielsweise die Veränderung von Schriftgrößen und/oder -farben, das Anpassen von Spaltenbreiten und/oder Zeilenhöhen, Sortiervorgänge und vieles mehr im Dialogfeld **Blatt schützen** erlauben (s. Abb. 170). Excel-Tipp

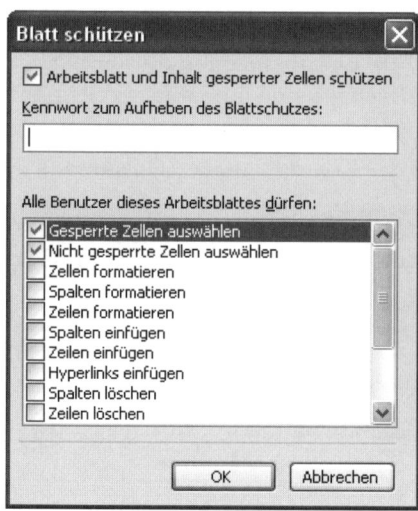

Abb. 170: Geben Sie an, was Sie schützen möchten

Diese Vorgehensweise hat noch einen weiteren Vorteil: In geschützten Tabellenarbeitsblättern gelangen Sie mithilfe der Tabulatortaste ganz gezielt zu den Eingabezellen.

Excel 2007   Arbeiten Sie mit Excel 2007, so finden Sie die Dialogbox, um das Blatt oder einzelne Elemente zu schützen, im Menü **Überprüfen** in der Rubrik **Änderungen** eine Schaltfläche für **Blatt schützen**.

Excel-Tipp   Wenn Sie Formeln zur Berechnung von Werten nicht anzeigen wollen, haben Sie die Möglichkeit, diese Anzeige ebenfalls im Zusammenhang mit dem Blattschutz abzuschalten. Markieren Sie die Zelle, deren Rechengrundlage Sie nicht zeigen wollen, und deaktivieren Sie unter **Format > Zellen** auf der Registerkarte **Schutz** das Kontrollkästchen **Gesperrt**.

Excel 2007   Unter Excel 2007 erreichen Sie das Fenster Zellen formatieren über die Tastenkombination **Strg+Shift+A**.

Arbeitsmappenschutz

Eine weitere Sicherheitsmaßnahme, die Excel zur Verfügung stellt, ist der Arbeitsmappenschutz. Hier geht es dann nicht um den Schutz der einzelnen Tabellenarbeitsblätter, sondern um den Aufbau der Arbeitsmappe. Damit verhindern Sie, dass die Struktur Ihrer Arbeitsmappe verändert wird. Löscht der Nutzer zum Beispiel einzelne Tabellen oder nennt er diese um, funktionieren möglicherweise die Makros nicht mehr oder es erscheinen anstelle der Ergebnisse Fehlermeldungen. Derartigen potentiellen Fehlern beugen Sie mit Hilfe des Arbeitsmappenschutzes vor. Darüber hinaus, lässt sich damit verhindern, dass die Fenster einer Arbeitsmappe nicht verschoben, vergrößert, verkleinert, ausgeblendet, eingeblendet oder geschlossen werden können:

- Wählen Sie **Extras > Schutz > Arbeitsmappe (schützen)**. Sie gelangen in das gleichnamige Dialogfenster.

- Über das Kontrollkästchen **Struktur (Aufbau)** verhindern Sie, dass sich Blätter Ihrer Mappe verschieben, einfügen, umbenennen oder löschen lassen.

- Wenn Sie das Kontrollkästchen **Fenster** aktivieren, schützen Sie die Fenster einer Arbeitsmappe.

- Wie beim Blattschutz haben Sie die Möglichkeit, die Sperre über ein Kennwort zu sichern (s. Abb. 171). Verlassen Sie das Dialogfeld über **OK**.

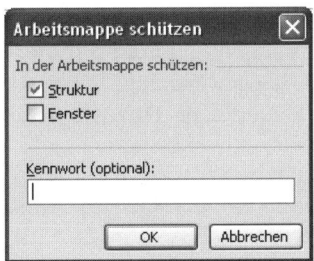

Abb. 171: Der Dialog „Arbeitsmappe schützen"

Unter Excel 2007 regeln Sie den Arbeitsmappenschutz unter **Überprüfen > Änderungen > Arbeitsmappe schützen**.

Excel 2007

Zellinhalte verstecken

Um Zellinhalte zu verstecken, können Sie zu einem kleinen Trick greifen. Weisen Sie einfach der Schrift dieselbe Farbe wie dem Zellhintergrund zu.

Der Inhalt ist dann nur noch in der Bearbeitungszeile sichtbar, nicht jedoch in der Zelle selber (s. Abb. 172).

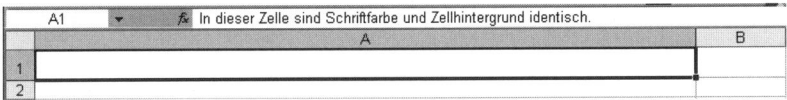

Abb. 172: Zelle mit unsichtbarem Inhalt

Bereichsnamen

In Excel haben Sie die Möglichkeit, für bestimmte Zellbereiche oder einzelne Zellen Namen zu vergeben. Auf diese Namen können Sie bei der Arbeit mit Formeln und Funktionen zurückgreifen. Dadurch haben Sie einen besseren Überblick in Ihren Tabellenmodellen.

Bereichsnamen festlegen

Der Einsatz von Namen erleichtert das Verständnis von Formeln. Zum Beispiel ist die Formel =SUMME(GewinnZweitesHalbjahr) aussagekräftiger als die Formel =SUMME(B20:B40).

Um einen Bereichsnamen zu vergeben, führen Sie folgende Arbeitsschritte durch:

- Markieren Sie den zu benennenden Zellbereich bzw. die Zelle die Sie benennen wollen und wählen **Einfügen** > **Namen** > **Definieren** (s. Abb. 173).

- Geben Sie in der Dialogbox **Namen definieren** im Feld **Namen in der Arbeitsmappe** den gewünschten Namen ein und klicken Sie anschließend auf die Schaltfläche **Hinzufügen**. Verlassen Sie das Dialogfeld über **OK**.

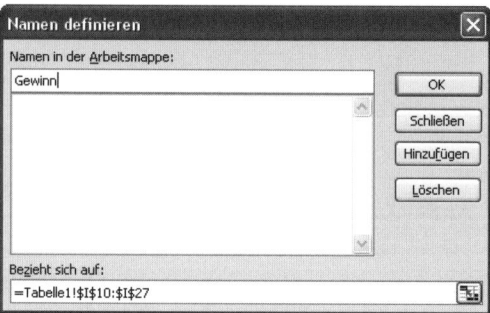

Abb. 173: Im Dialogfeld „Namen definieren" vergeben Sie Bereichsnamen

- Wenn Sie anschließend die Namenliste im Namensfeld der Bearbeitungsleiste öffnen, werden die entsprechenden Bereichsnamen gelistet.

Alternativ zu der beschriebenen Vorgehensweise markieren Sie den zu benennenden Zellbereich bzw. die gewünschte Zelle und schreiben den gewünschten Namen direkt in das Namenfeld in der Bearbeitungszeile. Bestätigen Sie die Einstellung mit Hilfe der **Return**-Taste.

Die Schaltfläche **Löschen** entfernt markierte Bereichsnamen aus der Liste **Namen** in der Arbeitsmappe im Dialogfeld **Namen definieren**.

Über die Schaltfläche **Liste einfügen** im Dialogfeld **Namen definieren** haben Sie die Möglichkeit, alle definierten Namen einer Arbeitsmappe in eine Tabelle einzufügen. Die Liste ist in zwei Spalten aufgeteilt: *Excel-Tipp*

- Die linke Spalte enthält eine Aufstellung der Namen.

- Die rechte Spalte listet die Zellbezüge, Formeln oder Konstanten, auf die sich die entsprechenden Namen beziehen.

Damit erhalten Sie eine hervorragende Übersicht über alle vergebenen Bereichsnamen.

Anwender der Version Excel 2007 regeln die Vergabe von Namen über die Befehlsfolge **Formeln > Definierte Namen > Namen definieren**. *Excel 2007*

Definieren von Namen für Zellen auf mehreren Arbeitsblättern

Wenn Sie einen Namen für Zellen auf mehreren Arbeitsblättern festlegen, wird von einem 3D-Bezug gesprochen. Dabei handelt es sich um einen Bezug zu einem Bereich, der sich über zwei oder mehr Tabellenblätter in einer Arbeitsmappe zieht.

- Um einen 3D-Bezug einzurichten öffnen Sie zunächst das Dialogfeld **Namen definieren** über die Befehlsfolge **Einfügen > Namen > Definieren**. Tragen Sie die gewünschte Bezeichnung in das Feld **Namen in der Arbeitsmappe** ein.

- Enthält das Feld **Bezieht sich auf** einen Eintrag, markieren Sie diesen inklusive Gleichheitszeichen und drücken die **Rücktaste**.

- Tippen sie ein Gleichheitszeichen in das Feld **Bezieht sich auf** ein und klicken Sie auf das Register des ersten Arbeitsblattes, zu dem Sie einen Bezug herstellen möchten.

- Halten Sie die **Shift**-Taste gedrückt, und klicken Sie auf das Register des letzten Arbeitsblattes, zu dem Sie einen Bezug herstellen möchten.

- Anschließend markieren Sie die Zelle bzw. den Zellbereich, zu dem Sie einen Bezug herstellen möchten. Klicken Sie auf **Hinzufügen**. Verlassen Sie das Dialogfeld über **OK**.

Bereichsnamen nutzen

Nachdem Sie Bereichsnamen definiert haben, nutzen Sie diese auch für die Formeln: Tragen Sie statt der Zellbezüge die Bereichsnamen ein. Der große Vorteil daran ist, dass die Bereichsnamen viel „sprechender" sind, wie folgendes Praxis-Beispiel zeigt:

Angenommen die Zelle B1 hat den Namen Personalkosten und B2 die Bezeichnung Materialkosten. Um Personalkosten und Materialkosten zu addieren, lautet die Formel statt

=B1+B2

viel aussagestärker

=Personalkosten+Materialkosten

Excel-Tipp Möglicherweise haben Sie bereits Formeln erstellt und entschließen sich zu einem spätern Zeitpunkt mit Bereichsnamen zu arbeiten. Über die Befehlsfolge **Einfügen > Namen > Übernehmen** machen Sie sich die Namen nachträglich zu Nutze. Markieren Sie im Bereich **Namen übernehmen** die gewünschten Namen. Mit Hilfe der **Strg**-Taste lassen sich bei Bedarf mehrere Namen in einem Arbeitsgang auswählen (s. Abb. 174).

Excel-Hinweis Ist im Dialogfeld **Namen übernehmen** das Kontrollkästchen **Relative/Absolute Bezugsart ignorieren** aktiviert, ersetzt Excel alle Feldbezüge durch Namen ohne Rücksicht darauf, ob die Bezugsart absolut oder relativ ist. Beim Deaktivieren dieser Option achtet Excel auf die Bezugsart und nimmt entsprechende Ersetzungen vor.

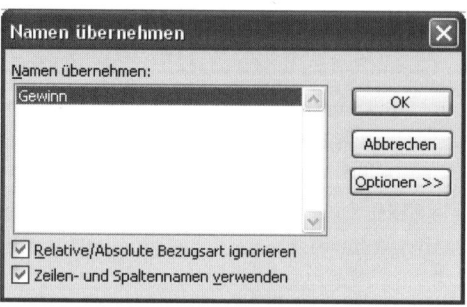

Abb. 174: Namen en bloc übernehmen

Excel 2007 Anwender der Version Excel 2007 gehen über die Befehlsfolge **Formeln > Definierte Namen > In Formeln verwenden.**

Richtlinien für die Vergabe von Namen

Für die Vergabe von Namen gelten Richtlinien, die unbedingt zu beachten sind. Hierzu gehört unter anderem, dass innerhalb eines Bereichsnamen keine Leerzeichen, Schrägstriche oder Kommata vorkommen dürfen. Erlaubt sind jedoch Unterstriche bzw. Punkte. Die Länge der Namen beträgt maximal 255 Zeichen:

- Das erste Zeichen eines Namens muss ein Buchstabe oder ein Unterstrich sein. Für alle weiteren Zeichen des Namens dürfen Buchstaben, Ziffern, Punkte oder Unterstriche eingesetzt werden.

- Namen dürfen nicht mit einem Zellbezug identisch sein. Namen wie zum Beispiel A$100 oder A1B1 sind nicht erlaubt.

- Namen dürfen keine Leerzeichen enthalten. Unterstriche und Punkte können zur Trennung von Wörtern verwendet werden. Das sieht dann beispielsweise so aus: Gewinn_Produkt_A.

- Namen dürfen Buchstaben in Groß- und Kleinschreibung enthalten. Excel unterscheidet nicht zwischen Groß- und Kleinbuchstaben.

Zwar darf ein Name maximal 255 Zeichen umfassen, wenn ein für einen Bereich definierter Name jedoch mehr als 253 Zeichen enthält, kann er nicht im Feld **Name** ausgewählt werden.   Excel-Hinweis

Blätter verschieben und kopieren

Im Rechnungswesen sind zahlreiche Tabellen häufig identisch oder stimmen weitgehend miteinander überein. Ist das der Fall, bietet es sich an, die zuerst erstellte Tabelle zu vervielfältigen. Dies ist nicht nur innerhalb einer Arbeitsmappe, sondern auch dateiübergreifend möglich.

Mit dem Vervielfältigen von Arbeitsblättern reduzieren Sie nicht nur den Arbeitsaufwand, sondern minimieren gleichzeitig potentielle Fehlerquellen. Anstatt Tabellen völlig neu aufzubauen und im Anschluss an ihre Fertigstellung zu testen, müssen Sie nur die notwendigen Änderungen eintragen.

Bevor Sie eine Tabelle vervielfältigen, sollten Sie diese auf Herz und Nieren prüfen. Stellen Sie erst nach dem Kopiervorgang   Excel-Tipp
einen Fehler fest, müssen die Korrekturen nämlich in allen Tabellen durchgeführt werden, die auf der Ursprungstabelle basieren.

Um eine Tabelle zu duplizieren gehen Sie wie folgt vor (s. Abb. 175):

- Öffnen Sie das Kontextmenü der Tabelle, in dem Sie das Blattregister mit der rechten Maustaste anklicken. In der folgenden Liste entscheiden Sie sich für den Befehl **Verschieben/Kopieren**.

- Das Dialogfeld **Verschieben und kopieren** wird angezeigt. Geben Sie **unter Einfügen vor** an, an welcher Stelle Sie die Tabelle einfügen möchten. Um die Tabelle als letzte Tabelle in der Registerleiste zu führen, entscheiden Sie sich für **(ans Ende stellen)**.

- Aktivieren Sie das Kontrollkästchen **Kopie erstellen** und verlassen Sie das Fenster über die Schaltfläche **OK**.

- Sie erhalten eine Tabelle mit der Registerbezeichnung der kopierten Tabelle zuzüglich der Ziffer zwei in Klammern. Die Originaldatei bleibt unverändert.

- Führen Sie einen Doppelklick mit der linken Maustaste auf der neuen Registerlasche durch, wird der vordefinierte Name markiert und kann mit dem gewünschten Blattnamen überschrieben werden.

- Führen Sie ggf. die notwendigen Anpassungsarbeiten in der Tabelle durch.

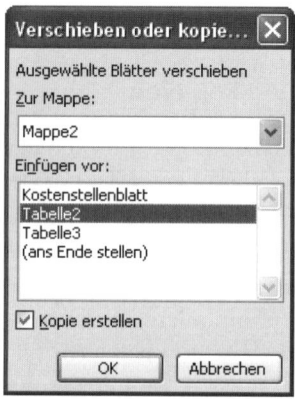

Abb. 175: Mit Hilfe des Kopierbefehls werden Tabellen vervielfältigt

Excel-Tipp

Tabellenarbeitsblätter können Sie nicht nur innerhalb einer Arbeitsmappe vervielfältigen. Benötigen Sie die Struktur einer Tabelle in einer anderen Excel-Datei, haben Sie die Möglichkeit, diese in die gewünschte Arbeitsmappe zu kopieren. Im Prinzip unterscheidet sich die Vorgehensweise kaum vom Vervielfältigen von Blättern in der Mappe selbst. Sie wählen lediglich im Dialog **Verschieben/ Kopieren** aus dem Listenfeld **Zu Mappe** die Datei aus, die die neue

Tabelle aufnehmen soll. Beachten Sie, dass es beim Verschieben bzw. Kopieren von Tabellen in eine andere Arbeitsmappe möglicherweise zu Problemen kommen kann, wenn die zu kopierende Excel-Tabelle Zellbezüge zu anderen Tabellen oder Arbeitsmappen enthält. Deshalb empfiehlt es sich, direkt im Anschluss an den Kopier- bzw. Verschiebevorgang zu prüfen, ob der Befehl **Verknüpfen** im Menü **Bearbeiten** zur Verfügung steht. Über diesen Befehl gelangen Sie in das Dialogfeld **Verknüpfungen bearbeiten**. Dort wird die verknüpfte Datei unter **Quelle** aufgeführt.

Wollen Sie solche Verknüpfungen verhindern, nehmen Sie den Kopier- bzw. Verschiebevorgang am schnellsten über die Befehlsfolge **Bearbeiten** > **Rückgängig** wieder zurück.

Datenbestände in Excel auswerten

Mit den komfortablen Analyse- und Filterwerkzeugen von Excel lassen sich Informationen aus Datenlisten nahezu nach Belieben verdichten, selektieren, auswerten und bereitstellen.

Daten mit Hilfe der Funktion AutoFilter selektieren

Bei der Arbeit mit Datenlisten ist es im Controlling häufig erforderlich, ganz gezielt bestimmte Datensätze einer Datenliste herauszusuchen. Das einfachste Verfahren, um Daten zu filtern, ist der Einsatz des AutoFilters. Ein komplexeres Auswertungsinstrument steht in Form der Spezialfilter zur Verfügung.

Anwender der Version Excel 2007 finden die entsprechenden Funktionen unter **Daten** > **Sortieren und Filtern**.   Excel 2007

Der AutoFilter zeichnet sich durch besonders simple Handhabung aus und bietet Ihnen die Möglichkeit, mit nur wenigen Arbeitsschritten Daten zu selektieren. Um beispielsweise aus einer Umsatzliste ein bestimmtes Verkaufgebiet herauszufiltern, gehen Sie wie folgt vor:

- Setzen Sie die Eingabemarkierung in die Datenliste und wählen Sie **Daten** > **Filter** > **AutoFilter**.

- In der Überschriftenleiste erscheinen hinter den Feldnamen so genannte Listenpfeile. Diese können Sie verwenden, um einzelne Daten zu filtern.

- Klicken Sie den Listenpfeil hinter **Kategorie** an und anschließend in der sich öffnenden Dropdown-Liste auf das gewünschte Auswahlkriterium (s. Abb. 176).

Abb. 176: Die Auswahlmöglichkeiten eines AutoFilters als Beispiel

Anschließend werden auf dem Bildschirm ausschließlich die Datensätze mit dem ausgewählten Kriterium gezeigt. Die übrigen Daten werden ausgeblendet.

Um den Filter wieder auszuschalten, wählen Sie erneut **Daten** > **Filter** > **AutoFilter**. Das Häkchen vor dem Eintrag **AutoFilter** wird ausgeblendet, ebenso die Pfeile hinter den Spaltenüberschriften. Die komplette Liste der Datensätze wird wieder angezeigt.

Excel-Tipp   Sie können die Auswahl weiter eingrenzen, in dem Sie die **AutoFilter** verschiedener Kategorien miteinander kombinieren.

Sonderauswahlmöglichkeiten: So setzen Sie einen eigenen AutoFilter

Über den Eintrag **Benutzerdefiniert**, den Sie ebenfalls über den Auswahlpfeil neben dem Feldnamen erreichen, haben Sie differenziere Selektionsmöglichkeiten im Rahmen der AutoFilter-Funktion. Im Dialogfeld **Benutzerdefinierter AutoFilter** können Vergleichsoperatoren verwendet und über zwei Bedingungen logisch miteinander verknüpft werden. Auf diese Weise lassen sich z. B. alle Produkte eines Unternehmens auswählen, deren Umsätze zwischen 100.000 Euro und 350.000 Euro liegen:

- Wählen Sie aus der Liste hinter den Umsatzzahlen den Eintrag **Benutzerdefiniert**. Excel ruft das Dialogfeld **Benutzerdefinierter AutoFilter** auf.

- Über das erste Feld in der ersten Zeile der Dialogbox öffnen Sie eine Liste mit zahlreichen Vergleichsmöglichkeiten. Wählen Sie den Eintrag **ist größer als**.

- Das Feld rechts daneben enthält die Werte der entsprechenden Spalte. Tragen Sie den Wert **100.000** ein.

- Die Selektion können Sie über die Optionen **Und** beziehungsweise **Oder** weiter differenzieren. Das bedeutet, dass bei den benutzerde-

finierten Filtern für jedes Feld zwei alternative Kriterien oder zwei
gleichzeitig gültige Kriterien verwenden werden können. Entscheiden
Sie sich für die Option **Und** und wählen Sie aus dem nachfolgenden
Listenfeld den Eintrag **ist kleiner als**.

- Tragen Sie in das nebenstehende Feld den Wert **350.000** ein und verlassen Sie den Dialog über die Schaltfläche **OK** (s. Abb. 177).

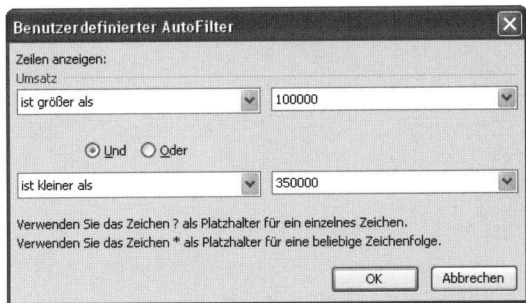

Abb. 177: Der Dialog „Benutzerdefinierter AutoFilter"

So arbeiten Sie mit Spezialfiltern

Der Umgang mit Spezialfiltern ist vom Handling her nicht ganz so einfach wie der Einsatz der AutoFilter, bietet dafür aber komplexere Abfragemöglichkeiten, z. B. mit Hilfe logischer Verknüpfungen. Darüber hinaus lassen sich Duplikate ausblenden.

Voraussetzung für die Arbeit mit Spezialfiltern ist ein so genannter Kriterienbereich, der die Bedingungen für den Filter enthält. Dafür benötigen Sie innerhalb des Tabellenblattes mindestens zwei leere Zeilen. In der Praxis hat es sich bewährt, den Kriterienbereich oberhalb der Liste anzuordnen. Wenn Sie nämlich den Kriterienbereich neben der Datenbank anlegen, werden unter Umständen einzelne Kriterien beim Filtern ausgeblendet. Wenn Sie den Kriterienbereich unterhalb der Datensätze positionieren, besteht die Gefahr, dass der Bereich beim Eintragen neuer Datensätze irrtümlich überschrieben wird.

Praxis-Beispiel

Der Umgang mit dem Spezialfilter soll anhand eines Beispiels demonstriert werden. Aus einer Projektliste sollen alle Datensätze selektiert werden, bei denen die Ausgaben im zweiten Jahr höher sind als im ersten Jahr (s. Abb. 178).

217

Investitionen

Bezeichnung des Investitionsobjekts	Investitions-kennnummer	Kategorie	Antragsteller	Kostenstelle	Geplante Investitionssumme	Ausgaben 1. Jahr	Ausgaben 2. Jahr	Ausgaben 3. Jahr	Ausgaben gesamt	Folgekosten	Start-termin	End-termin
Neubau einer Lagerhalle	14 -22 B	Ersatzinvestition	Lagerleiter	5050	3.100.000,00 €	1.500.000,00 €	1.600.000,00 €		3.100.000,00 €	10.000,00 €	01.07.2009	01.09.2010
Anschaffung eines Gabelstaplers	29 -22 B	Ersatzinvestition	Lagerleiter	5060	80.000,00 €	80.000,00 €			80.000,00 €	5.000,00 €	02.07.2011	31.12.2011
Einführung einer neuen Personalsoftware	19 -22 B	Ersatzinvestition	Personalleiter	1050	150.000,00 €	150.000,00 €			150.000,00 €		03.07.2009	01.01.2010
Einrichten einer Kantine	20 -22 B	Neuinvestition	Geschäftsführung	1000	350.000,00 €	200.000,00 €	150.000,00 €		350.000,00 €	7.000,00 €	04.07.2009	04.09.2010
Anschaffung eines Roboters	21 -22 B	Rationalisierungsinvestit	Leiter TA	3020	2.500.000,00 €	2.500.000,00 €			2.500.000,00 €		05.07.2009	05.09.2010
Einbau eines Partikelfilters	22 -22 B	Umweltinvestition	Leiter TA	3050	1.500.000,00 €	1.000.000,00 €	500.000,00 €		1.500.000,00 €	12.000,00 €	06.07.2009	06.09.2010
Anschaffung eines LKW	23 -24 C	Neuinvestition	Fuhrparkleiter	4020	250.000,00 €	250.000,00 €			250.000,00 €	3.000,00 €	18.08.2009	18.08.2011
Verklappungseinrichtung	23 -11 D	Umweltinvestition	Leiter TA	3060	800.000,00 €	200.000,00 €	400.000,00 €	200.000,00 €	800.000,00 €	5.000,00 €	15.07.2009	15.07.2011

Abb. 178: Die Beispieldaten

A4 =G7<H7

Investitionen
Ausgabensteigerung
WAHR

Bezeichnung des Investitionsobjekts	Investitions-kennnummer	Kategorie	Antragsteller	Kostenstelle	Geplante Investitionssumme	Ausgaben 1. Jahr	Ausgaben 2. Jahr	Ausgaben 3. Jahr	Ausgaben gesamt	Folgekosten	Start-termin	End-termin
Neubau einer Lagerhalle	14 -22 B	Ersatzinvestition	Lagerleiter	5050	3.100.000,00 €	1.500.000,00 €	1.600.000,00 €		3.100.000,00 €	10.000,00 €	01.07.2009	01.09.2010
Anschaffung eines Gabelstaplers	29 -22 B	Ersatzinvestition	Lagerleiter	5060	80.000,00 €	80.000,00 €			80.000,00 €	5.000,00 €	02.07.2011	31.12.2011
Einführung einer neuen Personalsoftware	19 -22 B	Ersatzinvestition	Personalleiter	1050	150.000,00 €	150.000,00 €			150.000,00 €		03.07.2009	01.01.2010
Einrichten einer Kantine	20 -22 B	Neuinvestition	Geschäftsführung	1000	350.000,00 €	200.000,00 €	150.000,00 €		350.000,00 €	7.000,00 €	04.07.2009	04.09.2010
Anschaffung eines Roboters	21 -22 B	Rationalisierungsinvesti	Leiter TA	3020	2.500.000,00 €	2.500.000,00 €			2.500.000,00 €		05.07.2009	05.09.2010
Einbau eines Partikelfilters	22 -22 B	Umweltinvestition	Leiter TA	3050	1.500.000,00 €	1.000.000,00 €	500.000,00 €		1.500.000,00 €	12.000,00 €	06.07.2009	06.09.2010
Anschaffung eines LKW	23 -24 C	Neuinvestition	Fuhrparkleiter	4020	250.000,00 €	250.000,00 €			250.000,00 €	3.000,00 €	18.08.2009	18.08.2011
Verklappungseinrichtung	23 -11 D	Umweltinvestition	Leiter TA	3060	800.000,00 €	200.000,00 €	400.000,00 €	200.000,00 €	800.000,00 €	5.000,00 €	15.07.2009	15.07.2011

Abb. 179: Kriterien oberhalb der Datenliste

So geht's:

- Fügen Sie oberhalb der Datenliste drei neue Zeilen ein, um Platz für den Kriterienbereich und einen Abstand zwischen Kriterienbereich und Datenliste zu erhalten.

- Tragen Sie in Zelle A3 einen aussagefähigen Begriff ein, z. B. **Ausgabensteigerung**.

- Geben Sie in A4 unterhalb der Kriterienbeschriftungen die Kriterien ein, die Sie anwenden möchten. Für das aktuelle Beispiel ist eine Kriterienzeile ausreichend. Arbeiten Sie hier mit der Formel =G7<H7. G7 entspricht der ersten Ausgabe der ersten Zelle unterhalb des Feldes **Ausgaben 1. Jahr**. H7 entspricht der ersten Zelle unter dem Feldnamen **Ausgaben 2. Jahr**. Excel liefert das Ergebnis WAHR, wenn in der ersten Zeile der Liste die Bedingung erfüllt ist, ansonsten erscheint der Wert FALSCH (s. Abb. 179).

- Setzen Sie die Eingabemarkierung in die Datenliste und wählen Sie **Daten > Filter > Spezialfilter**. Excel öffnet das gleichnamige Dialogfeld (s. Abb. 180).

- Übernehmen Sie die Standardeinstellung **Liste an gleicher Stelle filtern**. Dadurch werden alle nicht benötigten Datensätze ausgeblendet.

- Über die Option **An eine andere Stelle kopieren** erreichen Sie, dass das Ergebnis in einen anderen Tabellenbereich kopiert wird. Im Ausgabebereich klicken Sie einfach die obere linke Zelle des Ausgabebereichs an. Die gefilterten Daten können Gegenstand weiterer Abfragen werden.

- Machen Sie in den Feldern **Listenbereich** und **Kriterienbereich** die notwendigen Angaben. Wenn sich der Zellzeiger innerhalb der Datenliste befindet, wird das Feld **Listenbereich** standardmäßig von Excel ausgefüllt.

- Im Kriterienbereich geben Sie für das aktuelle Beispiel A3 bis A4 an. Verlassen Sie anschließend das Fenster über **OK**. Die entsprechenden Datensätze werden von Excel gefiltert.

Abb. 180: Der Spezialfilter

Wenn Sie Daten mit Hilfe der Funktion Spezialfilter gefiltert haben, wechselt Excel in den Filter-Modus. Sie erkennen dies   Excel-Hinweis
zum einen an den blauen Spaltenköpfen und zum anderen an dem Hinweis Filter-Modus in der Status-Leiste. Das bedeutet: Es wird nicht der kompletten Datenbestand, sondern lediglich ein Extrakt der Daten gezeigt.

	Bezeichnung des Investitionsobjekts	Investitions-kennnummer	Kategorie	Antragsteller	Kostenstelle	Geplante Investitionssumme	Ausgaben 1. Jahr	Ausgaben 2. Jahr	Ausgaben 3. Jahr	Ausgaben gesamt	Folgekosten	Start-termin	End-termin
1	Investitionen												
2	Ausgabensteigerung	WAHR											
3													
4													
5													
6	Neubau einer Lagerhalle	14 -22 B	Ersatzinvestition	Lagerleiter	5050	3.100.000,00 €	1.500.000,00 €	1.600.000,00 €		3.100.000,00 €	10.000,00 €	01.07.2009	01.09.2010
7	Verlagerungseinrichtung	23 -11 D	Umweltinvestition	Leiter TA	3060	800.000,00 €	200.000,00 €	400.000,00 €	200.000,00 €	800.000,00 €	5.000,00 €	15.07.2009	15.07.2011

Abb. 181: Die ausgewählten Datensätze des aktuellen Beispiels

221

Um den Spezialfilter wieder zu entfernen, wählen Sie **Daten > Filter > Alle Anzeigen.**

 Die Beispieldaten finden Sie auf Ihrer CD-ROM zum Buch in der Datei **Beispiel_Spezialfilter.xls.**

Mit Teilergebnissen arbeiten

In der Praxis ist häufig die Auswertung von Tabellen und Datenlisten nach bestimmten Datengruppen gefragt. Hier bietet sich der Einsatz der Funktion **Teilergebnisse** an. Bevor Sie diesen Befehl anwenden, muss die Datenliste sortiert werden. Anschließend können Sie diverse statistische Auswertungen wie z. B. das Ermitteln von Mittel- oder Höchstwerten durchführen.

Excel 2007   Anwender der Version Excel 2007 finden die Funktion **Teilergebnisse** unter **Daten > Gliederung.**

Schnell zum Ergebnis

Voraussetzung für das erfolgreiche Anwenden der Funktion **Teilergebnisse** in einer Datenliste ist, dass mehrere Datensätze mindestens in einer Hinsicht identisch sind. In der bereits behandelten Projektliste in Abb. 179 gehören die verschiedenen Datensätze zu bestimmten Kategorien, wie beispielsweise Rationalisierungs- oder Umweltinvestitionen. Für die Beispieldatenbank sollen die Ausgaben nach diesen Kategorien verdichtet werden.

* Sortieren Sie die Datenliste zunächst nach Kategorien. Dazu setzen Sie die Eingabemarkierung in der Datenliste in eine beliebige Zelle der Spalte C unterhalb der Überschrift.

* Klicken Sie auf die Schaltfläche **Aufsteigend** in der Standard-Symbolleiste. Dadurch werden die Kategorien sortiert.

* Lassen Sie die Eingabemarkierung innerhalb der Datenliste stehen und wählen Sie **Daten > Teilergebnisse** (s. Abb. 182).

* Im gleichnamigen Dialogfeld entscheiden Sie sich unter **Gruppieren nach** für den Feldnamen, nach dem die Datenliste gruppiert werden soll. Für das aktuelle Beispiel verwenden Sie den Eintrag **Kategorie**.

* Unter **Verwendung von** legen Sie fest, welche statistische Auswertung erfolgen soll; für das Beispiel wählen Sie **Summe**.

- In der Liste **Teilergebnisse addieren** zu (Excel 97: **Bezogen auf**) legen Sie fest, für welches Feld ein Teilergebnis berechnet werden soll. Aktivieren Sie die Kontrollkästchen **Geplante Investitionssumme, Ausgaben 1. Jahr, Ausgaben 2. Jahr, Ausgaben 3. Jahr** sowie **Ausgaben gesamt.**
- Bestätigen Sie die Einstellungen über **OK.**

Abb. 182: Das Dialogfeld Teilergebnisse

Excel stellt die Ergebnisse im Arbeitsblatt dar. Sie werden feststellen, dass zu diesem Zweck neue Zeilen eingefügt wurden, in denen die Ausgaben der einzelnen Investitionskategorien aufgeführt werden. Am Ende der Datenliste finden Sie darüber hinaus das Gesamtergebnis. Neben den Berechnungsergebnissen wurden Gliederungsebenen für Ihr Arbeitsblatt eingerichtet (s. Abb. 183).

Um die Teilergebnisse wieder aus Ihrer Datenliste zu entfernen, wählen Sie **Daten > Teilergebnisse.** In der folgenden Dialogbox aktivieren Sie die Schaltfläche **Alle entfernen** (Excel 97: **Entfernen**).

Beachten Sie bei der Arbeit mit dem Dialog **Teilergebnisse** folgende Aspekte:

- Das Kontrollkästchen **Vorhandene Teilergebnisse ersetzen** ist wichtig, wenn Sie bereits Teilergebnisse berechnet haben und diese überschrieben werden sollen.

- Wenn Sie nach jeder Gruppe von Datensätzen beim Ausdruck ein neues Blatt wünschen, kennzeichnen Sie das Kontrollkästchen **Seitenwechsel zwischen Gruppen einfügen.**

223

	Bezeichnung des Investitionsobjekts	Investitions-kennnummer	Kategorie	Antragsteller	Kostenstelle	Geplante Investitionssumme	Ausgaben 1. Jahr	Ausgaben 2. Jahr	Ausgaben 3. Jahr	Ausgaben gesamt	Folgekosten	Start-termin	End-termin
		A	B	C	D	E	F	G	H	I	J	K	L	M
1	Investitionen												
3	**Bezeichnung des Investitionsobjekts**												
4	Neubau einer Lagerhalle	14 -22 B	Ersatzinvestition	Lagerleiter	5050	3.100.000,00 €	1.500.000,00 €	1.600.000,00 €		3.100.000,00 €	10.000,00 €	01.07.2009	01.09.2010
5	Anschaffung eines Gabelstaplers	29 -22 B	Ersatzinvestition	Lagerleiter	5060	80.000,00 €	80.000,00 €			80.000,00 €	5.000,00 €	02.07.2011	31.12.2011
6	Einführung einer neuen Personalsoftware	19 -22 B	Ersatzinvestition	Personalleiter	1050	150.000,00 €	150.000,00 €			150.000,00 €		03.07.2009	01.01.2010
7	**Ersatzinvestition Ergebnis**					3.330.000,00 €	1.730.000,00 €	1.600.000,00 €	- €	3.330.000,00 €			
8	Anschaffung eines LKW	23 -24 C	Neuinvestition	Fuhrparkleiter	4020	250.000,00 €	250.000,00 €			250.000,00 €	3.000,00 €	18.08.2009	18.08.2011
9	Einrichten einer Kantine	20 -22 B	Neuinvestition	Geschäftsführung	1000	360.000,00 €	200.000,00 €	150.000,00 €		360.000,00 €	7.000,00 €	04.07.2009	04.09.2010
10	**Neuinvestition Ergebnis**					600.000,00 €	450.000,00 €	150.000,00 €	- €				
11	Anschaffung eines Roboters	21 -22 B	Rationalisierungsinvestition	Leiter TA	3020	2.500.000,00 €	2.500.000,00 €	- €		2.500.000,00 €		05.07.2009	05.09.2010
12	**Rationalisierungsinvestition Ergebnis**					2.500.000,00 €	2.500.000,00 €	- €	- €				
13	Einbau eines Partikelfilters	22 -22 B	Umweltinvestition	Leiter TA	3050	1.500.000,00 €	1.000.000,00 €	500.000,00 €		1.500.000,00 €	12.000,00 €	06.07.2009	06.09.2010
14	Verklappungseinrichtung	23 -11 D	Umweltinvestition	Leiter TA	3060	800.000,00 €	200.000,00 €	400.000,00 €	200.000,00 €	800.000,00 €	5.000,00 €	15.07.2009	15.07.2011
15	**Umweltinvestition Ergebnis**					2.300.000,00 €	1.200.000,00 €	900.000,00 €	200.000,00 €				
16	**Gesamtergebnis**					8.730.000,00 €	5.880.000,00 €	2.650.000,00 €	200.000,00 €				

Abb. 183: Teilergebnisse wertet eine Datenliste nach bestimmten Kriterien aus

- Über **Ergebnisse unterhalb der Daten anzeigen**, entscheiden Sie, an welcher Stelle die Teilergebnisse im Arbeitsblatt angezeigt werden sollen. Deaktivieren Sie dieses Kontrollkästchen, so werden die Ergebnisse nicht unter, sondern oberhalb der einzelnen Datengruppen positioniert.

Testen können Sie die Funktion Teilergebnisse anhand der Datei **Beispiel_ Teilergebnisse.xls**, die Sie auf Ihrer CD-ROM zum Buch finden.

Gruppieren und Gliedern von Daten

Excel stellt eine Gliederungsfunktion zur Verfügung, die in erster Linie bei der Arbeit mit umfangreichen Tabellen interessant ist. Durch die Vergabe unterschiedlicher Gliederungsebenen verschaffen Sie sich eine bessere Übersicht über den Datenbestand und haben so die Möglichkeit, die Informationen schneller und komfortabler auszuwerten. Die Aufteilung kann dabei in horizontaler und vertikaler Richtung erfolgen.

Recht simpel ist der Einsatz der Funktion **AutoGliederung**. In der Praxis führt sie häufig zu sinnvollen Ergebnissen. Sie ermöglicht insgesamt acht Gliederungsebenen in beide Richtungen, das heißt spalten- und zeilenweise.

Um mit der AutoGliederung arbeiten zu können, müssen folgende Voraussetzungen erfüllt sein:

- Die Tabelle muss Formeln mit Bezügen auf andere Zellen enthalten.
- Die Formel bezieht sich auf Zellen in derselben Spalte oder in derselben Zeile.
- Es liegen einheitliche Bezüge vor, die nur in eine Richtung gehen.

Beachten Sie außerdem Folgendes: Eine Gliederung kann pro Tabelle nur einmal verwendet werden. Es ist somit nicht möglich mehrere Teiltabellen mit je einer eigenen Gliederung zu versehen.

Wenn Sie versuchen, eine Tabelle automatisch zu gliedern, die nur Texte und Konstanten (wie beispielsweise eine Adressenlis- Excel-Hinweis te) enthält, macht Excel Sie darauf aufmerksam, dass die Gliederung nicht erstellt werden kann. In einem solchen Fall bleibt Ihnen nur die Möglichkeit, die Liste manuell zu gliedern. Beim Gliedern von Daten gehen Sie wie folgt vor:

- Markieren Sie den zu gliedernden Zellbereich. Wenn Sie das gesamte Tabellenblatt gliedern möchten, genügt ein Klick auf in eine beliebige

Zelle der Datenliste. Wählen Sie **Daten > Gruppierung und Gliede-rung > Auto-Gliederung.**

- Die Tabelle wird in verschiedene Ebenen eingeteilt. Oberhalb der Spaltenköpfe erkennen Sie Schaltflächen mit den Nummern der Ebenen. Der Bereich der einzelnen Ebenen wird durch einen Balken, der so genannten Ebenenleiste, gekennzeichnet.

- Mit den Schaltflächen des Gliederungsbereichs besteht die Möglichkeit, einzelne Zellbereiche ein- und auszublenden. Durch Ein- und Ausblenden bestimmter Arbeitsblattteile können Sie Tabellen und Zahlengruppen hervorheben und veranschaulichen. Ein Klick auf die Schaltfläche mit den Gliederungsebenen verändert die Bildschirman-zeige.

- Das Symbol mit der höchsten Zahl zeigt alle Ebenen an, das Symbol mit der Ziffer eins gibt die Daten in der höchstmöglichen Komprimie-rungsstufe wieder. Die Zahlensymbole blenden komplette Ebenen ein bzw. aus. Mit dem Plus- und Minussymbolen können Sie hingegen auch den Teil einer Ebene ein- bzw. ausschalten.

Über **Daten > Gruppierung und Gliederung > Gliederung entfernen** heben Sie die Gliederung wieder auf.

Datenimport

Da das Zusammentragen und Erfassen von Zahlenmaterial unter Um-ständen sehr arbeitsintensiv ist, besteht in Excel die Möglichkeit, Daten zu importieren. Voraussetzung ist, dass Sie Zugang zu einer externen Da-tenquelle haben und die Daten vom Aufbau her entweder in Form einer Tabelle oder einer Datenbank vorliegen. Nur so kann Excel die Daten eindeutig als Felder interpretieren. In der Regel wird auf die in Daten-banken übliche Trennung nach Datensätzen und Datenfeldern zurückge-griffen. Die erste Zeile enthält dann die Feldnamen bzw. Überschriften.

Bei den verschiedenen Formen des Datenimports wird am häufigsten mit variablen beziehungsweise festen Feldlängen gearbeitet.

Feste Feldlängen kommen längst nicht so häufig zum Einsatz wie die variablen Feldlängen. In älteren Systemen ist dies aber häufig das ein-zig verfügbare Export-Format. Nicht besetzte Zeichen werden bei dieser Variante vom System entweder mit einem Leerzeichen oder einem an-deren Zeichen wie beispielsweise einem Punkt aufgefüllt. Je nach System werden die Felder direkt aneinandergereiht oder mit einem Trennzeichen versehen. Eine weitere Form schließt die Felder in Anführungszeichen ein.

Greifen Sie auf die Form der variablen Feldlängen zurück, so werden die Daten Satz für Satz in eine Datei geschrieben. Als Trennzeichen werden folgende Zeichen verwendet:

- Semikolon
- Schrägstrich
- Bindestrich
- Doppelpunkt
- Leerzeichen

Mit Leerzeichen wird nur selten gearbeitet. Sollte es dennoch der Fall sein, werden die Felddaten in Anführungszeichen gesetzt.   Excel-Hinweis

Sobald sichergestellt ist, dass die zu exportierenden Daten in einem entsprechenden Format vorliegen, kann der Datenimport durchgeführt werden. Die verwendeten Trennzeichen und Textkennzeichen sollten zu diesem Zeitpunkt bekannt sein.

Den eigentlichen Datenimport führen Sie mit Hilfe des Text-Assistenten durch, der automatisch beim Aufruf einer Fremddatei aktiv wird:

- Um die Fremddatei in Excel zu öffnen, wählen Sie **Datei > Öffnen** und in der folgenden Dialogbox unter **Dateityp** den Eintrag **Alle Dateien**.

- Markieren Sie die gewünschte Datei. Der Text-Assistent wird automatisch gestartet. Er unterstützt Sie in drei Schritten beim Datenimport. Folgen Sie den Anweisungen des Assistenten und beantworten Sie dessen Fragen (s. Abb. 184).

- Als Dateityp übernehmen Sie die Standardeinstellung **Getrennt**. Nur bei festen Feldlängen müssen Sie auf die zweite Option umschalten.

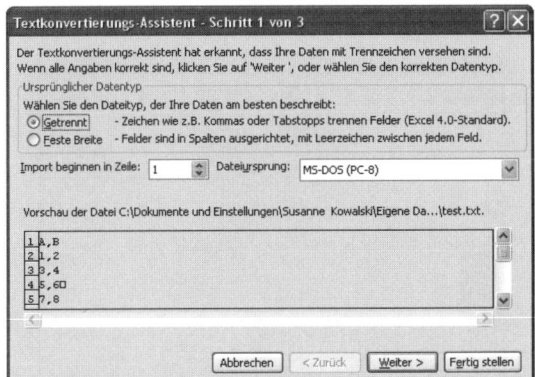

Abb. 184: Erster Schritt des Textkonvertierungs-Assistenten

- Im nächsten Schritt des Text-Assistenten geben Sie das verwendete Trennzeichen an (s. Abb. 185).

- Im letzten Dialog des Assistenten haben Sie die Möglichkeit, Spalten, die Texte enthalten, aber als Zahlen interpretiert werden sollen, umzuformatieren. Schließen Sie danach den Text-Assistenten.

- Die Daten werden in Spalten aufgeteilt und in Excel eingetragen. In günstigen Fällen müssen Sie lediglich die Spaltenbreite anpassen.

- Anschließend speichern Sie die Datei als Excel-Arbeitsmappe.

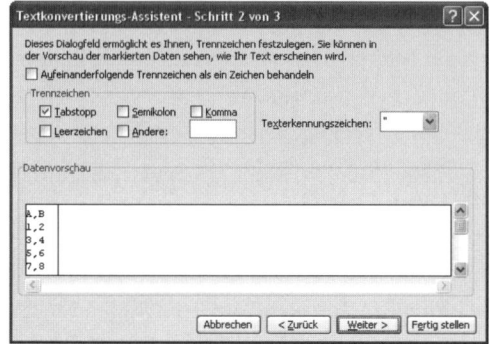

Abb. 185: Zweiter Schritt des Textkonvertierungs-Assistenten

So beheben Sie Probleme mit den Währungsformaten

Auf Großrechnern werden bei Währungsbeträgen statt Dezimalkomma vielfach Dezimalpunkte verwendet. Excel interpretiert den Punkt jedoch als Datum. Um das Problem zu beheben, müssen diese Felder als Text eingelesen werden. Die entsprechende Angabe machen Sie im dritten Schritt des Assistenten im Bereich **Datenformat der Spalten**.

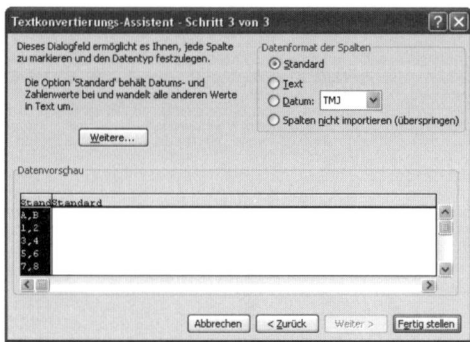

Abb. 186: Der dritte und letzte Schritt des Textkonvertierungs-Assistenten

Datenaustausch

Berichte werden im Controlling in der Regel in Microsoft Word erfasst. Darüber hinaus werden häufig Daten mit Microsoft PowerPoint präsentiert. Grundlage für Berichte und Präsentation sind dabei vielfach das Datenmaterial, das im Laufe des Jahres in Excel zusammengestellt, verdichtet und analysiert wurde. In diesem Zusammenhang ist es sinnvoll, auf das vorhandene Datenmaterial zuzugreifen. Dazu machen Sie sich die Techniken des Datenaustauschs zu Nutze, die Microsoft Office zur Verfügung stellt. So sparen Sie möglicherweise viel Zeit und Erfassungsaufwand.

Zusammenarbeit der Office-Applikationen

Die einzelnen Applikationen der Microsoft Office Anwendungen ermöglichen den Austausch von Daten und Informationen. Wenn Sie davon Gebrauch machen, können Sie im Arbeitsalltag viel Zeit sparen: Sie holen Excel-Daten direkt in Ihren Word-Bericht oder Ihre Präsentation und müssen das Datenmaterial nicht erneut erfassen.

Der Datenaustausch in Microsoft Office funktioniert in alle Richtungen. Das heißt, Sie können auch Daten aus Microsoft   Excel-Hinweis Word oder Microsoft PowerPoint nach Excel übernehmen. Voraussetzung für einen funktionierenden Datenaustausch ist, dass zurzeit, in der der Austausch erfolgen soll, die entsprechenden Anwendungen auf dem PC installiert sind.

Server und Client

Die Excel-Datei, aus der die Daten geholt werden, fungiert beim Datenaustausch als Datenquelle, auch Server genannt. Das Word-Dokument bzw. die PowerPoint-Präsentation, in die die Daten eingefügt werden, heißen Zieldatei und werden auch als Client bezeichnet.

Im Hinblick auf die Änderungen der Daten der Quelldatei gibt es beim Datenaustausch grundsätzlich folgende Möglichkeiten:

- **Verknüpfen:** Änderungen an der Quelldatei werden automatisch im Zieldokument angepasst.
- **Einbetten:** Änderungen an der Quelldatei werden im Zieldokument ignoriert.
- **OLE:** Möglich ist der Datenaustausch über die Funktion OLE (Object Linking and Embedding). Sie bietet, wie bereits aus der Bezeichnung hervorgeht, zwei Möglichkeiten:

229

- **Embedding** = Einbetten
- **Linking** = Verknüpfen

Einbetten und Verknüpfen

Der Unterschied zwischen Einbetten und Verknüpfen wirkt sich nicht nur im Hinblick auf die Aktualisierung der Daten, sondern darüber hinaus auch auf deren Bearbeitungsmöglichkeit aus:

• Eingebettete Daten lassen sich mit den Werkzeugen der Ursprungs-anwendung bearbeiten, ohne dass Sie diese starten müssen. Dabei besteht keine Verbindung zwischen dem eingebetteten Objekt und der Ursprungsdatei.

Beispiel: Sie betten eine Excel-Tabelle in einen Geschäftsbericht ein, den Sie mit Microsoft Word geschrieben haben. Später stellen Sie fest, dass einige Zahlen der Tabelle nicht richtig eingegeben wurden. Wenn Sie die Korrektur an Ihrer Excel-Datei durchführen, wird das Word-Dokument nicht angepasst. Das heißt, Sie müssen die Korrektur zusätzlich in Word durchführen. Dabei gehen Sie wie folgt vor: Durch einen Doppelklick auf die Excel-Tabelle im Word-Dokument wird aus der Textverarbeitung heraus die Excel-Arbeitsumgebung aufgerufen und die Excel-Daten werden im Textverarbeitungspro-gramm mit Hilfe der Werkzeuge der Tabellenkalkulation bearbeitet.

• Arbeiten Sie hingegen mit Verknüpfungen, werden Änderungen an der Excel-Originaldatei automatisch in den Zieldokumenten, zu de-nen eine Verbindung existiert, aktualisiert. Das heißt: Führen Sie Korrekturen an einer Excel-Tabelle durch, die mit einem Word-Do-kument verknüpft wurde, werden die Daten in der Textverarbeitung angepasst, ohne dass Sie dazu separat Hand anlegen müssen.

Beide Möglichkeiten des Datenaustauschs sind mit Vor- und Nachteilen verbunden. Nachteile einer Verknüpfung zeigen sich in erster Linie bei der Weitergabe von Dateien in elektronischer Form. In allen Fällen, in denen Sie eine Datei, die mit einer anderen Datei verknüpft ist, an Dritte weitergeben, müssen Sie neben der Hauptdatei auch die verknüpfte Da-tei zur Verfügung stellen. Sonst würde dem Empfänger das verknüpfte Objekt fehlen.

Beispiel: Sie verfassen einen Geschäftsbericht in Word, den Sie in elek-tronischer Form weitergeben wollen. Dieser Bericht ist mit einer Excel-Ta-belle verknüpft. Das bedeutet: Sie müssen neben dem Word-Dokument die Excel-Datei zur Verfügung stellen.

Damit sind unter Umständen weitere Nachteile verbunden:

- Die verknüpfte Datei enthält möglicherweise Informationen, die Dritte nicht sehen sollen. Mit der Weitergabe der verknüpften Datei sind außerdem technische Probleme verbunden.
- Die Verknüpfungen müssen entweder an die Verzeichnisstruktur angepasst oder neu erstellt werden.

Unkomplizierter bei der elektronischen Weitergabe von Dokumenten ist das Einbetten der Daten. Jedoch ist der Umfang von Dateien, die eingebettete Objekte enthalten, unter Umständen sehr hoch.

Excel-Daten in Word übernehmen

Voraussetzung für die nachfolgend beschriebene Vorgehensweise zur Übernahme der Tabellendaten in Word ist, dass die Excel-Daten bereits in einer Arbeitsmappe abgespeichert wurden.

- Öffnen Sie sowohl die Excel Datei, die die Tabellendaten enthält, als auch die Word-Datei mit Ihrem Bericht. Markieren Sie in Ihrem Excel-Arbeitsblatt den gewünschten Zellbereich und klicken Sie anschließend auf die Schaltfläche **Kopieren**.
- Wechseln Sie über die Taskleiste zu Ihrem Word-Bericht und setzen Sie den Cursor an die Stelle im Dokument, an die Sie die Excel-Daten einfügen möchten.
- Wählen Sie **Bearbeiten > Inhalte einfügen**. Sie erreichen das gleichnamige Dialogfeld.
- Dort entscheiden Sie sich für die Option **Verknüpfung einfügen** und in der Liste unter **Als** wählen Sie **Microsoft Office Excel-Arbeitsblatt-Objekt** (s. Abb. 187).

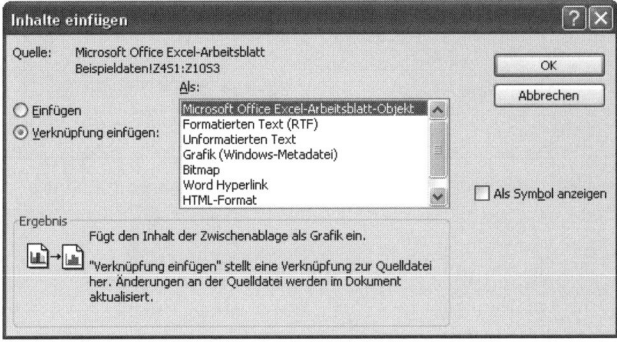

Abb. 187: Bestimmten Sie, ob ein Objekt verknüpft oder eingebettet werden soll

- Mit der Option **Verknüpfung einfügen** erreichen Sie, dass Änderungen an den Excel-Daten automatisch im Word-Bericht übernommen werden, ohne dass hierfür weitere Arbeitsschritte notwendig sind. Kennzeichnen Sie anstelle der Option **Verknüpfung einfügen** die Option **Einfügen**, werden Änderungen der Excel-Arbeitsmappe nicht in Ihrem Word-Dokument angepasst.

- Verlassen Sie das Fenster durch einen Klick auf die Schaltfläche *OK*. Der zuvor markierte Tabellenbereich wird in das Word-Dokument eingefügt. Die verknüpfte Tabelle können Sie beliebig positionieren und in der Größe verändern.

Excel-Hinweis   Wenn Sie auf die beschriebene Weise eine Verknüpfung einer Excel-Arbeitsmappe mit einem Word-Dokument erstellen, sind im Menü **Bearbeiten** die Befehle **Verknüpfung** und **Verknüpfung aktualisieren** aktiviert.

Über **Bearbeiten** > **Verknüpfung** gelangen Sie in das Dialogfeld **Verknüpfungen**. Dort finden Sie Informationen zu **Name**, **Typ**, **Speicherort** und **Aktualisierungseinstellungen** der verknüpften Quelldateien. Unter **Quelldatei** finden Sie den Namen der verknüpften Datei, unter **Element** in der Datei erscheint der Name des Arbeitsblattes, aus dem die Informationen stammen (s. Abb. 188).

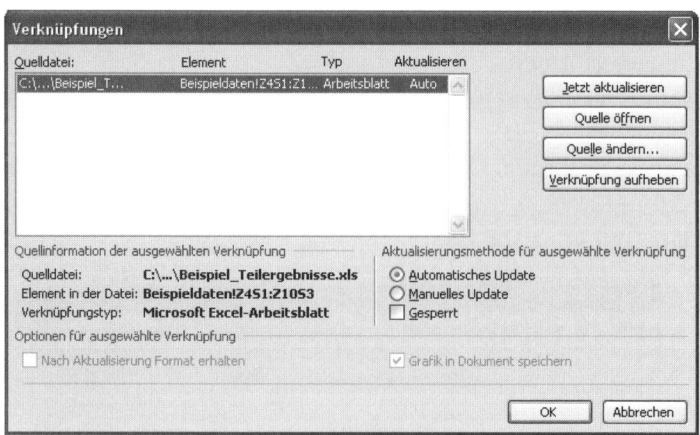

Abb. 188: Hier finden Sie Informationen zu Quelldateien und Aktualisierungsmethod.

Excel-Tipp   Werden die Daten im Falle einer Änderung nicht aktualisiert, überprüfen Sie in Word, unter **Bearbeiten** > **Verknüpfung**, ob die Option **Automatisches Update** ausgewählt ist. Unter **Extras** > **Optionen** > **Allgemein** regeln Sie über das Kontrollkästchen

Automatische Verknüpfungen beim Öffnen aktualisieren, dass Änderungen an verknüpften Dateien bei jedem Öffnen des Word-Dokuments angepasst werden (s. Abb. 189).

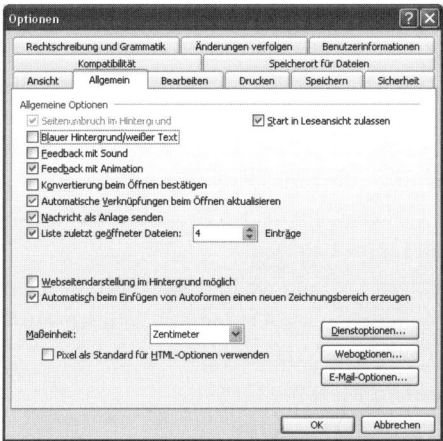

Abb. 189: Geben Sie an, dass Verknüpfungen zu aktualisieren sind

Diverse Übernahmevarianten im Überblick:

Übernahmevariante	Auswirkung
Grafik > Einfügen	Fügt den Inhalt der Zwischenablage als Grafik ein. Änderungen an der Excel-Arbeitsmappe werden nicht übernommen. Mit diesem Format erreichen Sie eine bessere Druckqualität als mit den übrigen Varianten.
Bitmap > Einfügen	Fügt den Inhalt der Zwischenablage als Bitmap ein. Änderungen an der Excel-Arbeitsmappe werden nicht übernommen. Dieses Format entspricht exakt der Bildschirmdarstellung von Excel und ist sehr speicherintensiv.
Bild (Erweiterte Metadatei) > Einfügen (Diese Möglichkeit steht nur in Verbindung mit der Option Einfügen zur Verfügung.)	Fügt den Inhalt der Zwischenablage als erweiterte Metadatei ein.
Grafik > Verknüpfung einfügen	Fügt den Inhalt der Zwischenablage als Grafik ein. Änderungen an der Excel-Arbeitsmappe werden automatisch übernommen.
Bitmap > Verknüpfung einfügen	Fügt den Inhalt der Zwischenablage als Bitmap ein. Änderungen an der Excel-Arbeitsmappe werden automatisch übernommen.

Tab. 5: Alle Möglichkeiten für die Einbindung im Überblick

Excel-Daten in PowerPoint-Präsentation übernehmen

Die Übernahme von Excel-Tabellen und Diagrammen ist in der Praxis häufig auch für PowerPoint-Präsentationen interessant. Auch hier werden die Varianten Verknüpfen und Einfügen unterschieden. Wie in Word, müssen Sie sowohl die zuvor gespeicherte Excel-Datei als auch die Präsentation öffnen. Die gewünschten Informationen kopieren Sie in Excel und fügen diese über **Bearbeiten > Inhalte einfügen** auf einer Folie ein. Entscheiden Sie sich für die gewünschte Verknüpfungsvariante (**Einfügen** bzw. **Verknüpfen**) und wählen Sie in der Liste unter **Als** den Eintrag **Microsoft Excel-Arbeitsblatt-Objekt** bzw. **Microsoft Excel-Diagramm-Objekt** aus.

Excel-Tipp

Excel-Daten lassen sich in PowerPoint auch als Grafik einfügen. Dazu stehen im Dialogfeld **Inhalte einfügen** die folgenden Formate zur Verfügung:

- **Grafik, Enhanced Metafile-Grafik**
- **Grafik (Erweiterte Metadatei)**

Grafikformate haben den Vorteil, dass Sie ein Tabellenbild mit den Funktionen von PowerPoint, z. B. Grafik formatieren, weiterverarbeiten können.

Besonderheiten bei der Übernahme von Diagrammen

Wenn ein Microsoft Excel Diagramm in PowerPoint eingefügt wird, richten sich die Diagrammfarben nach der in der Präsentation verwendeten Farbskala. Wird das Farbschema einer Präsentation nachträglich geändert, werden die Datenreihen des Diagramms automatisch an die neue Situation angepasst. Über die Symbolleiste Grafik und die Schaltfläche **Grafik neu einfärben** bzw. **Excel-Diagramm neu einfärben** können Sie die Farben neu definieren. Auch die übrigen Schaltflächen der Grafik-Symbolleiste stehen zur Bearbeitung des Diagramms zur Verfügung. So lassen sich unter anderem Kontrast und Helligkeit regeln. Über die Bildsteuerung kann das Diagramm beispielsweise auf Wunsch als Wasserzeichen oder in Schwarzweiß präsentiert werden.

Praxis-Hinweis

Das Excel-Objekt können Sie auf der PowerPoint-Folie wie andere Objekte verschieben, drehen oder in der Größe verändern.

Besonderheit bei der Übernahme von Excel-Daten

Wenn Sie Excel-Daten nach PowerPoint holen, gilt es einige Besonderheiten zu beachten:

- Aus Platzgründen werden in Excel-Tabellen häufig kleine Schriften verwendet. Für Präsentationsfolien ist das weniger geeignet. Damit auch der Leser in der letzten Reihe das Datenmaterial lesen kann, sind bestimmte Mindestschriftgrößen und Zeilenabstände notwendig. In diesem Zusammenhang sind unter Umständen Anpassungsarbeiten notwendig.

- Ebenfalls aus Platzgründen sind Excel-Spalten häufig schmal und haben unterschiedliche Breiten. Auf Präsentationsfolien sollten Zahlenspalten einheitlich sein und Zahlenkolonnen nicht zu eng nebeneinander stehen. Hier müssen Sie möglicherweise ebenfalls Korrekturen durchführen.

- Gitternetzlinien sind auf Folien überflüssig. Deaktivieren Sie in Excel gegebenenfalls Gitternetzlinien unter **Extras** > **Optionen** auf der Registerkarte **Ansicht**, in dem Sie dort das Häkchen im Kontrollkästchen **Gitternetzlinie** entfernen. Anwender der Version Excel 2007 finden die Einstellungsvariante unter **Ansicht** im Bereich **Einblenden/Ausblenden**.

7 Die wichtigsten Excel-Funktionen für Controller

Eine Funktion ist vergleichbar mit einer vordefinierten Formel. Mit den Excel-Funktionen sind Sie in der Lage, die unterschiedlichsten Berechnungen durchzuführen, angefangen bei Standardberechnungen wie Addition oder Multiplikation bis hin zum Ermitteln von Zinsen, Renten, Abschreibungen und weiteren Berechnungen. Der Excel-Funktionsassistent unterstützt Sie bei allen Rechenvorgängen.

Eine Funktion einfügen

Es gibt unterschiedliche Möglichkeiten, eine Funktionen einzugeben:

- Sie tippen den Funktionsnamen sowie die Argumente manuell ein. Hierbei ist erforderlich, dass Sie die genaue Syntax, sprich Zeichenfolge, der Funktion kennen. Um zum Beispiel die Summe der Zellinhalte aus A1, A2 und A3 zu ermitteln, benötigen Sie die Syntax =Summe(A1:A3).
- Alternativ benutzen Sie den Funktionsassistenten über die Befehlsfolge **Einfügen > Funktion**. Der Weg über den Funktionsassistenten ist der einfachere und gleichzeitig auch sicherere Weg, da Rechtschreibfehler bei der Syntax der Funktionen vermieden werden.

So arbeiten Sie mit dem Funktionsassistenten

Um die Summe der Zellen A1 bis A3 mit Hilfe des Funktionsassistenten zu ermitteln, gehen Sie wie folgt vor:

- Markieren Sie zunächst die Zelle, in der Sie das Ergebnis zeigen möchten. Wählen Sie **Einfügen > Funktion.**
- Entscheiden Sie sich im folgenden Dialogfeld unter **Kategorie auswählen** (Excel 2000: **Funktionskategorie**) für den Eintrag **Math. & Trigonom.**
- Klicken Sie in der Liste unter **Funktion auswählen** (Excel 2000: **Name der Funktion**) auf den Eintrag **SUMME** und bestätigen Sie Ihre Auswahl über die Schaltfläche **OK.**

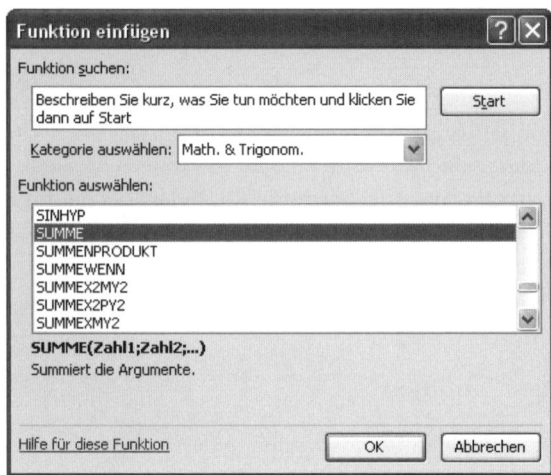

Abb. 190: Das Dialogfeld „Funktion einfügen"

- Sie gelangen in den zweiten Schritt des Funktionsassistenten, einem Dialog mit der Bezeichnung **Funktionsargumente**. (In Excel 2000 wird der Dialog ohne Titelleiste eingeblendet.) Dort geben Sie die geforderten Argumente ein. Im aktuellen Beispiel können Sie die gewünschten Zellen mit der Maus auch direkt in der Tabelle markieren.
- Das Formelergebnis können Sie bereits im unteren Teil des Fensters ablesen (s. Abb. 191).
- Verlassen Sie das Dialogfeld durch einen Klick auf **OK**.

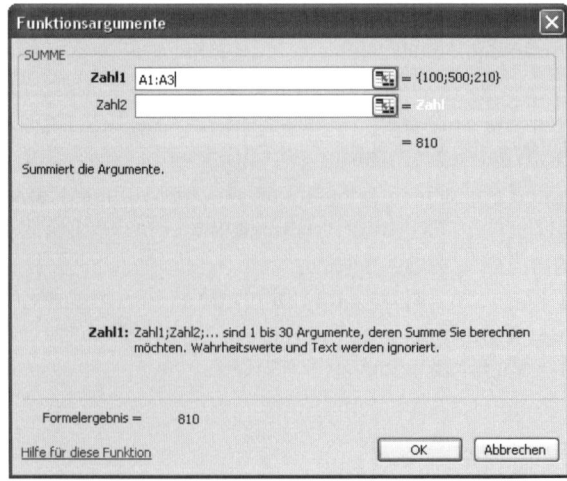

Abb. 191: Der Dialog Funktionsargumente SUMME()

In Excel 2007 aktivieren Sie das Menü **Formeln**. In der Grup-
pe **Funktionsbibliothek** klicken Sie auf die Schaltfläche **Funk-**   Excel 2007
tion einfügen – es öffnet sich das Dialogfeld **Funktion einfü-**
gen (s. Abb. 192). Ab hier arbeiten Sie wie in den Vorgängerversionen
von Excel 2007.

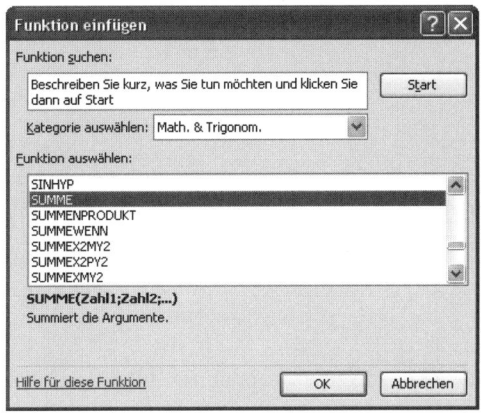

Abb. 192: Der Funktionsassistent der Funktion SUMME()

Der Aufbau einer Funktion

Funktionen enthalten folgende Komponenten:

- **Funktionsname:** Anhand des Funktionsnamens erkennt Excel, welche Funktion verwendet werden soll. Funktionsnamen sind die Bezeichnungen wie z. B. RUNDEN oder PRODUKT.

- **Argumente:** Argumente sind die Werte, mit denen eine Funktion Berechnungen durchführt. Es wird zwischen Argumenten, die zwingend
  erforderlich und Argumenten, die nicht unbedingt notwendig – also
  optional – sind, unterschieden. Wie auch in der Abb. 193 zu sehen,
  werden optionale Argumente im Gegensatz zu den zwingend erforderlichen Argumenten innerhalb des Funktionsassistenten nicht fett
  dargestellt.

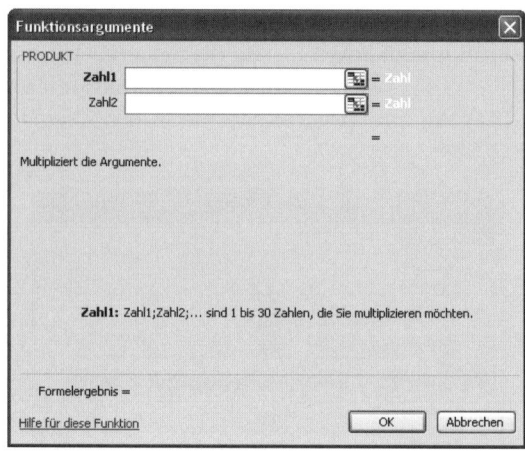

*Abb. 193: Bei den Excel-Funktionen werden optionale Argumente
nicht fett dargestellt*

- **Syntax:** Die Zeichenreihenfolge einer Funktion heißt Syntax. Sie entspricht der genauen Schreibweise einschließlich der Argumente. Wenn Sie mit dem Funktionsassistenten arbeiten, müssen Sie sich nicht um die Syntax kümmern – ein großer Vorteil bei der Arbeit mit dem Funktionsassistenten. Nachdem Sie eine Funktion eingefügt haben, wird die Syntax in der Bearbeitungszeile gezeigt (s. Abb. 194).

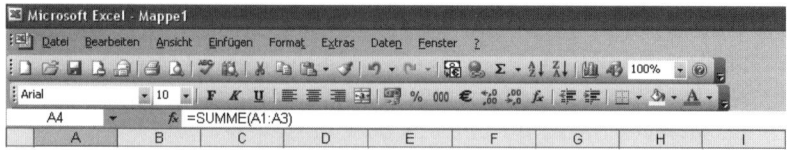

Abb. 194: Bearbeitungszeile mit Syntax

- **Gleichheitszeichen:** Wie eine Formel wird auch eine Funktion mit einem Gleichheitszeichen eingeleitet. Wenn Sie mit dem Funktionsassistenten arbeiten, müssen Sie das Gleichheitszeichen nicht beachten.

- **Klammern:** Die Argumente einer Funktion werden von Klammern eingeschlossen. Vor und hinter einer Klammer sind keine Leerzeichen erlaubt. Werden wie bei der Funktion HEUTE() keine Argumente benötigt, so folgt die sich schließende Klammer unmittelbar auf die sich öffnende Klammer.

- **Semikolon:** Semikola trennen die einzelnen Argumente. Sie werden nur für Funktionen benötigt, die mit mehr als einem Argument arbeiten.

Wenn Sie mit einer Excel-Funktion arbeiten, ist es zwingend
erforderlich, dass Sie sich genau an die Vorgaben hinsichtlich   Excel-Hinweis
des Aufbaus und der Schreibweise der Funktion halten.

Funktionskategorien

Damit Sie sich innerhalb der zahlreichen unterschiedlichen Funktionen
zurechtfinden, werden diese in Excel verschiedenen Funktionskategorien
zugeordnet. Excel unterscheidet folgende Funktionskategorien:

- Finanzmathematische Funktionen

- Datums- und Zeitfunktionen

- Mathematische & Trigonometrische Funktionen

- Statistische Funktionen

- Datenbankfunktionen

- Textfunktionen

- Logische Funktionen

- Informationsfunktionen

- Matrixfunktionen

- Technische Funktionen

- Benutzerdefinierte Funktionen

- Zuletzt verwendete

Finanzmathematische Funktionen

Im Rahmen der finanzmathematischen Funktionen werden im Wesentlichen die Themen Zinsrechnung für Darlehen, Investitionen, Wertpapiere
und Abschreibung behandelt. Damit ermitteln Sie beispielsweise Barwer-
te, Renditen, Effektivverzinsung, Abschreibungen und ähnliche Werte.
die wichtigsten Finanzmathematische Funktionen im Überblick:

Funktion	Syntax/Erläuterung
AMORLINEARK()	AMORLINEARK(Kosten;Datum;Erste_Periode; Restwert;Periode;Rate;Basis)
	Liefert Abschreibungsbetrag auf Basis des französischen Buchführungssystems.
AUFGELZINSF()	AUFGELZINSF(Emission;Abrechnung;Nominalzins; Nennwert;Basis)
	Liefert die aufgelaufenen Zinsen eines Wertpapiers, die bei Fälligkeit ausgezahlt werden.

Funktion	Syntax/Erläuterung
AUSZAHLUNG()	AUSZAHLUNG(Abrechnung;Fälligkeit;Anlage; Disagio;Basis)
	Das Ergebnis zeigt den Auszahlungsbetrag eines voll investierten Wertpapiers am Fälligkeitstermin.
BW()	BW(Zins;Zzr;Rmz;Zw;F)
	Zeigt den Barwert einer Investition.
DIA()	DIA(Ansch_Wert;Restwert;Nutzungsdauer;Zr)
	Zeigt die arithmetisch-degressive Abschreibung eines Wirtschaftsgutes für eine bestimmte Periode.
DISAGIO()	DISAGIO(Abrechnung;Fälligkeit;Kurs;Rückzahlung; Basis)
	Liefert den prozentualen Abzinsungssatz eines Wertpapiers.
DURATION()	DURATION(Abrechnung;Fälligkeit;Nominalzins; Rendite;Häufigkeit;Basis)
	Zeigt die jährliche Duration eines Wertpapiers mit periodischen Zinszahlungen.
EFFEKTIV()	EFFEKTIV(Nominalzins;Perioden)
	Zeigt die jährliche Effektivverzinsung.
GDA()	GDA(Anschaffungswert;Restwert;Nutzungsdauer; Periode;Faktor)
	Liefert die Abschreibung eines Anlagegutes für einen angegebenen Zeitraum unter Verwendung der degressiven Doppelraten-Abschreibung oder eines anderen vom Anwender angegebenen Abschreibungsverfahrens.
GDA2()	GDA2(Anschaffungswert;Restwert;Nutzungsdauer; Periode;Monate)
	Liefert die geometrisch-degressive Abschreibung eines Wirtschaftsgutes für eine bestimmte Periode.
IKV()	IKV(Werte;Schätzwert)
	Ermittelt den internen Zinsfuß einer Investition
KAPZ()	KAPZ(Zins;Zr;Zzr;Bw;Zw;F)
	Zeigt den Tilgungsanteil im Falle eines Annuitätendarlehns.
KUMKAPITAL()	KUMKAPITAL(Zins;Zzr;Bw;Zeitraum_Anfang; Zeitraum_Ende;F)
	Berechnet die aufgelaufene Tilgung eines Darlehens zwischen zwei Perioden.
KUMZINSZ()	KUMZINSZ(Zins;Zzr;Bw;Zeitraum_Anfang; Zeitraum_Ende;F)
	Liefert die gesamten Zinsen, die sich während der Laufzeit eines Darlehns summieren.

Funktion	Syntax/Erläuterung
KURS()	KURS(Abrechnung;Fälligkeit;Zins;Rendite; Rückzahlung;Häufigkeit;Basis)
	Liefert den Kurs pro 100 € Nennwert eines Wertpapiers, das periodisch Zinsen auszahlt.
KURSDISAGIO()	KURSDISAGIO(Abrechnung;Fälligkeit;Disagio; Rückzahlung;Basis)
	Liefert den Kurs pro 100 € Nennwert eines unverzinslichen Wertpapiers.
KURSFÄLLIG()	KURSFÄLLIG(Abrechnung;Fälligkeit;Emission; Zins;Rendite;Basis)
	Liefert den Kurs pro 100 € Nennwert eines Wertpapiers, das Zinsen am Fälligkeitsdatum auszahlt.
LIA()	LIA(Ansch_Wert;Restwert;Nutzungsdauer)
	Ermittelt die lineare Abschreibung eines Wirtschaftsgutes.
NBW()	NBW(Zins;Wert1;Wert2; …)
	Liefert den Nettobarwert einer Investition auf Basis eines Abzinsungsfaktors für eine Reihe periodischer Zahlungen.
NOMINAL()	NOMINAL(Effektiver_Zins;Perioden)
	Berechnet die jährliche Nominalverzinsung, ausgehend vom effektiven Zinssatz sowie der Anzahl der Verzinsungsperioden innerhalb eines Jahres.
QIKV()	QIKV(Werte;Investition;Reinvestition)
	Liefert einen modifizierten internen Zinsfuß, bei dem positive und negative Cashflows mit unterschiedlichen Zinssätzen finanziert werden.
RENDITE()	RENDITE(Abrechnung;Fälligkeit;Zins;Kurs; Rückzahlung;Häufigkeit;Basis)
	Zeigt die jährliche Rendite von festverzinslichen Wertpapieren wie Anleihen oder Obligationen.
RENDITEDIS()	RENDITEDIS(Abrechnung;Fälligkeit;Kurs; Rückzahlung;Basis)
	Liefert die jährliche Rendite eines unverzinslichen Wertpapiers.
RENDITEFÄLL()	RENDITEFÄLL(Abrechnung;Fälligkeit;Emission; Zins;Kurs;Basis)
	Liefert die jährliche Rendite eines Wertpapiers, das Zinsen am Fälligkeitsdatum auszahlt.
RMZ()	RMZ(Zins;Zzr;Bw;Zw;F)
	Gibt an, welcher Betrag gespart werden muss, um zu einem bestimmten Zeitpunkt ein gewünschtes Kapital zu erhalten. Darüber hinaus ermittelt es die Annuität eines Darlehns.

Funktion	Syntax/Erläuterung
UNREGER.KURS()	UNREGER.KURS(Abrechnung;Fälligkeit; Emission;Erster_Zinstermin;Zins;Rendite; Rückzahlung;Häufigkeit;Basis)
	Liefert den Kurs pro 100 € Nennwert eines Wertpapiers mit einem unregelmäßigen letzten Zinstermin.
UNREGER.REND()	UNREGER.REND(Abrechnung;Fälligkeit;Emission;Erster_Zins termin;Zins;Kurs;Rückzahlung; Häufigkeit; Basis)
	Gibt die Rendite eines Wertpapiers mit einem unregelmäßigen ersten Zinstermin an.
UNREGLE.KURS()	UNREGLE.KURS(Abrechnung;Fälligkeit; Letzter_Zinstermin;Zins;Rendite;Rückzahlung; Häufigkeit;Basis)
	Errechnet den Kurs pro 100 € Nennwert eines Wertpapiers mit einem unregelmäßigen letzten Zinstermin.
UNREGLE.REND()	UNREGLE.REND(Abrechnung;Fälligkeit; Letzter_Zinstermin;Zins;Kurs;Rückzahlung; Häufigkeit;Basis)
	Ermittelt die Rendite eines Wertpapiers mit einem unregelmäßigen letzten Zinstermin.
VDB()	VDB(Ansch_Wert;Restwert;Nutzungsdauer;Anfang; Ende;Faktor;Nicht_wechseln)
	Liefert die degressive Doppelraten-Abschreibung eines Wirtschaftsgutes für eine bestimmte Periode oder Teilperiode.
XINTZINSFUSS()	XINTZINSFUSS(Werte;Zeitpkte;Schätzwert)
	Liefert den internen Zinsfuß einer Reihe nicht periodisch anfallender Zahlungen.
XKAPITALWERT()	XKAPITALWERT(Zins;Werte;Zeitpkte)
	Liefert den Nettobarwert einer Reihe nicht periodisch anfallender Zahlungen zurück.
ZINS()	ZINS(Zzr;Rmz;Bw;Zw;F;Schätzwert)
	Ermittelt den Zinssatz eines Darlehns.
ZINSSATZ()	ZINSSATZ(Abrechnung;Fälligkeit;Anlage; Rückzahlung;Basis)
	Liefert den Zinssatz eines voll investierten Wertpapiers.
ZINSTERMNZ()	ZINSTERMNZ(Abrechnung; Fälligkeit; Häufigkeit; Basis)
	Ermittelt die Zahl, die den nächsten Zinstermin nach dem Abrechnungstermin angibt.

Funktion	Syntax/Erläuterung
ZINSTERMTAGE()	ZINSTERMTAGE(Abrechnung;Fälligkeit; Häufigkeit;Basis) Liefert die Anzahl der Tage der Zinsperiode, die den Abrechnungstermin einschließt.
ZINSTERMTAGNZ()	ZINSTERMTAGNZ(Abrechnung;Fälligkeit; Häufigkeit;Basis) Nennt die Anzahl der Tage vom Anfang des Zinstermins bis zum Abrechnungstermin beim Ankauf von Wertpapieren.
ZINSTERMTAGVA()	ZINSTERMTAGVA(Abrechnung;Fälligkeit; Häufigkeit;Basis) Nennt die Anzahl der Tage vom Anfang des Zinstermins bis zum Abrechnungstermin beim Verkauf von Wertpapieren.
ZINSTERMVZ()	ZINSTERMVZ(Abrechnung;Fälligkeit; Häufigkeit;Basis) Ermittelt die Zahl, die die letzte Zinszahlung vor dem Abrechnungstermin repräsentiert.
ZINSTERMZAHL()	ZINSTERMZAHL(Abrechnung;Fälligkeit; Häufigkeit;Basis) Errechnet die Anzahl der zwischen dem Abrechnungs- datum und dem Fälligkeitsdatum zahlbaren Zinszahlungen, aufgerundet zur nächsten ganzzahligen Zinszahlung.
ZINSZ()	ZINSZ(Zins;Zr;Zzr;Bw;Zw;F) Liefert die Höhe der Zinsen für eine bestimmte Periode, zum Beispiel für einen bestimmten Monat oder ein be- stimmtes Quartal.
ZW()	ZW(Zins;Zzr;Rmz;Bw;F) Ermittelt das Endkapital bei regelmäßigen, gleich hohen Zahlungen mit Hilfe der Zinseszinsrechnung.
ZW2()	ZW2(Kapital;Zinsen) Ermittelt das Endkapital bei unterschiedlich hohen Zinsen.
ZZR()	ZZR(Zins;Rmz;Bw;Zw;F) Gibt an, wie lange gespart werden muss, um zu einem bestimmten Zeitpunkt ein gewünschtes Kapital zu haben und ermittelt darüber hinaus, wie lange ein Kapital als Rente reicht.

Tab. 6: Finanzmathematische Funktionen

Darlehen und Kredite

Unternehmen benötigen häufig Kredite. Um hierfür einen Tilgungsplan zu erstellen, müssen Sie Zinsen- und Tilgungsleistungen kennen. Mit Hilfe der Funktionen ZINSZ() und KAPZ() erstellen Sie einen Tilgungsplan, der folgende Informationen enthält:

• Zinsanteil

• Tilgungsanteil

• Ausweis der Restschuld

• Höhe der jährliche Belastung

Funktion ZINSZ()

Der Zinsanteil, der sich aus der Rückzahlung eines Darlehens ergibt, wird mit Hilfe der Funktion ZINSZ() ermittelt:

Angenommen Ihr Unternehmen benötigt ein Darlehen in Höhe von 100.000 Euro. Die Laufzeit beträgt zehn Jahren. Es fallen Zinsen von 5,55 % an.

Zunächst werden die Zinsanteile mit Hilfe von ZINSZ() ermittelt:

• Erstellen Sie zunächst das Tabellengrundgerüst. Um die Zinsen für die einzelnen Monate auszurechnen, benötigen Sie Informationen zum Darlehensbetrag, zur Laufzeit in Jahren und zum Zinssatz.

• Zur Berechnung des Zinsanteils arbeiten Sie mit der Funktion ZINSZ(). Wählen Sie **Einfügen > Funktion**. Markieren Sie im Listenfeld **Kategorie auswählen** den Eintrag **Finanzmathematik** und unter **Funktion auswählen** die Funktion **Zinsz**.

• Die Funktion arbeitet mit den optionalen Argumenten **Zins, Zr, Zzr** und **Bw**. Die Zinsen müssen in das Feld **Zins** eingetragen werden. Um eine monatliche Berechnung durchzuführen, muss der Zins durch 12 dividiert werden.

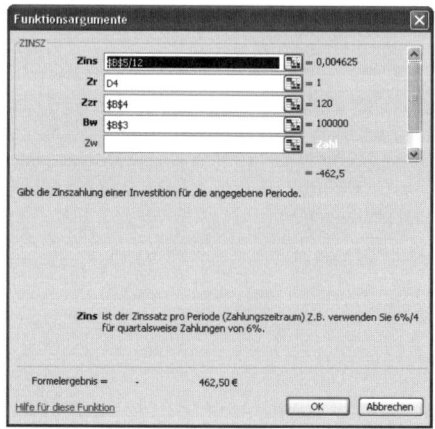

Abb. 195: Der Dialog Funktionsargumente von ZINSZ()

- Das Argument **Zr** entspricht der Periode für die die Zinsen ermittelt werden sollen. Die Periode wiederum befindet sich in Spalte D.
- Die Laufzeit des Darlehns entspricht dem Argument **Zzr**, die Höhe des Darlehens wird in **Bw** erfasst.
- Die vollständige Formel lautet =ZINSZ($B$5/12;D4;$B$4;$B$3). Abb. 195 fasst alle Angaben zusammen.

Der Tilgungsanteil, der sich aus der Rückzahlung eines Darlehens ergibt, wird mit Hilfe der Funktion KAPZ() ermittelt: Funktion KAPZ()

- Um die Tilgungsanteile für die einzelnen Perioden auszurechnen, benötigen Sie den Darlehensbetrag, die Laufzeit in Jahren und den Zinssatz.
- Wählen Sie **Einfügen** > **Funktion**. Markieren Sie im Listenfeld **Kategorie auswählen** den Eintrag **Finanzmathematik** und unter **Funktion auswählen** die Funktion **KAPZ**.
- Die Funktion arbeitet wie ZINSZ() mit den optionalen Argumenten **Zins**, **Zr**, **Zzr** und **Bw**. Die Zinsen müssen in das Feld **Zins** eingetragen werden. Um eine monatliche Berechnung durchzuführen, muss der Zins auch in diesem Fall durch 12 dividiert werden.
- Das Argument **Zr** entspricht der Periode, für die die Zinsen ermittelt werden sollen. Die Periode wiederum befindet sich in Spalte D.
- Die Laufzeit des Darlehns entspricht dem Argument **Zzr**, die Höhe des Darlehens wird in **Bw** erfasst.
- Die vollständige Formel lautet =KAPZ($B$5/12;D4;$B$4;$B$3).

Abb. 196 gibt Ihnen einen Überblick über alle einzugebenden Werte.

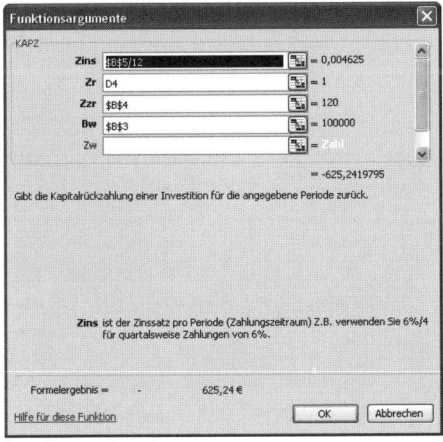

Abb. 196: Die Funktionsargumente von KAPZ()

Den vollständigen Tilgungsplan und die Formelansicht zeigen die beiden folgenden Abbildungen Abb. 197 und Abb. 198. Sie finden die Musterlösung in der Datei **Tilgungsplan.xls**.

	A	B	C	D	E	F	G
1	Tilgungsplan			Monat	Zinsanteil	Tilgung	Restschuld
2							
3	Darlehnsbetrag	100.000,00 €					100.000,00 €
4	Laufzeit in Monaten	120		1	- 462,50 €	- 625,24 €	99.374,76 €
5	Zinssatz	5,55%		2	- 459,61 €	- 628,13 €	98.746,62 €
6				3	- 456,70 €	- 631,04 €	98.115,59 €
7	**Monatliche Rate**	- 1.087,74 €		4	- 453,78 €	- 633,96 €	97.481,63 €
8				5	- 450,85 €	- 636,89 €	96.844,74 €
9				6	- 447,91 €	- 639,84 €	96.204,90 €
10				7	- 444,95 €	- 642,79 €	95.562,11 €
11				8	- 441,97 €	- 645,77 €	94.916,34 €
12				9	- 438,99 €	- 648,75 €	94.267,59 €
13				10	- 435,99 €	- 651,75 €	93.615,83 €
14				11	- 432,97 €	- 654,77 €	92.961,06 €
15				12	- 429,94 €	- 657,80 €	92.303,27 €
16				13	- 426,90 €	- 660,84 €	91.642,43 €
17				14	- 423,85 €	- 663,90 €	90.978,53 €
18				15	- 420,78 €	- 666,97 €	90.311,57 €
19				16	- 417,69 €	- 670,05 €	89.641,52 €
20				17	- 414,59 €	- 673,15 €	88.968,37 €
21				18	- 411,48 €	- 676,26 €	88.292,10 €
22				19	- 408,35 €	- 679,39 €	87.612,71 €
23				20	- 405,21 €	- 682,53 €	86.930,18 €
24				21	- 402,05 €	- 685,69 €	86.244,49 €
25				22	- 398,88 €	- 688,86 €	85.555,63 €
26				23	- 395,69 €	- 692,05 €	84.863,58 €
27				24	- 392,49 €	- 695,25 €	84.168,33 €
28				25	- 389,28 €	- 698,46 €	83.469,87 €
29				26	- 386,05 €	- 701,69 €	82.768,17 €
30				27	- 382,80 €	- 704,94 €	82.063,24 €
31				28	- 379,54 €	- 708,20 €	81.355,04 €
32				29	- 376,27 €	- 711,47 €	80.643,56 €
33				30	- 372,98 €	- 714,77 €	79.928,80 €
34				31	- 369,67 €	- 718,07 €	79.210,72 €
35				32	- 366,35 €	- 721,39 €	78.489,33 €
36				33	- 363,01 €	- 724,73 €	77.764,60 €
37				34	- 359,66 €	- 728,08 €	77.036,52 €
38				35	- 356,29 €	- 731,45 €	76.305,07 €
39				36	- 352,91 €	- 734,83 €	75.570,24 €

Abb. 197: Der Tilgungsplan

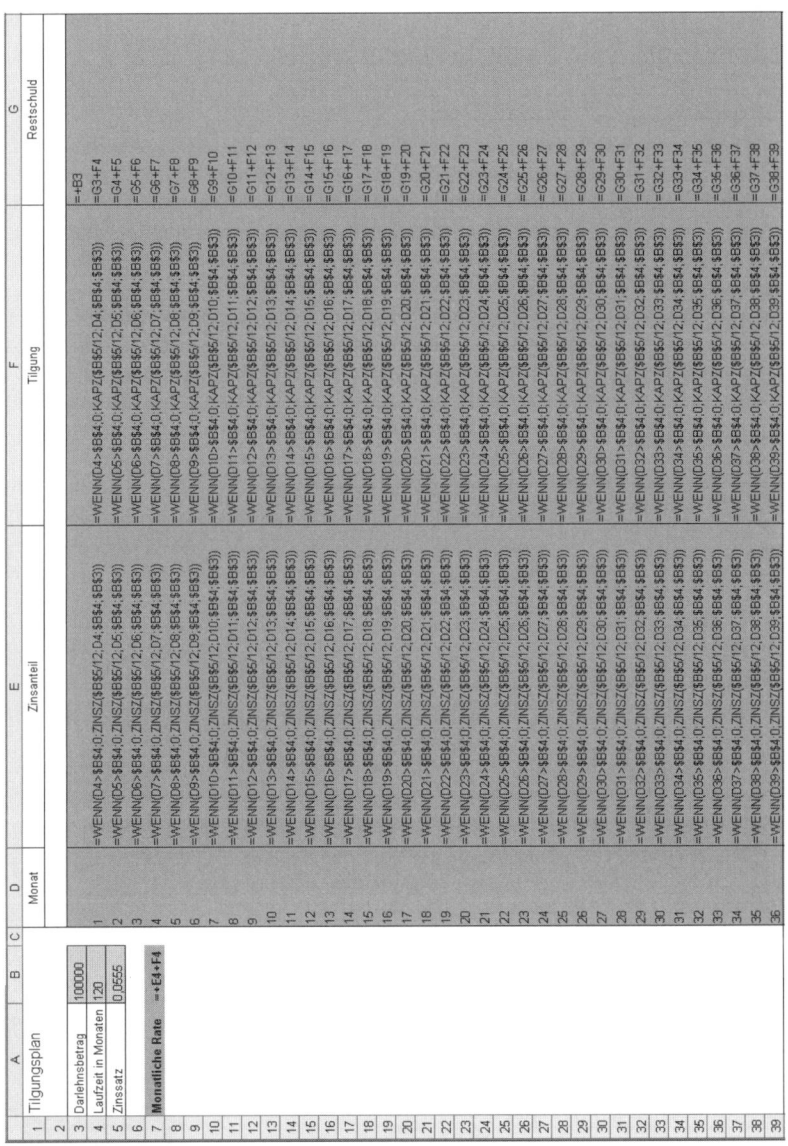

Abb. 198: Die Formelansicht

Nachfolgend eine Zusammenfassung der wichtigsten Argumente im Zusammenhang mit Kredit und Darlehensberechnungen.

Argument	Beschreibung
Zins	Zins steht für den Zinssatz pro Periode. Bei einer jährlichen Betrachtungsweise geben Sie ausschließlich den Zinssatz ein. Soll die Zinsberechnung quartalsweise durchgeführt werden, dividieren Sie den Zinssatz durch vier. Bei einer monatlichen Betrachtungsweise müssen Sie durch 12, bei einer tageweise Betrachtungsweise durch 360 teilen.
Zr	Unter Zr wird die Periode eingetragen, für die Sie den Zinsbetrag berechnen möchten. Um also beispielsweise die Höhe der Zinsen für den ersten Monat zu ermitteln, tragen Sie die Ziffer 1 ein, für den zweiten Monat die Ziffer 2 usw. Bei jährlichen oder quartalsweisen Betrachtungen gehen Sie entsprechend vor.
Bw	Bw entspricht dem Kreditbetrag.
Zw	Zw steht für den zukünftigen Wert (Endwert) oder den Kassenbestand, der nach der letzten Zahlung angestrebt wird. Die Eingabe des Argumentes Zw ist nicht zwingend erforderlich. Fehlt das Argument, setzt Excel den Wert auf Null. Bezogen auf einen Kredit bedeutet Zw gleich Null, dass das Darlehn am Ende der Laufzeit vollständig getilgt ist.
Zzr	Zzr gibt an, über wie viele Perioden Zahlungen zu leisten sind oder anders ausgedrückt, Sie tragen in ZZr die Laufzeit des Darlehns ein. ZZr muss die gleiche Zeiteinheit berücksichtigen wie Zins. Das heißt, wenn Sie die Zinshöhe für den ersten Monat ermitteln möchten, müssen Sie die Eintragung des Zinssatzes durch 12 dividieren und dementsprechend die Jahresangabe mit 12 multiplizieren. Bei einer Laufzeit von fünf Jahren würde das einer Angabe von 5 mal 12 oder Zellbezug mal 12 entsprechen.
F	F steht für Fälligkeit und bestimmt, wann die Zahlung fällig ist. F kann alternativ den Wert 0 oder 1 annehmen. Die Eingabe dieses Arguments ist nicht zwingend erforderlich. Fehlt die Angabe, setzt Excel den Wert Null an. Der Wert Null steht für die Fälligkeit der Zahlungen am Ende einer Periode, die Ziffer 1 für die Zahlung am Anfang einer Periode.
Zeitraum_Anfang	Unter Zeitraum_Anfang und Zeitraum_Ende geben Sie den Zeitraum an, für den die Zinsen ermittelt werden sollen. Tragen Sie unter Zeitraum_Anfang die Nummer der ersten Zahlungsperiode ein.
Zeitraum_Ende	Tragen Sie unter Zeitraum_Ende die Nummer der letzten Zahlungsperiode ein.

Tab. 7: Wichtige Argumente für Kredit- und Darlehnsberechnungen

Exkurs: Bankenlatein und Excel-Argumente

In der Praxis bereitet es den Anwendern häufig Probleme, die Fachausdrücke der Banken und die Argumente der Excel-Funktionen unter einen Hut zu bringen. Die folgende Tabelle zeigt, welche Begriffe welchen Excel-Argumenten entsprechen.

Begriff	Erläuterung	Excel-Argument
Kreditsumme	Höhe eines Darlehns	Barwert
Zinsen	Zinssatz der in Rechnung gestellt wird	Zins
Laufzeit	Anzahl der Zahlungsperioden	ZZR
Endwert	Betrag, den Sie nach der letzten Zahlung anstreben. (Wenn der Kredit nach Ablauf abgezahlt sein soll, bedeutet das, dass der Endwert gleich Null ist.)	Zw
Annuität	Monatlich zu leistende Zahlung. Diese setzt sich aus Zinsen und Tilgung zusammen.	RMZ

Tab. 8: Bank-Lexikon

Neben Zinsen müssen Kreditnehmer häufig folgende Positionen zahlen:

- Ein Bearbeitungsentgelt wird in der Regel einmalig, nicht laufzeitabhängig und meistens als Prozentsatz vom Kreditbetrag in Rechnung gestellt. Zum Teil werden auch Nebenleistungen wie Kreditversicherung, Wertermittlungskosten, Kontoführungsgebühren etc. berechnet.

- Ein Kredit wird häufig nicht zu 100 % ausgezahlt. Bei einem Auszahlungskurs von z. B. 97 % werden 3 % von der Bank einbehalten. Die 3 % Auszahlungsverlust werden Disagio oder auch Abschlag genannt.

Diese Positionen werden in den Excel-Funktionen nicht berücksichtigt und müssen gesondert z. B. im Rahmen von Kreditvergleichen ins Kalkül gezogen werden.

Interner Zinsfuß

Zur Beurteilung der Wirschaftlichkeit von Investitionsprojekten wird häufig mit der **Internen Zinsfußmethode** gearbeitet. Das ist die Rendite oder die Effektivverzinsung, die eine Investition erbringt. Wenn der interne Zinsfuß höher ist als die Mindestverzinsungsanforderungen, die an ein Investitionsobjekt gestellt werden, ist die Investition vorteilhaft. Dazu werden Interner Zins und Mindestverzinsung verglichen. Im Zusammenhang mit nicht periodisch anfallenden Zahlungen, berechnen Sie den Zinssatz mit XINTZINSFUSS().

Analyse Funktion
Die Funktion XINTZINSFUSS() steht nur zur Verfügung, wenn Sie unter **Extras** > **Add Ins** im Dialogfeld **Add-Ins** das Kontrollkästchen **Analyse-Funktionen** gekennzeichnet haben. Lesen Sie am Ende des Kapitels welche Schritte Sie in Excel durchführen müssen, wenn bei Ihnen die Analyse-Funktionen nicht installiert sind.

Praxis-Beispiel

Im Zusammenhang mit dem Investitionsprojekt belaufen sich die Anschaffungskosten für eine Maschine am 10.01.2009 auf 250.000 Euro. Zu folgenden Terminen werden folgende Einzahlungsüberschüsse erwartet:

31.01.10:	99.000,00 Euro
20.07.11:	85.000,00 Euro
30.04.12:	88.000,00 Euro
01.07.13:	77.000,00 Euro

XINTZINSFUSS()
Es soll ermittelt werden, ob die Investition vorteilhaft ist, wenn alternativ eine Mindestverzinsung in Höhe von 5 % erreicht werden könnte:

- Erfassen Sie das Datenmaterial und positionieren Sie den Cursor in der Ergebniszelle. Wählen Sie **Einfügen** > **Funktion**. Markieren Sie im Listenfeld **Kategorie auswählen** den Eintrag **Finanzmathematik** und unter **Funktion auswählen** die Funktion **Xintzinsfuss**.

- Die Funktion arbeitet mit den Argumenten **Werte**, **Zeitpkte** und **Schätzwert**. **Werte** entspricht der zu der Investition gehörenden Zahlungsreihe. Die einzelnen Zahlungen können eine unterschiedliche Höhe haben. Damit der interne Zinsfuß berechnet werden kann, muss **Werte** mindestens einen positiven und einen negativen Wert haben. Unter **Zeitpkte** geben Sie an, wann die Zahlungen fließen.

- Das Argument **Schätzwert** ist eine Zahl, von der Sie annehmen, dass sie in der Größenordnung des Ergebnisses liegt. Wenn Sie keine Angaben zum Schätzwert machen, nimmt Excel automatisch 0,1 beziehungsweise 10 Prozent an. Für das aktuelle Beispiel können Sie ohne Schätzwert arbeiten (s. Abb. 199). Das Argument dieser Funktion ist optional.

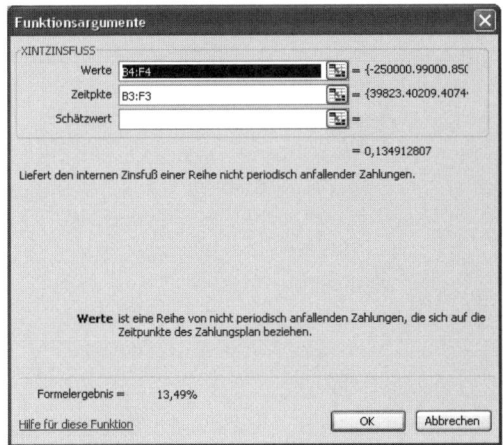

Abb. 199: Das Dialogfeld Funktionsargumente von XINTZINSFUSS()

- Die vollständige Formel lautet =XINTZINSFUSS(B4:F4;B3:F3).
- Sie erhalten ein Ergebnis von 13,49 % (s. Abb. 200). Der interne Zinsfuß liegt damit erheblich über der geforderten Mindestverzinsung von 5 %. Die Investition ist somit für das aktuelle Bespiel vorteilhaft.

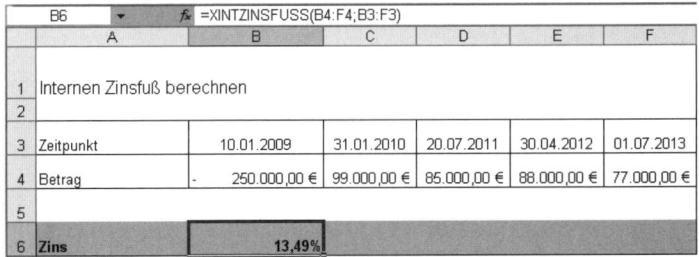

Abb. 200: Die Berechnung des Internen Zinsfußes

Sie finden die Musterlösung in der Datei **InternerZinsfuß.xls**.

Datums- und Zeitfunktionen

Datum- und Uhrzeit werden in Excel als serielle Zahlen gespeichert. Die Ausgangsbasis ist der 1.1.1900. Von da aus werden die Tage beispielsweise immer als ganze Zahl weitergerechnet. Datums- und Zeitfunktionen können aufgrund dieser Tatsache zwei Daten miteinander verrechnen, zum Beispiel addieren oder subtrahieren.

Hier die wichtigsten Datums- und Zeitfunktionen für das Controlling im Überblick:

Funktion	Syntax/Erläuterung
ARBEITSTAG()	ARBEITSTAG(Ausgangsdatum;Tage;Freie_Tage)
	Liefert einen End- bzw. Fertigstellungstermin unter Berücksichtigung von Feiertagen an.
EDATUM()	EDATUM(Ausgangsdatum;Monate)
	Ermittelt den Endtermin von Projekten.
HEUTE()	HEUTE()
	Liefert das aktuelle Tagesdatum.
JAHR()	JAHR(Zahl)
	Ermittelt die Jahresangabe aus einem Datumswert.
JETZT()	JETZT()
	Liefert das aktuelle Tagesdatum zuzüglich der aktuellen Zeit.
KALENDERWOCHE()	KALENDERWOCHE(Datum;Rückgabe)
	Gibt die Kalenderwochen eines angegebenen Datums an.
MONAT()	MONAT(Zahl)
	Ermittelt den Monat aus einem Datumswert.
MONANTSENDE()	MONATSENDE(Ausgangsdatum;Monate)
	Zeigt das Monatsende eines angefangenen Monats.
NETTOARBEITSTAGE()	NETTOARBEITSTAGE(Ausgangsdatum; Enddatum;Freie_Tage)
	Ermittelt unter Berücksichtigung der Feiertage die Anzahl der Arbeitstage für einen definierten Zeitraum.
TAG()	TAG(Zahl)
	Ermittelt den Tag aus einem Datumswert.
ZEITWERT()	ZEITWERT(Zahl)
	Verwandelt eine als Text vorliegende Zeitangabe in eine Zahl.

Tab. 9: Datums- und Zeitfunktionen fürs Controlling

HEUTE()

Die wohl bedeutendste Zeitfunktion ist die Funktion HEU-TE(). Sie müssen lediglich =HEUTE() eintippen und erhalten das aktuelle Tagesdatum.

Mathematische & Trigonometrische Funktionen

Mathematische Funktionen beschäftigen sich sowohl mit den Grundrechenarten wie Subtraktion, Addition, Multiplikation, Division als auch mit Potenzen, Logarithmen, Rundungen, Zufallszahlen oder dem Zählen (z. B. Anzahl leerer Zellen). Bei den trigonometrischen Funktionen geht es in erster Linie um das Rechnen mit Winkeln, welche in Excel im Bogenmaß angegeben werden. Trigonometrische Funktionen sind somit im Controlling von untergeordneter Bedeutung. Tab. 10 bietet Ihnen eine Auswahl der wichtigsten mathematischen Funktionen.

Funktion	Syntax/Erläuterung
ABRUNDEN()	ABRUNDEN(Zahl;Anzahl_Stellen)
	Rundet eine Zahl auf die gewünschte Anzahl Stellen ab.
ABS()	ABS(Zahl)
	Liefert den absoluten Wert einer Zahl, das heißt, den Wert der Zahl ohne Vorzeichen.
AUFRUNDEN()	AUFRUNDEN(Zahl;Anzahl_Stellen)
	Rundet eine Zahl auf die gewünschte Anzahl Stellen auf.
GANZZAHL()	GANZZAHL(Zahl)
	Rundet eine Zahl auf die nächstkleinere ganze Zahl ab.
GERADE()	Gerade(Zahl)
	Rundet eine Zahl auf die nächst kleinere ganze Zahl ab.
GGT()	GGT(Zahl1;Zahl2;...)
	Liefert den Größten Gemeinsamen Teiler (GGT) von bis zu 29 Zahlen.
KGV()	KGV(Zahl1;Zahl2;...)
	Liefert das kleinste gemeinsame Vielfache (KGV) von bis zu 29 Zahlen.
KÜRZEN()	KÜRZEN(Zahl;Anzahl_Stellen)
	Schneidet die Kommastellen der Zahl ab.
OBERGRENZE()	OBERGRENZE(Zahl;Schritt)
	Rundet eine Zahl auf das kleinste Vielfache von Schritt auf.
POTENZ()	POTENZ(Zahl;Potenz)
	Potenziert eine Zahl.
POTENZREIHE()	POTENZREIHE(x;n;m;Koeffizienten)
	Bildet die Summe von Potenzen zur Berechnung von Potenzreihen.
PRODUKT()	PRODUKT(Zahl1;Zahl2;...)
	Führt eine Multiplikation durch.
QUADRATESUMME()	QUADRATESUMME(Zahl1;Zahl2; ...)
	Bildet die Summe quadrierter Argumente.

Funktion	Syntax/Erläuterung
QUOTIENT()	QUOTIENT(Zähler;Nenner)
	Dividiert Zahlen und liefert den ganzzahligen Anteil der Division – löscht also die Nachkommastellen (den Rest).
RUNDEN()	RUNDEN(Zahl;Anzahl_Stellen)
	Rundet eine Zahl auf die gewünschte Anzahl Stellen.
SUMME()	SUMME(Zahl1;Zahl2;...)
	Führt eine Addition durch.
SUMMENPRODUKT()	SUMMENPRODUKT(Matrix1;Matrix2;Matrix3; ...)
	Multipliziert die einander entsprechenden Komponenten der angegebenen Matrizen miteinander und bildet die Summe dieser Produkte.
SUMMEWENN()	SUMMEWENN(Bereich;Kriterien;Summe_Bereich)
	Addiert Zahlen, die bestimmten Suchkriterien entsprechen.
TEILERGEBNIS()	TEILERGEBNIS(Funktion; Bezug1; Bezug2; ...)
	Liefert ein Teilergebnis in einer Liste oder Datenbank.
UNGERADE()	UNGERADE(Zahl)
	Rundet eine Zahl auf die nächste ungerade ganze Zahl auf.
UNTERGRENZE()	UNTERGRENZE(Zahl;Schritt)
	Rundet eine Zahl in der von Ihnen zu definierenden Schrittgröße ab.
VORZEICHEN()	VORZEICHEN(Zahl)
	Liefert das Vorzeichen einer Zahl.
VRUNDEN()	VRUNDEN(Zahl;Vielfaches)
	Bildet eine auf das gewünschte Vielfache gerundete Zahl.
WURZEL()	WURZEL(Zahl)
	Zieht die Quadratwurzel einer Zahl.

Tab. 10: Interessante mathematische Funktionen

SUMME()

In der Praxis wird häufig die Funktion SUMME() eingesetzt. Diese erhalten Sie wie andere Funktionen über **Einfügen** > **Funktion**. Schneller sind Sie jedoch mit der Schaltfläche **Auto-Summe** aus der **Standard**-Symbolleiste.

Zahlungszeitpunkte vergleichen

POTENZ()

Um Zahlungen zu unterschiedlichen Zeitpunkten vergleichen zu können, zinsen Sie die Zahlungen zu einem Vergleichszeitpunkt auf bzw. ab. In Excel kommt in diesem Zusammenhang die Funktion POTENZ() zum Einsatz (s. Abb. 201).

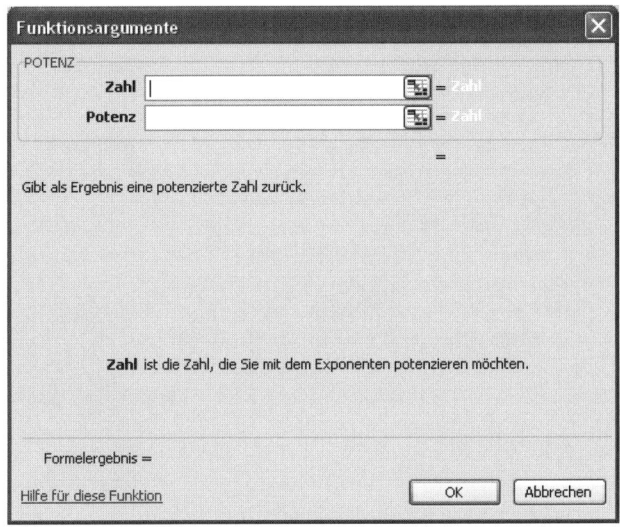

Abb. 201: Funktionsargumente von POTENZ()

Praxis-Beispiel

Für den Verkauf einer Immobilie im Wert von 200.000 Euro liegen zwei Angebote vor:

* Zahlung von 150.000,00 Euro sofort, der Rest in fünf Jahren.
* Zahlung von fünf Raten zu je 60.000 Euro, wobei die erste Rate sofort, die weiteren Raten im Abstand von jeweils einem Jahr gezahlt werden.

Zu ermitteln ist die günstigste Alternative bei einem Zinssatz von 4,75 %:

* Erfassen Sie zunächst das Datenmaterial in einem leeren Tabellenarbeitsblatt. Wichtig in diesem Zusammenhang ist eine übersichtliche Struktur des Datenmaterials.
* Für Alternative 1 ergibt sich der aktuelle Gegenwert mit Hilfe der Formel =B5+POTENZ(1/(1+B9);B12)×B11. Dabei wird der zweite Zahlungszeitpunkt um fünf Jahre auf den heutigen Zeitpunkt abgezinst.
* Komplexer ist die Formel für das zweite Angebot. Hier müssen die verschiedenen Zahlungen jeweils einzeln auf den gegenwärtigen Zahlungszeitpunkt abgezinst werden:

    =E5+E11×POTENZ(1/(1+B9);E12)+E14×POTENZ(1/(1+B9);E15)+E17×
    POTENZ(1/(1+B9);E18)+E20×POTENZ(1/(1+B9);E21)

	A	B	C	D	E
1	Vergleich von Zahlungszeitpunkten				
2					
3	**Alternative 1**			**Alternative 2**	
4					
5	Zahlbar sofort	150.000,00 €			60.000,00 €
6					
7	später			später	
8					
9	Zinsfaktor	4,75%			
10					
11	Betrag	150.000,00 €		Betrag	60.000,00 €
12	Zeitraum in Jahren	5		Zeitraum in Jahren	1
13					
14				Betrag	60.000,00 €
15				Zeitraum in Jahren	2
16					
17				Betrag	60.000,00 €
18				Zeitraum in Jahren	3
19					
20				Betrag	60.000,00 €
21				Zeitraum in Jahren	4
22					
23	**Aktueller Gegenwert**	**268.938,13 €**		**Aktueller Gegenwert**	**273.998,40 €**

Abb. 202: Vergleichen Sie die Zahlungszeitpunkte mit Hilfe der Funktion POTENZ()

Statistische Funktionen

Statistische Funktionen bieten eine Vielzahl von Auswertungen, sowohl für professionelle als auch recht einfache Anwendungen. Die für das Controlling bedeutendsten statistischen Funktionen sind Tab. 11 gelistet:

Funktion	Syntax/Erläuterung
ANZAHL()	ANZAHL(Wert1;Wert2;...)
	Zählt alle Zahlen eines definierten Bereichs.
ANZAHL2()	ANZAHL2(Wert1;Wert2;...)
	Zählt alle nicht leeren Zellen eines definierten Bereichs.
GEOMITTEL()	GEOMITTEL(Zahl1;Zahl2;...)
	Bildet das geometrische Mittel einer Menge positiver Zahlen.
GESTUTZTMITTEL()	GESTUTZTMITTEL(Matrix;Prozent)
	Ignoriert Ausreißerzahlen beim Bilden eines Durchschnitts.
HARMITTEL()	HARMITTEL(Zahl1;Zahl2;...)
	Ermittelt das harmonische Mittel einer Datenmenge.

Funktion	Syntax/Erläuterung
HÄUFIGKEIT()	HÄUFIGKEIT(Daten;Klassen)
	Liefert eine Häufigkeitsverteilung für eine einspaltige Matrix.
KKGRÖSSTE()	KGRÖSSTE(Matrix;k)
	Gibt den größten Wert eines Zellbereichs an.
KKLEINSTE()	KKLEINSTE(Matrix;k)
	Liefert den kleinsten Wert eines Zellbereichs.
MAX()	MAX(Zahl1;Zahl2;...)
	Sucht die größte Zahl eines Bereichs.
MAXA()	MAXA(Wert1;Wert2;...)
	Sucht den größten Wert eines Bereichs.
MEDIAN()	MEDIAN(Zahl1;Zahl2;...)
	Ermittelt die Zahl, die in der Mitte einer Zahlenreihe liegt.
MIN()	MIN(Zahl1;Zahl2;...)
	Sucht die kleinste Zahl eines Bereichs.
MINA()	MINA(Wert1;Wert2;...)
	Sucht den kleinsten Wert eines Bereichs.
MITTELABW()	MITTELABW(Zahl1;Zahl2;...)
	Ermittelt die durchschnittliche absolute Abweichung einer Reihe von Merkmalsausprägungen und ihrem Mittelwert.
MITTELWERT()	MITTELWERT(Zahl1;Zahl2; ...)
	Bildet den Durchschnitt der Werte eines Bereichs.
MITTELWERTA()	MITTELWERTA(Wert1;Wert2;...)
	Ermittelt das arithmetische Mittel.
MODALWERT()	MODALWERT(Zahl1;Zahl2;...)
	Liefert den häufigsten Wert einer Zahlenmenge.
QUANTIL()	QUANTIL(Matrix;Alpha)
	Liefert das Alpha-Quantil einer Gruppe von Daten und legt einen Akzeptanzschwellenwert fest.
QUARTILE()	QUARTILE(Matrix;Quartil)
	Liefert die Quartile einer Datengruppe. Die Datengruppe wird dabei gedanklich in vier Bereiche geteilt.
RANG()	RANG(Zahl;Bezug;Reihenfolge)
	Gibt den Rang an, den eine Zahl innerhalb einer Liste von Zahlen einnimmt.
RGP()	RGP(Y_Werte;X_Werte;Konstante;Stats)
	Berechnet die Statistik für eine Linie unter Verwendung der Methode der kleinsten Quadrate.

Funktion	Syntax/Erläuterung
RKP()	RKP(Y_Werte;X_Werte;Konstante;Stats)
	Berechnet eine Exponentialkurve.
SCHÄTZER()	SCHÄTZER(x;Y_Werte;X_Werte)
	Ermittelt den Schätzwert für einen linearen Trend
STANDARDISIERUNG()	STANDARDISIERUNG(x;Mittelwert;Standabwn)
	Standardisiert den Wert einer Verteilung.
STEIGUNG()	STEIGUNG(Y_Werte;X_Werte)
	Berechnet die Steigung der Regressionsgeraden.
STFEHLERYX()	STFEHLERYX(Y_Werte;X_Werte)
	Liefert den Standardfehler der geschätzten y-Werte für alle x-Werte der Regression.
TREND()	TREND(Y_Werte;X_Werte;Neue_X_Werte; Konstante)
	Ermittelt Trendwerte, die sich aus einem linearen Trend ergeben.
VARIANZ()	VARIANZ(Zahl1;Zahl2;…)
	Schätzt die Varianz auf der Basis einer Stichprobe.
VARIANZA()	VARIANZA(Wert1;Wert2;…)
	Schätzt die Varianz auf der Basis einer Stichprobe, unter Berücksichtigung von Text und Wahrheitswerten.
VARIANZEN()	VARIANZEN(Zahl1;Zahl2;…)
	Berechnet die Varianz ausgehend von der Grundgesamtheit.
VARIANZENA()	VARIANZENA(Wert1;Wert2;…)
	Berechnet die Varianz auf der Grundlage alle Daten.
VARIATION()	VARIATI-ON(Y_Werte;X_Werte; Neue_x_Werte;Konstante)
	Liefert Werte, die sich aus einem exponentiellen Trend ergeben.
WAHRSCHBEREICH()	WAHRSCHBEREICH(Beob_Werte; Beob_Wahrsch;Untergrenze;Obergrenze)
	Liefert die Wahrscheinlichkeit für ein von zwei Werten eingeschlossenes Intervall.
ZÄHLENWENN()	ZÄHLENWENN(Bereich;Kriterien)
	Zählt Zellinhalte, wenn diese dem Suchkriterium entsprechen.

Tab. 11: Statistische Funktionen

TREND()

Wer im Controlling Prognosen erstellen muss, kommt um die Funktion TREND() nicht herum. Insbesondere im Zusammenhang mit der Planung von Umsätzen kann diese Funktion gute

Hilfe leisten. Die Funktion arbeitet mit einem linear ansteigenden Trend und geht von einem stetig wachsenden Markt aus. Dieser Trendtyp wird in der Praxis am häufigsten eingesetzt. Die zugehörige Trendgleichung lautet:

$$y = mx + b$$

Praxis-Beispiel

Die Umsatzzahlen eines Unternehmens sind, bis auf einige Ausnahmen, in den vergangenen zehn Jahren kontinuierlich gestiegen. Im Detail haben sich die Zahlen in der Vergangenheit wie folgt entwickelt:

2000: 1.245	2001: 1.277	2002: 1.199	2003: 1.345
2004: 1.347	2005: 1.487	2006: 1.574	2007: 1.489
2008: 1.678	2009: 1.821		

Aufgrund dieser Daten soll der voraussichtliche Umsatz für das Jahr 2010 ermittelt werden. Dabei gehen Sie wie folgt vor:

- Erfassen Sie zunächst das Datenmaterial einschließlich der Jahreszahlen in einer leeren Excel-Tabelle. Positionieren Sie den Cursor in der Ergebniszelle. Wählen Sie **Einfügen > Funktion.**

- Markieren Sie im Listenfeld **Kategorie auswählen** den Eintrag **Statistik** und unter **Funktion auswählen** die Funktion **Trend** (s. Abb. 203).

- Funktion arbeitet mit den Argumenten: **Y_Werte, X_Werte**; **Neue_x_Werte** und **Konstante.** Unter **Y_Werte** werden Umsatzzahlen der letzten 10 Jahre erfasst. Unter **X_Werte** geben Sie die entsprechenden Jahreszahlen ein. Da es sich bei **Y_Werte** und **X_Werte** um Matrizen handelt, müssen diese die gleiche Anzahl von Zeilen beziehungsweise Spalten haben. Ansonsten erhalten Sie den Fehlerwert *#BEZUG.*

- **Neue_x_Werte** steht stellvertretend für das Jahr 2010, das den zugehörigen **y-Wert** liefern soll.

- **Konstante** ist ein Wahrheitswert, der mit WAHR oder FALSCH belegt wird. Ist Konstante mit WAHR belegt oder nicht angegeben, wird b normal berechnet. Falls die Konstante mit FALSCH belegt ist, wird b gleich 0 (Null) gesetzt. Ein Wert für das Feld **Konstante** wird in dem Beispiel nicht benötigt.

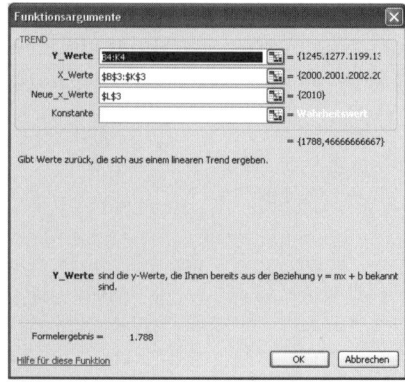

Abb. 203: Die Funktionsargumente von TREND()

	A	B	C	D	E	F	G	H	I	J	K
1	**Absatzmengenplanung**										
2											
3	**Jahr**	**2000**	**2001**	**2002**	**2003**	**2004**	**2005**	**2006**	**2007**	**2008**	**2009**
4	Artikel 1	1.245	1.277	1.199	1.345	1.347	1.487	1.574	1.489	1.678	1.821
5	Artikel 2										
6	Artikel 3										
7	Artikel 4										
8	Artikel 5										
9	Artikel 6										
10	Artikel 7										
11	Artikel 8										
12	Artikel 9										
13	Artikel 10										
14	Artikel 11										
15	Artikel 12										
16	Artikel 13										
17	Artikel 14										
18	Artikel 15										
19	Artikel 16										
20	Artikel 17										
21	Artikel 18										
22	Artikel 19										
23	Artikel 20										
24	Artikel 21										
25	Artikel 22										
26	Artikel 23										
27	Artikel 24										
28	Artikel 25										
29	**Gesamt**	1.245	1.277	1.199	1.345	1.347	1.487	1.574	1.489	1.678	1.821

Abb. 204: Absatzmengenplanung mit integrierter Trendanalyse

Umgesetzt wird eine Trendanalyse beispielsweise in der Musterlösung **Trendanalyse.xls** im Rahmen einer Absatzmengenplanung für verschiedene Artikel (s. Abb. 204).

Die Formelansicht zeigt die folgende Abbildung.

	K	L
3	=J3+1	=K3+1
4		=WENN(B4="";"";TREND(B4:K4;$B$3:$K$3;$L$3))
5		=WENN(B5="";"";TREND(B5:K5;$B$3:$K$3;$L$3))
6		=WENN(B6="";"";TREND(B6:K6;$B$3:$K$3;$L$3))
7		=WENN(B7="";"";TREND(B7:K7;$B$3:$K$3;$L$3))
8		=WENN(B8="";"";TREND(B8:K8;$B$3:$K$3;$L$3))
9		=WENN(B9="";"";TREND(B9:K9;$B$3:$K$3;$L$3))
10		=WENN(B10="";"";TREND(B10:K10;$B$3:$K$3;$L$3))
11		=WENN(B11="";"";TREND(B11:K11;$B$3:$K$3;$L$3))
12		=WENN(B12="";"";TREND(B12:K12;$B$3:$K$3;$L$3))
13		=WENN(B13="";"";TREND(B13:K13;$B$3:$K$3;$L$3))
14		=WENN(B14="";"";TREND(B14:K14;$B$3:$K$3;$L$3))
15		=WENN(B15="";"";TREND(B15:K15;$B$3:$K$3;$L$3))
16		=WENN(B16="";"";TREND(B16:K16;$B$3:$K$3;$L$3))
17		=WENN(B17="";"";TREND(B17:K17;$B$3:$K$3;$L$3))
18		=WENN(B18="";"";TREND(B18:K18;$B$3:$K$3;$L$3))
19		=WENN(B19="";"";TREND(B19:K19;$B$3:$K$3;$L$3))
20		=WENN(B20="";"";TREND(B20:K20;$B$3:$K$3;$L$3))
21		=WENN(B21="";"";TREND(B21:K21;$B$3:$K$3;$L$3))
22		=WENN(B22="";"";TREND(B22:K22;$B$3:$K$3;$L$3))
23		=WENN(B23="";"";TREND(B23:K23;$B$3:$K$3;$L$3))
24		=WENN(B24="";"";TREND(B24:K24;$B$3:$K$3;$L$3))
25		=WENN(B25="";"";TREND(B25:K25;$B$3:$K$3;$L$3))
26		=WENN(B26="";"";TREND(B26:K26;$B$3:$K$3;$L$3))
27		=WENN(B27="";"";TREND(B27:K27;$B$3:$K$3;$L$3))
28		=WENN(B28="";"";TREND(B28:K28;$B$3:$K$3;$L$3))
29	=SUMME(K4:K28)	=SUMME(L4:L28)

Abb. 205: Die Formelansicht der Trendanalyse

Datenbankfunktionen

Datenlisten und Datenbanken dienen einer sinnvollen Organisation von Datenbeständen. In Excel haben Sie die Möglichkeit, bereits fertige Da-

263

tenbanken in Excel einzulesen, zu verarbeiten und mit Hilfe spezieller Funktionen zu verdichten und zu analysieren.

Hintergrund-wissen Als Datenliste, auch Datenbank genannt, definiert Excel eine Reihe von Tabellenzeilen, die zusammengehörende Daten enthalten, beispielsweise eine Rechnungsdatenbank oder eine Liste mit Informationen zu Investitionsprojekten. Die Datensätze werden dabei in Zeilen verwaltet, die Spalten stellen Felder dar. Die erste Zeile der Liste enthält die Beschriftungen für die Spalten, die so genannten Feldnamen. Anders ausgedrückt: Eine Datenbank zeichnet sich durch zusammenhängende, rechteckige Bereiche aus und verfügt über folgende Struktur:

• Feldnamen in der ersten Zeile

• Datensätze in den Folgezeilen

• Datenfelder in den Spalten

Excel verfügt über spezielle Datenbankfunktionen, die Sie auf Datenbanken und listenförmige Tabellen anwenden können. Mit ihrer Hilfe können Berechnungen, wie zum Beispiel Additionen oder Multiplikationen, durchgeführt werden. Darüber hinaus sind aber auch statistische Auswertungen möglich.

Allen Datenbankfunktionen ist gemeinsam, dass sie mit Ausnahme der Funktion PIVOTDATENZUORDNEN mit DB beginnen und alle drei Argumente erwarten:

• Datenbank

• Datenbankfeld

• Suchkriterium

Unter dem Argument **Datenbank** geben Sie den Zellbereich – einschließlich der Feldnamen – an, der die Datenbank umfasst. Hat die Datenbank bzw. der Bereich einen Namen, setzen Sie den Namen ein, ansonsten geben Sie den Zellbezug (z.B. A1:E100) an.

Datenbankfunktionen arbeiten immer mit genau einer Spalte des Datenbankbereichs. Das **Datenbankfeld** entspricht dem Feldnamen oder der Zelle der Spalte, die ausgewertet werden soll.

Suchkriterium entspricht dem Zellbereich, der die Kriterien enthält, nach denen in der Datenbank gesucht wird.

Tab. 12 zeigt Ihnen die wichtigsten Datenbankfunktionen zur Auswertung von Datenliste

Funktion	Erläuterung
DBANZAHL()	DBANZAHL(Datenbank,Feld,Kriterien)
	Zählt die Anzahl der Zellen einer Spalte in einer Datenbank, die einem bestimmten Kriterium entsprechen.
DBANZAHL2()	DBANZAHL2(Datenbank,Feld,Kriterien)
	Zählt die Anzahl der nicht leeren Zellen einer Spalte in einer Datenbank, die einem bestimmten Kriterium entsprechen.
DBAUSZUG()	DBAUSZUG(Datenbank,Feld,Kriterien)
	Sucht einen Datenbankeintrag, der einem bestimmten Kriterium entspricht.
DBMAX()	DBMAX(Datenbank,Feld,Kriterien)
	Gibt den Höchstwert von Datenbankwerten, die einem bestimmten Kriterium entsprechen.
DBMIN()	DBMIN(Datenbank,Feld,Kriterien)
	Liefert den niedrigsten Wert von Datenbankwerten, die einem bestimmten Kriterium entsprechen.
DBMITTELWERT()	DBMITTELWERT(Datenbank,Feld,Kriterien)
	Bildet den Mittelwert von Datenbankwerten, die einem bestimmten Kriterium entsprechen.
DBPRODUKT()	DBPRODUKT(Datenbank,Feld,Kriterien)
	Multipliziert Datenbankwerte, die einem bestimmten Kriterium entsprechen.
DBSUMME()	DBSUMME(Datenbank,Feld,Kriterien)
	Addiert Datenbankwerte, die einem bestimmten Kriterium entsprechen.

Tab. 12: Funktionen, um Datenlisten auszuwerten

Um die Datenbankfunktionen optimal nutzen zu können, berücksichtigen Sie beim Erstellen einer Datenliste folgende Punkte:

- Legen Sie nur eine Liste pro Tabellenblatt an, da einige Listenverwaltungsfunktionen, wie beispielsweise das Filtern von Daten, nicht auf mehrere Listen gleichzeitig angewendet werden können.

- Bauen Sie die Datenlisten so auf, dass Zeilen innerhalb einer Spalte ähnliche Elemente enthalten.

- Damit Excel die Datenliste als Datenbank identifizieren kann, sollten Sie zwischen der Liste und anderen Daten im Tabellenblatt mindestens eine Spalte und eine Zeile leer lassen. Im Umkehrschluss empfiehlt es sich, leere Zeilen und Spalten innerhalb der Liste zu vermeiden.

- Vermeiden Sie zusätzlichen Leerzeichen am Anfang einer Zeile, da sich diese auf die Sortier- und Suchvorgänge auswirken.

- Ordnen Sie wichtige Daten nicht links oder rechts neben der Liste an, da diese unter Umständen im Zusammenhang mit dem Filtern von Daten verdeckt werden.

- Tragen Sie Feldnamen beziehungsweise Spaltenbeschriftungen in der ersten Zeile der Liste ein. Excel verwendet diese bei der Berichterstellung und der Datensuche bzw. -strukturierung.

- Erfassen Sie den ersten Datensatz direkt unter den Spaltenbeschriftungen. In keinem Fall sollten Sie Datensatz und Überschrift durch Leerzeilen trennen.

DBMITTEL-
WERT()

Durchschnittswerte einer Datenbank ermitteln Sie mit Hilfe der Funktion DBMITTELWERT(). Um den durchschnittlichen Umsatz der Datenliste aus Abb. 207 zu ermitteln, führen Sie folgende Schritte aus:

- Setzen Sie die Eingabemarkierung in die Zelle, in der das Ergebnis stehen soll und wählen Sie **Einfügen > Funktion**.

- Markieren Sie im Listenfeld **Kategorie auswählen** den Eintrag **Datenbank** und unter **Funktion auswählen** die Funktion **DBMITTEL-WERT**.

- Durch einen Klick auf die Schaltfläche **OK** gelangen Sie in das Dialogfeld **Funktionsargumente**, wie in Abb. 206 dargestellt.

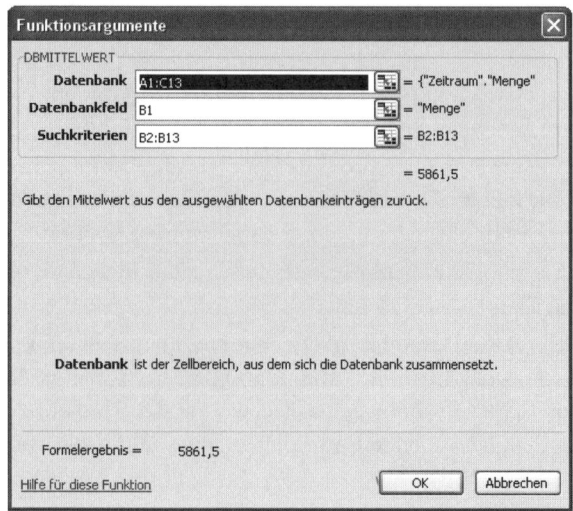

Abb. 206: Der Dialog Funktionsargumente von DBMITTELWERT()

- Die Funktion DBMITTELWERT() arbeitet mit den Argumenten **Datenbank**, **Datenbankfeld** und **Suchkriterien**. Geben Sie die entsprechenden Informationen in Excel ein.

- Die vollständige Formel für das aktuelle Beispiel lautet:
=DBMITTELWERT(A1:C13;B1;B2:B13)

	A	B	C
1	Zeitraum	Menge	Umsatz
2	Januar	4578	18.266,22 €
3	Februar	5417	21.613,83 €
4	März	5524	22.040,76 €
5	April	6119	24.414,81 €
6	Mai	6592	26.302,08 €
7	Juni	7065	28.189,35 €
8	Juli	7538	30.076,62 €
9	August	3541	14.128,59 €
10	September	4521	18.038,79 €
11	Oktober	5501	21.948,99 €
12	November	6481	25.859,19 €
13	Dezember	7461	29.769,39 €
14			
15	**Durchschnittliche Menge**	**5861,5**	

Abb. 207: Hier wurde mit der Funktion DBMITTELWERT() gearbeitet

Logische Funktionen

Logische Funktionen vergleichen zwei Werte. Sie liefern von zwei möglichen Werten den Wahrheitswert WAHR oder FALSCH. Mit Tab. 13 können Sie sich schnell einen Überblick über die Auswirkungen der logischen Funktionen verschaffen.

Funktion	Syntax/Erläuterung
ODER()	ODER(Wahrheitswert1;Wahrheitswert2;...)
	Liefert den Wahrheitswert WAHR, wenn eines der Argumente WAHR ist.
UND()	UND(Wahrheitswert1;Wahrheitswert2; ...)
	Liefert WAHR, wenn alle Argumente WAHR sind.
WENN()	WENN(Prüfung;Dann_Wert;Sonst_Wert)
	Prüft, ob eine Bedingung zutrifft und macht das Ergebnis vom Resultat abhängig.

Tab. 13: Logische Funktionen

Insbesondere die Funktion WENN() wurde im Rahmen der verschiedenen Musterlösung zu diesem Buch immer wieder

Excel-Hinweis

267

eingesetzt. Insbesondere im Zusammenhang mit dem Abfangen von Fehlermeldungen wurde diese Funktion häufig verwendet.

Informationsfunktionen

Informationsfunktionen sind im Zusammenhang mit der Suche nach Fehlern von Bedeutung. Mit Fehlermeldungen weist die Tabellenkalkulation Excel darauf hin, dass in einer Formel etwas nicht in Ordnung ist. Um richtige Ergebnisse zu erhalten, müssen Sie die Fehlermeldungen analysieren und die Fehler korrigieren.

Die wichtigsten Informationsfunktionen zeigt Tab. 14.

Funktion	Syntax/Erläuterung
FEHLER.TYP()	FEHLER.TYP(Wert)
	Liefert den Typ eines Fehlers in Form einer Kennziffer.
ISTFEHL()	ISTFEHL(Wert)
	Liefert, mit Ausnahme des Fehlers #NV, für alle Fehlertypen den Wert WAHR.
ISTFEHLER()	ISTFEHLER(Wert)
	Liefert den Wahrheitswert WAHR sobald ein Fehler vorliegt.
ISTNV()	ISTNV(Wert)
	Prüft, ob eine Zelle den Wert #NV hat und gibt entsprechend WAHR oder FALSCH zurück.
ISTZAHL()	ISTZAHL(Wert)
	Prüft, ob der Inhalt einer Zelle eine Zahl ist. Gibt den Wahrheitswert WAHR an, wenn es sich um eine Zahl handelt.
N()	N(Wert)
	Wandelt einen nicht numerischen Wert in eine Zahl um.
NV()	NV(Wert)
	Liefert den Fehlerwert #NV.
TYP()	TYP(Wert)
	Zeigt den Datentyp einer Zelle als Kennziffer an. Die Funktion wird eingesetzt, wenn das weitere Verhalten einer Funktion vom Typ eines Wertes abhängt.

Tab. 14: Informationsfunktionen

Fehler analysieren

Mit Hilfe der Funktion FEHLER.TYP() sind Sie in der Lage zu analysieren, um welche Art von Fehler es sich handelt. Mit der Funktion arbeiten Sie wie folgt: FEHLER.TYP()

- Setzen Sie die Eingabemarkierung in die Zelle, in der das Ergebnis der Fehleranalyse erscheinen soll. Wählen Sie **Einfügen** > **Funktion**.
- Entscheiden Sie im Listenfeld **Kategorie auswählen** für den Eintrag **Information** und unter **Funktion auswählen** für die Funktion **Fehler.Typ**.
- Bestätigen Sie Ihre Wahl durch einen Klick auf die Schaltfläche **OK**. Es öffnet sich das Dialogfenster zur Eingabe der Funktionsargumente (s. Abb. 208).
- FEHLER.TYP() arbeitet mit nur einem Argument: **Fehlerwert**. Geben Sie den Zellbezug an, der überprüft werden soll und verlassen Sie den Dialog durch einen Klick auf die Schaltfläche **OK**.

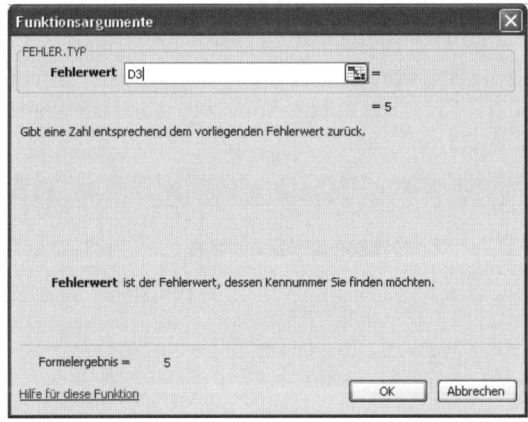

Abb. 208: FEHLER.TYP() zeigt den Fehler #Name? an

Die Fehlermeldung #**Name?** zeigt an, dass etwas mit einer Bezeichnung nicht stimmt. Häufig tritt diese Fehlermeldung auf, wenn Sie Bereiche benannt haben und in Formeln auf diese Namen nicht korrekt zugreifen.   Excel-Hinweis

Die Funktion FEHLER.TYP() liefert folgende Fehlerwerte:

- #Null!   Fehlerwert 1
- #DIV/0!   Fehlerwert 2
- #Wert!   Fehlerwert 3

- #Bezug!   Fehlerwert 4
- #Name?   Fehlerwert 5
- #Zahl!   Fehlerwert 6
- #NV   Fehlerwert 7
- Sonstiges   Fehlerwert #NV

Fehlermeldung #Wert! analysieren und korrigieren

Wenn Sie innerhalb einer Formel anstelle einer Zahl einen Text einsetzen und damit rechnen wollen, erhalten Sie unter Umständen ein falsches Ergebnis. Dann muss der falsche Wert gesucht und korrigiert werden.

ISTTEXT() Die Tabelle in Abb. 210 enthält Werte, die addiert werden sollen. Der Zahl in Zelle B3 wurde unbeabsichtigt das Textformat zugewiesen. Dadurch ergeben sich bei der weiteren Berechnung Fehler. Mit Hilfe von ISTTEXT() soll ermittelt werden, ob ein Texteintrag vorliegt. Falls ja, soll der Text in eine Zahl verwandelt und anschließend die Berechnung durchgeführt werden.

- Setzen Sie die Eingabemarkierung in die Zelle C2. Dort geben Sie die Formel =ISTTEXT(B2) ein (s. Abb. 209). Kopieren Sie die Formel in die nachfolgenden Zellen.

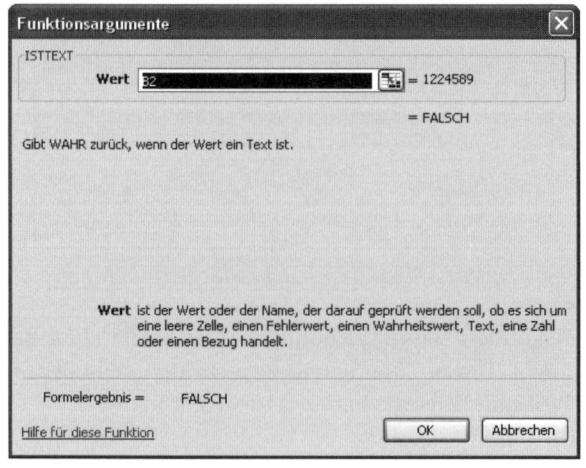

Abb. 209: In diesem Fall handelt es sich nicht um einen Text

- In Spalte D wandeln Sie mit Hilfe der Funktion WERT() alle Texte in eine Zahl um. Kopieren Sie auch diese Formel in die nachfolgenden Zellen.

- Anschließend werden mit Hilfe der Funktion SUMME() alle Werte der Spalte D addiert.

D5	▼	fx	=SUMME(D2:D4)	
	A	B	C	D
1	Umsätze 1. Quartal			
2	Januar	1224589	FALSCH	1224589
3	Februar	1654578	WAHR	1654578
4	März	1874978	FALSCH	1874978
5	Gesamt	3099567		4754145
6				

Abb. 210: Wie in der Spalte B gut zu sehen, werden Texte bei der Addition ignoriert

Matrixfunktionen

Mit Hilfe der Matrixfunktionen können Sie Matrizen sowie Zellbereiche berechnen. Matrizen lassen sich zudem rechnerisch verknüpfen. Tab. 15 listet die Matrixfunktionen auf.

Funktion	Syntax/Erläuterung
ADRESSE()	ADRESSE(Zeile;Spalte;Abs;A1; Tabellenname)
	Erzeugt u. a. einen Bezug auf eine Tabellenzelle.
BEREICH.VERSCHIEBEN()	BEREICH.VERSCHIEBEN(Bezug;Zeilen;Spalten;Höhe;Breite)
	Liefert einen Bezug, der gegenüber dem angegebenen Bezug versetzt ist.
HYPERLINK()	HYPERLINK(Hyperlink_Adresse, Freundlicher_Name)
	Erzeugt eine Verknüpfung oder einen Sprung, zu einer Zelle, einer Tabelle oder zu einem anderen Dokument. Beim Klicken auf die Zelle, die die HYPERLINK-Funktion enthält, öffnet Microsoft Excel die in Hyperlink_Adresse gespeicherte Datei.
PIVOTDATENZUORDNEN()	PIVOTDATENZUORDNEN(Datenfeld; PivotTable;Feld1;Element1;Feld2; Element2;...)
	Mit Pivot-Tabellen können Sie Daten aus einer Datenbank oder Liste analysieren und die entsprechende Ansicht schnell ändern. Sobald die Ansicht aber geändert wird, stimmen Formelbezüge nicht mehr.

Funktion	Syntax/Erläuterung
	Die Funktion liefert Daten aus einer Pivot-Tabelle in der Art, dass Sie die Ergebnisse des Pivots in Formeln nutzen können.
SVERWEIS()	SVERWEIS(Suchkriterium;Matrix; Spaltenindex;Bereich_Verweis)
	Sucht die unter Suchkriterien angegebene Information aus einem angegebenen Tabellenbereich.
VERGLEICH()	VERGLEICH(Suchkriterium;Suchmatrix; Vergleichstyp)
	Sucht Werte innerhalb eines Bezugs oder einer Matrix.
WVERWEIS()	WVERWEIS(Suchkriterium;Matrix; Zeilenindex;Bereich_Verweis)
	Sucht in der obersten Zeile einer Tabelle bzw. Matrix nach Werten.

Tab. 15: Matrixfunktionen

SVERWEIS()

Eine, auch im Controlleralltag, häufig verwendete Matrixfunktion ist die Funktion SVERWEIS(). Damit haben Sie die Möglichkeit, eine Zahl wie beispielsweise einen Preis über SVERWEIS() aus einer Liste innerhalb der Arbeitsmappe zu holen und damit eine Berechnung durchzuführen.

Abb. 211 zeigt einen Auszug aus der Tabelle **Preisliste**. Für den Artikel 2 soll eine Umsatzplanung durchgeführt werden. Über die Artikel-Nr. holen Sie den Preis in die Plantabelle.

	A	B	C
1	**Artikel-Nr.**	**Bezeichnung**	**Preis**
2	1	Hammer	5,56
3	2	Schraubenzieher	3,99
4	3	Säge	13,45

Abb. 211: Auszug aus der Preisliste

Jetzt arbeiten Sie wie folgt:

- Setzen Sie die Eingabemarkierung in die Zelle, in der der gewünschte Preis angezeigt werden soll. Wählen Sie **Einfügen > Funktion**.

- Markieren Sie im Listenfeld **Kategorie auswählen** den Eintrag **Matrix** und unter **Funktion auswählen** die Funktion SVERWEIS(). Durch einen Klick auf die Schaltfläche **OK** gelangen Sie in das Dialogfeld **Funktionsargumente** (s. Abb. 212).

- SVEWREIS() arbeitet mit den Argumenten **Suchkriterium**, **Matrix**, **Spaltenindex** und **Bereich_Verweis**. Das **Suchkriterium** entspricht der Artikel-Nr aus Spalte A. **Matrix** entspricht der Preisliste. Wichtig in diesem Zusammenhang ist, dass Sie hinter die Tabellenbezeichnung ein Ausrufezeichen setzen.

- Der gesuchte Preis befindet sich in Spalte C – der dritten Spalte der Matrix. Geben Sie entsprechend unter **Spaltenindex** die Ziffer 3 ein.

- Damit das Suchkriterium genau mit der Artikel-Nummer übereinstimmt, erfassen Sie unter **Bereich_Verweis** den Wahrheitswert FALSCH.

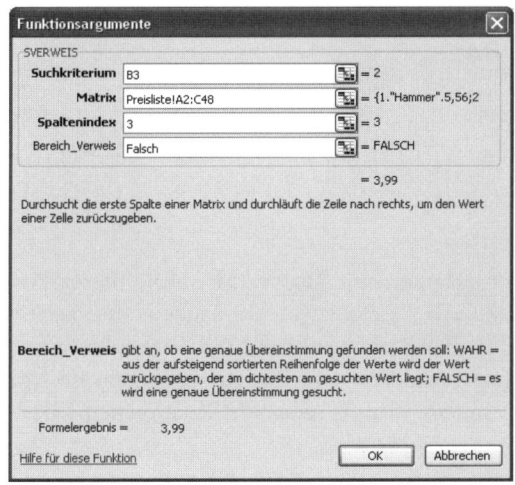

Abb. 212: Der Dialog Funktionsargumente von SVERWEIS()

Die vollständige Formel zur Ermittlung des Preises lautet: =SVERWEIS(B3;Preisliste!A2:C48;3;FALSCH). Das Ergebnis zeigt Ihnen Abb. 213.

	A	B	C
1	Umsatzplanung		
2			
3	Artikel-Nr.	2	
4	Preis	3,99	
5			
6	Zeitraum	Planmenge	Planumsatz
7	Januar	4578	18.266,22 €
8	Februar	5417	21.613,83 €
9	März	5524	22.040,76 €
10	April	6119	24.414,81 €
11	Mai	6592	26.302,08 €
12	Juni	7065	28.189,35 €
13	Juli	7538	30.076,62 €
14	August	3541	14.128,59 €
15	September	4521	18.038,79 €
16	Oktober	5501	21.948,99 €
17	November	6481	25.859,19 €
18	Dezember	7461	29.769,39 €

Abb. 213: Die Umsatzplanung

Die Formelansicht zeigt Abb. 214.

	A	B	C
1	Umsatzplanung		
2			
3	Artikel-Nr.	2	
4	Preis	=SVERWEIS(B3;Preisliste!A2:C48;3;FALSCH)	
5			
6	**Zeitraum**	**Planmenge**	**Planumsatz**
7	Januar	4578	=$B$4*B7
8	Februar	5417	=$B$4*B8
9	März	5524	=$B$4*B9
10	April	6119	=$B$4*B10
11	Mai	6592	=$B$4*B11
12	Juni	7065	=$B$4*B12
13	Juli	7538	=$B$4*B13
14	August	3541	=$B$4*B14
15	September	4521	=$B$4*B15
16	Oktober	5501	=$B$4*B16
17	November	6481	=$B$4*B17
18	Dezember	7461	=$B$4*B18

Abb. 214: Die Formelansicht

Textfunktionen

Textfunktionen arbeiten mit Texten. Mit Hilfe dieser Funktionen sind Sie u. a. in der Lage, Textelemente zu suchen, zu ersetzen oder zu verknüpfen. Von großer Bedeutung sind die Textfunktionen in der Praxis häufig beim Datenimport, wenn importierte Daten im Controlling analysiert werden sollen. Tab. 16 verschafft Ihnen einen Überblick über die wichtigsten Textfunktionen.

Funktion	Syntax/Erläuterung
DM()	DM(Zahl;Dezimalstellen)
	Konvertiert eine Zahl in ein Textformat und ordnet ein Währungssymbol zu. Das Symbol hängt von den Ländereinstellungen ab.
ERSETZEN()	ERSETZEN(Alter_Text;Erstes_Zeichen;Anzahl_Zeichen; Neuer_Text)
	Tauscht eine Zeichenfolge gegen eine andere Zeichenfolge aus.
FEST()	FEST(Zahl;Dezimalstellen;Keine_Punkte)
	Rundet eine Zahl auf die gewünschte Anzahl Stellen und formatiert diese als Text.
FINDEN()	FINDEN(Suchtext;Text;Erstes_Zeichen)
	Sucht die Position eines gesuchten Zeichens innerhalb eines Textes.
GLÄTTEN()	GLÄTTEN(Text)
	Löscht Leerzeichen in Text.

Funktion	Syntax/Erläuterung
GROSS()	GROSS(Text)
	Wandelt Text in Großbuchstaben um.
IDENTISCH()	IDENTISCH(Text1;Text2)
	Prüft, ob die Zellinhalte zweier Zellen identisch sind.
KLEIN()	KLEIN(Text)
	Wandelt Text in kleine Buchstaben um.
LÄNGE()	LÄNGE(Text)
	Gibt die Anzahl Zeichen eines Textes an.
LINKS()	LINKS(Text;Anzahl_Zeichen)
	Liefert auf der Grundlage der Anzahl von Zeichen, die Sie angeben, das erste bzw. die ersten Zeichen in einer Textzeichenfolge.
RECHTS()	RECHTS(Text;Anzahl_Zeichen)
	Liefert auf der Grundlage der Anzahl von Zeichen, die Sie angeben, das letzte bzw. die letzten Zeichen in einer Textzeichenfolge.
SÄUBERN()	SÄUBERN(Text)
	Löscht alle nicht druckbaren Zeichen aus einem Text.
TEIL()	TEIL(Text;Erstes_Zeichen;Anzahl_Zeichen)
	Filtert die gewünschte Anzahl Zeichen eines Textes nach einer gewünschten Position.
TEXT()	TEXT(Wert;Textformat)
	Verwandelt eine Zahl oder einen Zeitwert in ein Textformat.
VERKETTEN()	VERKETTEN (Text1;Text2; ...)
	Verknüpft Zellinhalte miteinander.
WECHSELN()	WECHSELN(Text;Alter_Text;Neuer_Text;Ntes_Auftreten)
	Tauscht Zeichenfolgen aus.
WERT()	WERT(Text)
	Wandelt einen Text in einen Zahlenwert um.
ZEICHEN()	ZEICHEN(Zahl)
	Liefert das zu einer Codezahl gehörende Zeichen.

Tab. 16: Textfunktionen

Praxisbeispiel: Zellinhalte splitten

Postleitzahl und Ort werden in vielen Tabellen und Datenbanken zusammen in einem Feld erfasst. Angenommen, Sie benötigen eine Auswertung Ihrer Umsätze nach Gebieten. Bei dieser Aufgabe ist es hilfreich, die Auswertung anhand von Postleitzahlen durchzuführen. Befinden sich

Postleitzahl und Ort in einer gemeinsamen Excel-Zelle, haben Sie die Möglichkeit, den Zellinhalt dieser Zelle unter Zuhilfenahme folgender Funktionen zu splitten:

- LINKS()
- TEIL()
- SUCHEN()
- LÄNGE()

LINKS() Dabei trennen Sie zunächst die Postleitzahl mit Hilfe der Funktion LINKS(). Mit der Funktion LINKS() sind Sie in der Lage, die fünf Ziffern der Postleitzahl ausgehend von ihrer linken Position zu filtern:

- Setzen Sie die Eingabemarkierung in die Zelle, in der die Postleitzahl erscheinen soll. Aktivieren Sie die Menüfolge **Einfügen** > **Funktion**.
- Markieren Sie im Listenfeld **Kategorie auswählen** den Eintrag **Text** und unter **Funktion auswählen** die Funktion **LINKS**.
- Bestätigen Sie Ihre Auswahl durch einen Klick auf die Schaltfläche **OK**. Sie erreichen automatisch das Dialogfeld **Funktionsargumente** (s. Abb. 215).
- Geben Sie unter **Text** die Zelle an, in der sich Postleitzahl und Ort befinden. Geben Sie die Ziffer unter **Anzahl_Zeichen** ein. Auf diese Weise wird die fünfstellige Postleitzahl von den übrigen Informationen getrennt.

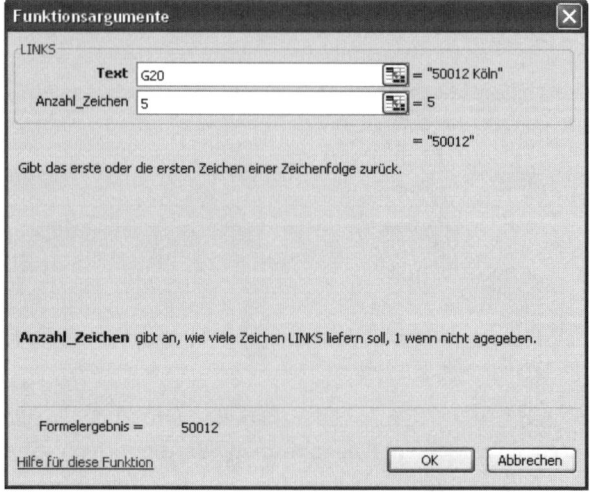

Abb. 215: Funktionsargumente von LINKS()

- Bei dieser Vorgehensweise erscheint die Postleitzahl standardmäßig im Textformat. Um Sie gleichzeitig in das Zahlenformat umzuwandeln, betten Sie die Formel wie folgt in die Funktion WERT() ein: =WERT(LINKS(A2;5)).
- Kopieren Sie die Formel in die nachfolgenden Zellen.

Weitere Funktionskategorien

Die weiteren Funktionskategorien spielen – bis auf die benutzerdefinierten Funktionen – für das Controlling eine untergeordnete Bedeutung.

- **Technische Funktionen** sind im Controlling in der Regel kaum von Bedeutung.
- **Benutzerdefinierte Funktionen** wurden ausführlich in Kapitel 4 „Kennzahlen" besprochen.
- **Zuletzt verwendete** zeigt die Funktionen an, mit denen Sie zuletzt gearbeitet haben.

Analyse Funktionen

In Excel gibt es zahlreiche Funktionen für Berechnungen der unterschiedlichsten Art. Einige dieser Funktionen stehen allerdings nur zur Verfügung, wenn das entsprechende Add-In aktiviert wurde. Fehlen auf Ihrem Rechner Funktionen, prüfen Sie im Add-Ins-Manager, ob die Analyse-Funktionen bei Ihnen installiert sind.

- Wechseln Sie in das Menü **Extras** und wählen Sie den Eintrag **Add-Ins**.
- Wenn im Kontrollkästchen vor **Analyse-Funktionen** nicht gekennzeichnet ist, sind die Analyse-Funktionen nicht installiert (s. Abb. 216).
- Steht der Eintrag **Analyse-Funktionen** im Add-Ins-Manager nicht zur Verfügung, müssen Sie das Add-In nachträglich von Ihrer CD-ROM installieren. Halten Sie Ihre Software-CD bereit.

277

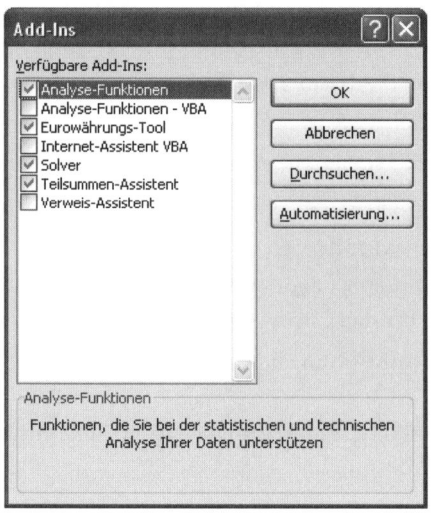

Abb. 216: Überblick, welche Add-Ins zur Verfügung stehen

Sind die Analyse-Funktionen deaktiviert, stehen zahlreiche Funktionen unter **Einfügen** > **Funktion** nicht zur Verfügung. Im Zusammenhang mit den Datums- und Zeitfunktionen handelt es sich z. B. um folgende Funktionen:

* ARBEITSTAG()
* BRTEILJAHRE()
* EDATUM()
* KALENDERWOCHE()
* MONATSENDE()
* NETTOARBEITSTAGE()

Excel 2007   Anwender der Version Excel 2007 gehen wie folgt vor:

* Klicken Sie auf dieMicrosoft **Office-Schaltfläche** und anschließend auf die Schaltfläche **Excel-Optionen**.

* Hier benötigen Sie die Kategorie **Add-Ins**. Aktivieren Sie im Feld **Verwalten** die Option **Excel-Add-Ins** und klicken Sie danach auf **Gehe zu**.

* Kennzeichnen Sie im Dialogfeld **Add-Ins** unter **Verfügbare Add-Ins** das Kontrollkästchen **Analyse-Funktionen**.

* Bestätigen Sie Ihre Einstellungen mit **OK**.

8 Alle Musterlösungen im Überblick

Damit Sie ganz gezielt nach den Dateien zum Buch suchen können, finden Sie nachfolgend drei Übersichten zu den Musterlösungen:

- Alphabetische Übersicht nach den Dateinamen der Musterlösung (s. Tab. 17)
- Übersicht nach Kapiteln (s. Tab. 18)
- Übersicht nach den Tabellenbezeichnungen der Musterlösungen (s. Tab. 19)

Alle Excel-Lösungen von A bis Z

Musterlösung	Tabellen	Kapitel
ABC.xls	Kundenliste	5
	Klassen	
	Auswertung	
	Diagramm_Umsatz_Kunden	
	Diagramm_Deckungsbeitrag_Kunden	
BalancedScorcard.xls	BSC_1	5
	BSC_2	
Beispiel_Spezialfilter.xls	Beispieldaten (Spezialfilter)	6
Beispiel_Teilergebnisse.xls	Beispieldaten (Teilergebnisse)	6
BenutzerdefinierteKenn-ziffern.xls	Code	4
BreakEven.xls	BreakEven	2
	Diagramm	
Cashflow.xls	Cashflow	4
Deckungsbeitrag.xls	MonatlicheDB	2
	StufenweiseDB	
	Kostendeckungspunkt	
	Engpass	
	Engpässe	
Einkaufskennzahlen.xls	Einkaufskennzahlen	4
Ergebnisplan.xls	Ergebnisplan	5
	Neutrales Ergebnis	
FinanzielleMobilitaet.xls	FinanzielleMobilität	5
InternerZinsfuß.xls	InternerZinsfuß	7

Musterlösung	Tabellen	Kapitel
Investitionsrechnung.xls	Kostenvergleich_1	3
	Kostenvergleich_2	
	Gewinnvergleich	
	Rentabilitätsvergleich	
	Amortisation_statisch	
	DynamischeRechnung	
	Amortisation_dynamisch	
Kalkulationsverfahren.xls	Eigenerzeugnisse	2
	Handelswaren	
	Zuschläge	
	Bezugspreis	
	Handlungskostenzuschlag	
	Gewinnzuschlag	
	Exportkalkulation	
KalkulatorischeKosten.xls	KalkulatorischeKosten	2
	KalkulatorischeWagnisse	
	KalkulatorischeZinsen	
	Abschreibungsbetrag	
	LeistungsabhängigeAbschreibung	
KennzahlenRech-nungswesen.xls	Bilanz	4
	Kennzahlen	
Kostenplan.xls	Kostenstellenplan	5
	Personalkosten	
	Materialkosten	
	Energiekosten	
	Fuhrpark	
	Weiteres	
Kostenstellenplan.xls	Kostenstellenplan	2
	Kostenstellenplanblatt	
KurzfristigeErfolgs-rechnung.xls	KurzfristigeErfolgsrechnung	2
Lagerkennzahlen.xls	Lagerkennzahlen	4
	Meldebestand	
	OptimaleBestellmenge	
Liquiditaet.xls	Liquiditätsplan	5
	Liquiditätsstaffel	

Musterlösung	Tabellen	Kapitel
Marketingkennzahlen.xls	Marktanteil_Menge	4
	Marktanteil_Wert	
	Umsatzkennzahlen	
	Auftragskontrollzahlen	
	Verkaufsmesszahlen	
MarktanteileDarstellen.xls	Beispieldaten_Diagramm	4
	Diagramm	
Personalkennzahlen.xls	Personalkennzahlen	4
Soll_Ist_Vergleich.xls	Produktgruppenanalyse	2
	Vertriebsgebietsanalyse	
	Kundenstrukturanalyse	
Tilgungsplan.xls	Tilgungsplan	7
Trendanalyse.xls	Trendanalyse	7
Umsatzplan.xls	Markvolumen	5
	Preisplanung	
	Umsatzplanung	
Verteilungsschluessel.xls	Verteilungsschlüssel.xls	2

Tab. 17: Alle Musterlösungen auf einen Blick

Die Musterlösungen sortiert nach Kapitel

Kapitel	Musterlösung	Tabellen
2	BreakEven.xls	BreakEven
		Diagramm
2	Deckungsbeitrag.xls	Monatliche DB
		Stufenweise DB
		Kostendeckungspunkt
		Engpass
		Engpässe
2	Kalkulationsverfahren.xls	Eigenerzeugnisse
		Handelswaren
		Zuschläge
		Bezugspreis
		Handlungskostenzuschlag
		Gewinnzuschlag
		Exportkalkulation

Kapitel	Musterlösung	Tabellen
2	KalkulatorischeKosten.xls	KalkulatorischeKosten
		KalkulatorischeWagnisse
		KalkulatorischeZinsen
		Abschreibungsbetrag
		LeistungsabhängigeAbschreibung
2	Kostenstellenplan.xls	Kostenstellenplan
		Kostenstellenplanblatt
2	KurzfristigeErfolgsrechnung.xls	KurzfristigeErfolgsrechnung
2	Soll_Ist_Vergleich.xls	Produktgruppenanalyse
		Vertriebsgebietsanalyse
		Kundenstrukturanalyse
2	Verteilungsschluessel.xls	Verteilungsschlüssel.xls
3	Investitionsrechnung.xls	Kostenvergleich_1
		Kostenvergleich_2
		Gewinnvergleich
		Rentabilitätsvergleich
		Amortisation_statisch
		DynamischeRechnung
		Amortisation_dynamisch
4	BenutzerdefinierteKennziffern.xls	Code
4	Cashflow.xls	Cashflow
4	Einkaufskennzahlen.xls	Einkaufskennzahlen
4	KennzahlenRechnungswesen.xls	Bilanz
		Kennzahlen
4	Lagerkennzahlen.xls	Lagerkennzahlen
		Meldebestand
		OptimaleBestellmenge
4	Marketingkennzahlen.xls	Marktanteil_Menge
		Marktanteil_Wert
		Umsatzkennzahlen
		Auftragskontrollzahlen
		Verkaufsmesszahlen
4	MarktanteileDarstellen.xls	Beispieldaten_Diagramm
		Diagramm
4	Personalkennzahlen.xls	Personalkennzahlen

Kapitel	Musterlösung	Tabellen
5	ABC.xls	Kundenliste
		Klassen
		Auswertung
		Diagramm_Umsatz_Kunden
		Diagramm_Deckungsbeitrag_ Kunden
5	BalancedScorcard.xls	BSC_1
		BSC_2
5	Ergebnisplan.xls	Ergebnisplan
		Neutrales Ergebnis
5	FinanzielleMobilitaet.xls	FinanzielleMobilität
5	Kostenplan.xls	Kostenstellenübersicht
		Personalkosten
		Materialkosten
		Energiekosten
		Fuhrpark
		Weiteres
5	Liquiditaet.xls	Liquiditätsplan
		Liquiditätsstaffel
5	Umsatzplan.xls	Markvolumen
		Preisplanung
		Umsatzplanung
6	Beispiel_Spezialfilter.xls	Beispieldaten (Spezialfilter)
6	Beispiel_Teilergebnisse.xls	Beispieldaten (Teilergebnisse)
7	InternerZinsfuß.xls	InternerZinsfuß
7	Tilgungsplan.xls	Tilgungsplan
7	Trendanalyse.xls	Trendanalyse

Tab. 18: Die Excel-Musterlösungen je Kapitel

Alphabetische Übersicht nach Tabellennamen

Tabellen	Musterlösung	Kapitel
Abschreibungsbetrag	KalkulatorischeKosten.xls	2
Amortisation_dynamisch	Investitionsrechnung.xls	3
Amortisation_statisch	Investitionsrechnung.xls	3
Auftragskontrollzahlen	Marketingkennzahlen.xls	4
Auswertung (ABC-Analyse)	ABC.xls	5
Beispieldaten (Spezialfilter)	Beispiel_Spezialfilter.xls	6

Tabellen	Musterlösung	Kapitel
Beispieldaten (Teilergebnisse)	Beispiel_Teilergebnisse.xls	6
Bezugspreis	Kalkulationsverfahren.xls	2
Bilanz	KennzahlenRechnungswesen.xls	4
BreakEven	BreakEven.xls	2
BSC_1	BalancedScorcard.xls	5
BSC_2	BalancedScorcard.xls	5
Cashflow	Cashflow.xls	4
Diagramm zu Break-even	BreakEven.xls	2
Diagramm_Deckungsbeitag_Kunden	ABC.xls	5
Diagramm_Umsatz_Kunden	ABC.xls	5
DynamischeRechnung	Investitionsrechnung.xls	3
Eigenerzeugnisse	Kalkulationsverfahren.xls	2
Einkaufskennzahlen	Einkaufskennzahlen.xls	4
Energiekosten	Kostenplan.xls	5
Engpass	Deckungsbeitrag.xls	2
Engpässe	Deckungsbeitrag.xls	2
Ergebnisplan	Ergebnisplan.xls	5
Exportkalkulation	Kalkulationsverfahren.xls	2
FinanzielleMobilität	FinanzielleMobilitaet.xls	5
Fuhrpark	Kostenplan.xls	5
Gewinnvergleich	Investitionsrechnung.xls	3
Gewinnzuschlag	Kalkulationsverfahren.xls	2
Handelswaren	Kalkulationsverfahren.xls	2
Handlungskostenzuschlag	Kalkulationsverfahren.xls	2
InternerZinsfuß	InternerZinsfuß.xls	7
KalkulatorischeKosten	KalkulatorischeKosten.xls	2
KalkulatorischeWagnisse	KalkulatorischeKosten.xls	2
KalkulatorischeZinsen	KalkulatorischeKosten.xls	2
Kennzahlen	KennzahlenRechnungswesen.xls	4
Klassen (ABC-Analyse)	ABC.xls	5
Kostendeckungspunkt	Deckungsbeitrag.xls	2
Kostenstellenübersicht	Kostenplan.xls	5
Kostenstellenplan	Kostenstellenplan.xls	2
Kostenstellenplanblatt	Kostenstellenplan.xls	2
Kostenvergleich_1	Investitionsrechnung.xls	3
Kostenvergleich_2	Investitionsrechnung.xls	3
Kundenliste	ABC.xls	5
Kundenliste (ABC-Analyse)	ABC.xls	5
Kundenstrukturanalyse	Soll_Ist_Vergleich.xls	2
KurzfristigeErfolgsrechnung	KurzfristigeErfolgsrechnung.xls	2
Lagerkennzahlen	Lagerkennzahlen.xls	4

Tabellen	Musterlösung	Kapitel
Leistungsabhängige Abschreibung	KalkulatorischeKosten.xls	2
Liquiditätsplan	Liquiditaet.xls	5
Liquiditätsstaffel	Liquiditaet.xls	5
Marktanteil_Menge	Marketingkennzahlen.xls	4
Marktanteil_Wert	Marketingkennzahlen.xls	4
Markvolumen	Umsatzplan.xls	5
Materialkosten	Kostenplan.xls	5
Meldebestand	Lagerkennzahlen.xls	4
Monatliche DB	Deckungsbeitrag.xls	2
Neutrales Ergebnis	Ergebnisplan.xls	5
OptimaleBestellmenge	Lagerkennzahlen.xls	4
Personalkennzahlen	Personalkennzahlen.xls	4
Personalkosten	Kostenplan.xls	5
Preisplanung	Umsatzplan.xls	5
Produktgruppenanalyse	Soll_Ist_Vergleich.xls	2
Rentabilitätsvergleich	Investitionsrechnung.xls	3
Stufenweise DB	Deckungsbeitrag.xls	2
Tilgungsplan	Tilgungsplan.xls	7
Trendanalyse	Trendanalyse.xls	7
Umsatzkennzahlen	Marketingkennzahlen.xls	4
Umsatzplanung	Umsatzplan.xls	5
Vertriebsgebietsanalyse	Soll_Ist_Vergleich.xls	2
Verkaufsmesszahlen	Marketingkennzahlen.xls	4
Verteilungsschlüssel.xls	Verteilungsschlüssel.xls	2
Weiteres (Kostenplanung)	Kostenplan.xls	5
Zuschläge	Kalkulationsverfahren.xls	2

Tab. 19: Auflistung nach Tabellenname

Stichwortverzeichnis